Linux

企业级应用实战、运维和调优

许成林 张荣臻◎著

電子工業出版社
Publishing House of Electronics Industry
北京•BEIJING

内 容 简 介

本书从日常生产运维方面对 Linux 的常用技术进行讲解，同时兼顾 Linux 系统调优的理论和实践。读者在本书中除了能够学习日常使用的 Linux 运维技巧，还会学习故障排错的思路和方法，同时会掌握存储相关的 LVM 技术及分布式存储技术。通过阅读本书，读者可以快速掌握生产环境的使用技能及系统调优的基础理论和调优方法。

图书在版编目（CIP）数据

Linux 企业级应用实战、运维和调优/许成林，张荣臻著.
—北京：电子工业出版社，2020.2

ISBN 978-7-121-38279-6

Ⅰ.①L… Ⅱ.①许… ②张… Ⅲ.①Linux 操作系统 Ⅳ.①TP316.85

中国版本图书馆 CIP 数据核字（2020）第 021612 号

责任编辑：陈晓猛
印　　刷：三河市君旺印务有限公司
装　　订：三河市君旺印务有限公司
出版发行：电子工业出版社
　　　　　北京市海淀区万寿路 173 信箱　　邮编：100036
开　　本：787×980　1/16　印张：18.75　字数：360 千字
版　　次：2020 年 2 月第 1 版
印　　次：2020 年 2 月第 1 次印刷
定　　价：79.00 元

凡所购买电子工业出版社图书有缺损问题，请向购买书店调换。若书店售缺，请与本社发行部联系，联系及邮购电话：（010）88254888，88258888。

质量投诉请发邮件至 zlts@phei.com.cn，盗版侵权举报请发邮件至 dbqq@phei.com.cn。

本书咨询联系方式：010-51260888-819，faq@phei.com.cn。

推荐序 1

随着开源热潮的逐步推进，Linux 操作系统近年来在云计算和移动设备上都获得了巨大的成功，在各个行业中都有广泛的应用。然而，应用范围的增大导致了专业人才严重稀缺。这类人才紧缺的一个很大原因是，Linux 的学习难度大、实战案例少。对于刚接触 Linux 及具备一些 Linux 基础经验的人来说，需要基础加实战的学习模式。

两位作者作为多年金融行业科技运营和实践的从业者，对 Linux 系统在金融行业的使用、规划、架构及故障处理都有着非常独特的见解，将长期积累的工作经验、扎实的技术功底，以及金融应用一线生产环境的实际案例融入书中，毫无保留地分享了 Linux 系统的使用和维护的经验心得，实在是难得。

本书全面勾勒出金融行业中 Linux 系统的常用技术和运维方法，从基础开始丰富每个技术细节，犹如一幅风景画，有着清晰、突出的轮廓和色彩斑斓的层次。

纵观全书，以丰富的案例、实际项目场景、独特的故障分析思路、调优的基础理论和技术手段，深入浅出地带领读者学习 Linux 系统架构及一线生产运维技术。全书从生产实践的常用技术的使用、大规模分布式存储的架构规划、实战部署、故障排除、维护、系统安全加固和系统深度调优、集群的高可用和数据卷的管理等多个实际案例场景来编写。

整本书以简单明了的语言让读者更容易理解和吸收，从理论到实践做了详尽的阐述，既避免了理论的枯燥，又避免了实践的茫然。其中有很多是作者的经验之谈，既可以直接用在生产实践当中，又可以让读者举一反三。

相信本书对准备进入 Linux 领域的初学者和已经奋战一线多年的技术人员都是非常有帮助的。书中的内容紧贴工作实际，也是我们未来走向更高技术岗位的基石。

光大科技有限公司　副总经理
丁永建

推荐序 2

IDC 公司将数字化的经济、边缘计算、应用开发革命、人工智能、高信任度、多种云服务等产业列为全球 IT 市场十大热点。这些热点背后无论是以虚拟化技术为中心的 IaaS 云，还是以容器为中心的 PaaS 云，都离不开一个基石——Linux 操作系统。

在 2017 年 IDC 发布的全球操作系统和子系统的市场份额报告中，Linux 占据了 68%的市场份额，Linux 的统治地位越来越明显，掌握 Linux 成为 IT 技术人员的重要技能之一。

Linux 是一个用于管理计算机系统的物理硬件资源和提供调度服务、网络通信服务、文件系统服务等功能的操作系统内核软件工程。Linux 的每个子系统都非常复杂，书中的案例都是来自工作中经验的总结，成林老师从实践的角度把精要的技术部分进行了阐述，同时结合案例予以分析，方便读者解理和掌握。

红帽（北京）有限公司 解决方案架构师

黄军宝

前言

在2000年左右，Linux刚刚进入国内，那时候很多人还沉迷在Windows的操作系统中，大量的培训和工作系统也都是Windows系列，服务器系列更是以Windows Server和UNIX为主，那时候的Linux还不算主流。然而19年后的今天，Linux已经成为主流的服务器系统之一，并且在开源的大环境下，社区产品更是逐步覆盖各个领域，所以我们称如今的时代为“开源时代”，越来越多的企业通过开源社区的产品构建企业的产品架构和产品线。

随着时间的流逝，越来越多的人开始将学习目标定义在开源产品和上层应用上，往往忽略了这些产品的基础系统环境。任何应用、任何架构都离不开基础的操作系统，在我看来，对操作系统的掌握是向上发展的必经之路。

很长一段时间里，我参考了很多书籍，也学习了很多Linux技术，但我发现最终在生产环境中常用的基础技能也就那么多，大多数知识点还是非常宽泛的，这些基础是不是就不重要呢？答案是否定的，宽泛的基础知识将是你未来学习的根基，也是你掌握更多技能的基础。如果你已经有基础，想真正地将技术应用到生产环境中，或者想了解生产中的实用技术和故障处理方法，那么这本书是你合适的选择。

本书是如何组织的

第一部分：Linux实用生产技能

第1章：生产常用基础技能

本章主要讲解生产实用技能，比如网络方面的管理与配置、软件包管理器的安装和tar包的使用、自动安装中的自定义光盘和PXE、系统急救处理及虚拟化的使用，这些都是生产环境中的基础技能。毫不夸张地说，生产运维中的这些技能是系统管理方面经常用到的，所以我们刨去那些不常用、没意义的老旧技术，只要牢固地掌握常用技能就能进入实战的生产环境。

第 2 章：生产实用 LVM 技术

本章介绍 Linux 系统中常用的 LVM 技术，LVM 是 Linux 系统的重要组成部分，内容包含从基础的 LVM 组成到各种 LVM 卷的不同配置和使用，以及故障排除和调优等方面，充分让读者理解 LVM，并能掌握 LVM 的正确使用方法，具备操作生产 LVM 卷的能力。

第 3 章：CentOS 7 集群构建

本章介绍“集群”技术，了解集群是什么，有哪些集群方式，以及如何配置生产中的 HA（High Available，是双机集群系统的简称，指高可用性集群）。此外还列举了常用的 HA，列举了配置范例，同时在配置范例中对生产中常见的故障进行了复现并给出解决方案。

第 4 章：系统调优

本章将探索 Linux 系统的调优，充分了解调优的基础理论、调优方法，深入理解 CPU、Memory、Disk、Network 的调优理论和方法，建立调优思维，排查生产环境中的运行瓶颈，提高生产系统运行效率。

第 5 章：Linux 系统安全

本章讲解 Linux 系统安全，从安全的基础理论讲起，以实际的系统入侵案例进行安全剖析，同时对 Linux 系统安全加固进行细化讲解，让读者在该章充分理解 Linux 安全的重要性，从而规避安全风险。

第 6 章：Linux 实用规范

本章以实际的 Linux 生产运行规定和规范为背景，向读者解析 Linux 系统在实际生产环境中从部署到配置的种种运营规范，使读者在理解规范的同时，学会建立和设置相关规范，巩固 Linux 系统运营生态。

第二部分：企业存储解决方案

第 7 章：GlusterFS——分布式存储技术详解

本章讲解现在比较实用的分布式存储技术之一的 GlusterFS，从基础的卷的组成，到生产上的使用配置，再到模拟故障及故障排除，以及调优策略等几方面进行讲解，让读者透彻地掌握在生产中如何使用 GlusterFS 这套分布式存储。

第 8 章：Ceph——分布式存储技术详解

本章学习分布式存储技术 Ceph，内容包括从基础的 Ceph 原理到 CephFS 和 RBD 的搭建与使用，以及故障排除和调优；利用 Ceph 对象存储搭建双活网盘，J 版本到 L 版本的升级和 L 版本的独立部署，以实例模式讲解，加深读者印象。

本书读者对象

本书适合作为从事生产运维的工程师、企业架构师、研发工程师及 Linux 技术爱好者的参考资料。

如何阅读本书

如果读者是初次接触 Linux 运维的人员，建议从头开始阅读本书，系统地掌握第 1 章的生产运维常用技能。如果读者已经有运维基础，那么可以略过第 1 章的内容，选择感兴趣的章节进行学习，比如分布式存储、调优，等等。本书收录了较为常见的系统故障处理方法，可以提升读者在生产环境中处理故障的能力。

本书勘误

由于水平有限，书中难免有纰漏和谬误。如果读者发现本书有不正确之处，烦请反馈邮箱 cheneyhsu@outlook.com，让我们共同完善此书，为广大运维者提供技术输出。

寄语

希望本书能给读者带来技术的提升及思维的扩展，在领略前沿技术和实用技术的同时，能够通过本书增长读者的运维技能和运维经验，丰富知识面，以及掌握系统调优的相关技能。

目录

第一部分　Linux 实用生产技能

第 1 章　生产常用基础技能 ······ 2

1.1　Hostname & Network ······ 3

1.1.1　基础知识 ······ 3

1.1.2　Network 指令 ······ 3

1.1.3　配置以太网静态 IP 地址 ······ 4

1.1.4　实用网络指令 ······ 5

1.1.5　修改网络配置文件 ······ 6

1.1.6　添加、删除路由条目 ······ 7

1.1.7　网络配置实例 ······ 8

1.1.8　网桥 ······ 12

1.1.9　bond ······ 13

1.1.10　图形化配置 ······ 14

1.1.11　主机名 ······ 15

1.2　软件管理 ······ 16

1.2.1　基础知识 ······ 16

1.2.2　RPM ······ 16

1.2.3　YUM 软件包管理器 ······ 19

1.2.4　tar 包管理 ······ 21

1.2.5　tar 解压和压缩 ······ 22

1.2.6　源码安装 ······ 22

1.2.7　复杂的实例 ······ 23

1.3　journalctl & NTP ······ 24

1.3.1　journalctl ······ 24

1.3.2　NTP ······ 26

1.4 rsync 传输工具 ······ 27
1.5 自定义安装光盘 ······ 30
1.5.1 需要解决的问题 ······ 30
1.5.2 可以选择的方案 ······ 30
1.5.3 该选择哪种呢 ······ 30
1.5.4 自定义光盘 ······ 31
1.6 PXE 自动化安装 ······ 36
1.6.1 解决问题和注意事项 ······ 36
1.6.2 Kickstart + PXE ······ 36
1.6.3 PXE 无人值守安装配置 ······ 38
1.7 系统急救 ······ 42
1.7.1 意外的礼物 ······ 42
1.7.2 单用户模式 ······ 42
1.8 容器 ······ 45
1.8.1 Docker 的安装和使用 ······ 45
1.8.2 使用 Docker 容器 ······ 46
1.8.3 修改/保存 Docker 容器 ······ 47
1.8.4 Docker 桥接网络 ······ 47
1.9 定制容器和私有仓库 ······ 48
1.9.1 创建 Docker 容器 ······ 48
1.9.2 定制容器 ······ 49
1.9.3 私有仓库 ······ 51
1.10 虚拟化（KVM） ······ 53
1.10.1 KVM 的使用 ······ 54
1.10.2 KVM 热迁移 ······ 55

第 2 章 生产实用 LVM 技术 ······ 58
2.1 LVM 基础 ······ 59
2.1.1 LVM 介绍及其原理 ······ 59
2.1.2 LVM 管理和使用 ······ 60
2.1.3 LVM 删除 ······ 65
2.2 LVM Cache & Snapshot ······ 66

2.2.1 LVM Cache ········· 66
2.2.2 DM Cache 实例 ········· 67
2.2.3 LVM Snapshot ········· 69
2.2.4 Snapshot 测试 ········· 70
2.3 精简资源 ········· 73
2.3.1 精简资源介绍 ········· 73
2.3.2 精简资源实例 ········· 73
2.4 条带化（Striped） ········· 78
2.4.1 线性和条带简介 ········· 78
2.4.2 条带化实例 ········· 79
2.5 数据处理 ········· 82
2.5.1 数据迁移 ········· 82
2.5.2 LVM 数据迁移实例 ········· 83
2.5.3 PVMOVE 在线更换磁盘 ········· 85
2.6 灾难恢复 ········· 86
2.6.1 灾难的划分 ········· 86
2.6.2 如何预防 ········· 87
2.6.3 LVM 逻辑卷故障——灾难恢复实例 ········· 87

第 3 章 CentOS 7 集群构建 ········· 90
3.1 Pacemaker 基础 ········· 91
3.1.1 CentOS 7 中的 Cluster ········· 91
3.1.2 Pacemaker 集群类型 ········· 91
3.2 PCS-2 集群的创建 ········· 93
3.3 PCS-3 故障模拟和恢复 ········· 106
3.3.1 断开 VIP 网络，模拟集群切换 ········· 106
3.3.2 如何解决回切问题（主机恢复后，VIP 回归到原主机） ········· 107
3.3.3 断开心跳测试（脑裂的防范） ········· 108
3.3.4 双心跳 ········· 109
3.3.5 stonith 设置（Fence 设置） ········· 111
3.3.6 备份和恢复集群 ········· 112
3.4 PCS——DB2+Web ········· 113

3.4.1 DB2 HA 配置 …… 113
3.4.2 Web 集群 …… 119
3.5 PCS HA（NFS+DRBD） …… 121
3.5.1 背景介绍 …… 121
3.5.2 DRBD+NFS+PCS 配置实例 …… 122

第 4 章 系统调优 …… 130
4.1 性能调优的基础理论 …… 131
4.1.1 调优不是万能的 …… 131
4.1.2 信息模型 …… 131
4.1.3 屏蔽干扰项和学会使用帮助文档 …… 133
4.1.4 忠告 …… 133
4.1.5 工具 …… 134
4.1.6 单位 …… 135
4.1.7 实例 …… 135
4.2 经典理论（LAW） …… 136
4.2.1 为什么要理解队列理论 …… 136
4.2.2 队列理论的核心思想 …… 136
4.2.3 带宽和吞吐量 …… 141
4.3 硬件 …… 142
4.3.1 CPU …… 142
4.3.2 内存（Memory） …… 144
4.3.3 存储 …… 145
4.3.4 网络 …… 146
4.3.5 在 Linux 上查看信息 …… 146
4.4 Process & CPU …… 147
4.4.1 特征化的进程 …… 148
4.4.2 Linux 进程状态 …… 148
4.4.3 进程在运行之前的准备工作 …… 148
4.4.4 CPU 的缓存类型 …… 149
4.4.5 调度 …… 150
4.4.6 优先级 …… 150

4.4.7 优先级和队列的分类 …… 151
4.4.8 SCHED_OTHER …… 151
4.4.9 对列调度器的调整策略 …… 151
4.4.10 内核时钟 …… 152
4.4.11 SystemTap …… 152
4.4.12 SystemTap Scripts …… 152
4.4.13 实验 1——进程优先级对比 …… 153
4.4.14 实验 2——安装 SystemTap …… 153
4.5 Memory 调优 …… 158
4.5.1 虚拟地址和物理地址 …… 158
4.5.2 内存的分配 …… 159
4.5.3 Page Walk 和大页 …… 159
4.5.4 Memory Cache …… 161
4.5.5 vmcommit …… 162
4.5.6 SysV IPC …… 163
4.5.7 几种页面的状态和类型 …… 164
4.5.8 Swap 分区 …… 165
4.6 Network …… 166
4.6.1 数据的发送和接收 …… 166
4.6.2 Socket Buffer …… 167
4.6.3 调整 UDP Buffer 的大小 …… 167
4.6.4 调整 TCP Buffer 的大小 …… 168
4.6.5 参考实验 …… 168
4.7 磁盘调度& FileSystem …… 173
4.7.1 磁盘与 I/O …… 173
4.7.2 Elevator 算法 …… 175
4.7.3 VFS-虚拟文件系统 …… 176
4.8 Tuned …… 179

第 5 章 Linux 系统安全 …… 182
5.1 Linux 安全介绍 …… 183
5.2 Linux 安全加固 …… 185

5.3 OpenVAS 的部署和使用 …… 189

第 6 章 Linux 实用规范 …… 197

6.1 系统安装规范 …… 198
6.2 问题处理规范 …… 202
6.3 上线检查规范 …… 205

第二部分 企业存储解决方案

第 7 章 GlusterFS——分布式存储技术详解 …… 210

7.1 GlusterFS …… 211
7.1.1 GlusterFS 介绍 …… 211
7.1.2 GlusterFS 常用卷 …… 212
7.1.3 安装 GlusterFS …… 214
7.2 GlusterFS 技巧 …… 219
7.2.1 GlusterFS 副本卷更换磁盘 …… 219
7.2.2 空间扩容 …… 221
7.2.3 挂载点网络中断 …… 222
7.2.4 磁盘隐性错误 …… 223
7.2.5 保留磁盘数据，更换主机（灾难恢复） …… 223
7.2.6 参数调优 …… 224
7.2.7 控制 …… 225
7.2.8 写操作相关 …… 226
7.2.9 读操作相关 …… 226
7.2.10 线程控制 …… 227
7.2.11 脑裂 …… 227
7.3 GlusterFS 高级特性 …… 229
7.3.1 配额 …… 229
7.3.2 RDMA …… 230
7.3.3 Trash Translator …… 231
7.3.4 Profile 监控分析 …… 232
7.3.5 top …… 232
7.3.6 Statedump 统计信息 …… 233

7.3.7 灾备（Geo-Replication）233

第 8 章 Ceph——分布式存储技术详解 237

8.1 Ceph 1 238
8.1.1 Ceph 简介 238
8.1.2 Ceph 的设计思路 238
8.1.3 Ceph 的架构 238
8.1.4 Ceph 的安装和配置 242
8.1.5 查看相关 Map 信息 252
8.2 Ceph 2 RBD 253
8.2.1 RBD 块设备 253
8.2.2 创建块设备 253
8.2.3 使用块设备 255
8.2.4 快照 256
8.2.5 克隆 257
8.2.6 OpenStack 支持 258
8.2.7 缓存参数 258
8.2.8 预读参数 259
8.3 Ceph 对象网关 1 259
8.3.1 Ceph 对象网关实现开源云盘系统（OwnCloud 社区版）259
8.3.2 调试配置，简单使用 261
8.3.3 Ceph 对象存储结合 OwnCloud 265
8.4 Ceph 对象网关 2 267
8.4.1 创建 bucket 268
8.4.2 Zone 同步介绍（多活机制）269
8.4.3 实施 270
8.5 Ceph+SSD 276
8.6 Ceph-6 Luminous 版本 279
8.6.1 升级和重新部署 280
8.6.2 Dashboard 284

第一部分

Linux 实用生产技能

1 chapter

第 1 章 生产常用基础技能

1.1 Hostname & Network

1.1.1 基础知识

当今时代，几乎所有主机都要联网和外界通信，所以在使用 Linux 的过程中，配置网络成为运维人员最基本的技能之一。但 CentOS 6 和 CentOS 7 的网络配置过程略有不同，CentOS 6 采用传统的配置文件编辑模式与 ifconfig 指令模式进行管理，CentOS 7 采用 NetworkManager 管理网络，NetworkManager 是动态控制及配置网络的守护进程。

1.1.2 Network 指令

（1）通常使用命令行工具 nmcli 来控制 NetworkManager。

nmcli 用法。

```
nmcli [ OPTIONS ] OBJECT { COMMAND | help }
```

（2）显示所有设备和连接状态。

```
[root@localhost ~]# nmcli device
DEVICE   TYPE      STATE      CONNECTION
enp0s10  ethernet  connected  enp0s10
......
lo       loopback  unmanaged  --
```

（3）显示当前活动连接。

```
[root@localhost ~]# nmcli connection show -a
NAME     UUID                                  TYPE            DEVICE
enp0s3   c3c88292-09eb-4f02-ae4c-40f217770583  802-3-ethernet  enp0s3
......
enp0s8   4edd126f-cc55-4edb-a82d-dbfe45d3adcc  802-3-ethernet  enp0s8
```

（4）列出 NetworkManager 识别出的设备和状态。

```
[root@localhost ~]# nmcli device status
DEVICE   TYPE      STATE      CONNECTION
enp0s10  ethernet  connected  enp0s10
......
lo       loopback  unmanaged  --
```

（5）启动网络。

```
#nmcli device connect enp0s10
```

（6）断开网络。

```
#nmcli device disconnect enp0s10
```

1.1.3 配置以太网静态 IP 地址

（1）配置以太网静态 IP 地址。

```
[root@localhost ~]# nmcli connection add type ethernet con-name TEST ifname\
                    enp0s10 ip4 192.168.56.170 gw4 192.168.56.1
Connection 'TEST' (23e5e914-f9c7-4fb8-9714-a41482643f13) successfully added.
```

其中，con-name 是自定义名称，ifname 是网卡名称。

（2）修改 DNS。

```
[root@localhost ~]# nmcli connection modify TEST ipv4.dns "192.168.56.2"
```

（3）启动新网络配置。

```
[root@localhost ~]# nmcli connection up TEST ifname enp0s10
```

（4）查看配置信息。

```
[root@localhost ~]# nmcli -p connection show TEST
Activate connection details (23e5e914-f9c7-4fb8-9714-a41482643f13)
===============================================================================
GENERAL.NAME:                          TEST
GENERAL.UUID:                          23e5e914-f9c7-4fb8-9714-a41482643f13
GENERAL.DEVICES:                       enp0s10
GENERAL.STATE:                         activated
GENERAL.DEFAULT:                       yes
GENERAL.DEFAULT6:                      no
GENERAL.VPN:                           no
GENERAL.ZONE:                          --
GENERAL.DBUS-PATH:                     /org/freedesktop/NetworkManager/
ActiveConnection/4
GENERAL.CON-PATH:                      /org/freedesktop/NetworkManager/
Settings/4
GENERAL.SPEC-OBJECT:                   /
GENERAL.MASTER-PATH:                   --
-------------------------------------------------------------------------------
IP4.ADDRESS[1]:                        192.168.56.170/32
IP4.GATEWAY:                           192.168.56.1
IP4.ROUTE[1]:                          dst = 192.168.56.1/32, nh = 0.0.0.0, mt =
100
IP4.DNS[1]:                            192.168.56.2
```

```
-----------------------------------------------------------------------------
```

（5）配置 DHCP 启动。

```
[root@localhost ~]# nmcli connection add type ethernet con-name TEST\
                    ifname enp0s10
```

1.1.4 实用网络指令

（1）查看 IP 配置信息。

```
[root@localhost ~]# ip addr show
………
2: enp0s3: <BROADCAST,MULTICAST,UP,LOWER_UP> mtu 1500 qdisc pfifo_fast state
UP qlen 1000
link/ether 08:00:27:3e:e3:42 brd ff:ff:ff:ff:ff:ff
inet 192.168.56.104/24 brd 192.168.56.255 scope global dynamic enp0s3
valid_lft 969sec preferred_lft 969sec
inet6 fe80::a00:27ff:fe3e:e342/64 scope link
valid_lft forever preferred_lft forever
……
```

（2）显示网络统计信息。

```
[root@localhost ~]# ip -s link show enp0s10
5: enp0s10: <BROADCAST,MULTICAST,UP,LOWER_UP> mtu 1500 qdisc pfifo_fast
state UP mode DEFAULT qlen 1000
link/ether 08:00:27:25:6f:93 brd ff:ff:ff:ff:ff:ff
RX: bytes  packets  errors  dropped overrun mcast
283786     2597     0       0       0       30
TX: bytes  packets  errors  dropped carrier collsns
83197      719      0       0       0       0
```

（3）显示路由信息。

```
[root@localhost ~]# ip route
default via 192.168.56.1 dev enp0s10  proto static  metric 100
192.168.56.0/24 dev enp0s3  proto kernel  scope link  src 192.168.56.104
……
192.168.56.0/24 dev enp0s9  proto kernel  scope link  src 192.168.56.102
metric 100
192.168.56.1 dev enp0s10  proto static  scope link  metric 100
```

（4）验证路由可否访问。

```
[root@localhost ~]# ping -c3 192.168.56.102
PING 192.168.56.102 (192.168.56.102) 56(84) bytes of data.
64 bytes from 192.168.56.102: icmp_seq=1 ttl=64 time=0.051 ms
```

（5）显示 www.baidu.com 之间的所有跃点数。

```
    [root@localhost ~]# tracepath www.baidu.com
1?: [LOCALHOST]                                         pmtu 1500
1:  localhost                                           0.514ms
```

（6）显示本地监听。

```
[root@localhost ~]# ss -lt
State       Recv-Q Send-Q     Local Address:Port     Peer Address:Port
   LISTEN      0        128           *:ssh              *:*
   ......
```

参数：l 标识监听，t 标识 TCP，也可以使用命令 netstat–an 进行查看。

（7）nmcli 命令。

nmcli 命令的用途如表 1-1 所示。

表 1-1

命　令	用　途
nmcli dev status	列出所有设备
nmcli con show	列出所有连接
nmcli con up	激活连接
nmcli con down	取消激活连接
nmcli dev dis	中断接口，禁用自动连接
nmcli net off	禁用所有管理的接口
nmcli con add	添加新连接
nmcli con mod	修改连接
nmcli con del	删除连接

更多详细参数请参考 nmcli 帮助手册。

1.1.5　修改网络配置文件

网络配置文件在/etc/sysconfig/network-scripts/ifcfg-xxx 中，网络设备名称和配置文件有一定的关联关系，例如 enp0s10 网卡配置文件的名称为 ifcfg-enp0s10，以此类推。

网卡配置文件内容如表 1-2 所示。

表 1-2

静 态 配 置	动 态 配 置	自 定 义
BOOTPROTO=none IPADDR=192.168.56.102 PREFIX=24 GATEWAY0=192.168.56.2 DEFROUTE=yes DNS1=192.168.56.1	BOOTPROTO=dhcp	DEVICE=enp0s10 NAME=" System enp0s10" ONBOOT=yesUUID=g7834dee34...... USERCTL=yes

（1）编辑好配置文件后，使用如下命令重读配置和关闭/开启网络。

```
[root@localhost ~]# nmcli con reload
[root@localhost ~]# nmcli con down "System enp0s10"
[root@localhost ~]# nmcli con up "System enp0s10"
```

（2）DNS 配置可以写在网卡配置文件中，也可以写在/etc/resolv.conf 中。

```
[root@localhost ~]# vim /etc/resolv.conf
# Generated by NetworkManager
nameserver 200.198.0.1
nameserver 202.106.196.115
```

1.1.6　添加、删除路由条目

1. 添加、删除临时路由

所谓临时路由，意味着下次启动时这条路由是失效的，可以作为权宜之计，但并不推荐在生产中使用。

（1）显示路由信息。

```
[root@localhost ~]# ip route show
default via 10.0.5.2 dev enp0s10  proto static  metric 100
10.0.5.0/24 dev enp0s10  proto kernel  scope link  src 10.0.5.15  metric 100
192.168.56.0/24 dev enp0s8  proto kernel  scope link  src 192.168.56.103
```

（2）添加静态路由。

```
[root@localhost ~]# ip route add 194.1.67.0/24 via 10.0.5.15 dev enp0s10
[root@localhost ~]# ip route show
default via 10.0.5.2 dev enp0s10  proto static  metric 100
10.0.5.0/24 dev enp0s10  proto kernel  scope link  src 10.0.5.15  metric 100
......
194.1.67.0/24 via 10.0.5.15 dev enp0s10
```

（3）删除静态路由。

```
[root@localhost ~]# ip route del 194.1.67.0/24
```

2. 添加、删除永久路由

所有的配置要落实到配置文件上才能生效。

（1）添加路由。

```
[root@localhost ~]# vim /etc/sysconfig/network-scripts/route-enp0s10
192.1.167.0/24  via   10.0.5.15    dev    enp0s10
//路由网段              本机网卡 IP 地址          对应接口
```

（2）生效路由已经生效但是通过 ip route 命令无法显示，重启之后会看到。

```
[root@localhost ~]# nmcli dev disconnect enp0s10 && nmcli dev connect enp0s10
```

（3）删除静态路由。

```
[root@localhost ~]# ip route del 194.1.167.0/24
//最好通过删除配置文件来清除网络路由
```

1.1.7 网络配置实例

1. 网络合作

网络合作是一种通过逻辑方式将网卡捆绑到一起来实现故障转移或提高吞吐量的全新方法。

CentOS 7 通过使用一个内核驱动程序和一个用户控件守护进程 teamd 来实现网络合作。内核模块化的设计可以高效地处理网络包，teamd 负责裸机和接口处理。

2. teamd 提供的方式

（1）Broadcast：传输来自所有端口的每个数据包。

（2）Roundrobin：以轮询方式传输每个数据包。

（3）Active/backup：故障转移（活跃和备份）。

（4）Loadbalance：运用哈希函数实现负载均衡。

3. team 配置方法

（1）只有删除网卡原有配置才可以继续配置。

```
[root@localhost ~]# nmcli connection delete enp0s8
[root@localhost ~]# nmcli connection delete enp0s9
```

（2）创建 team0。

```
[root@localhost ~]# nmcli con add type team con-name team0 ifname team0\
                    config '{"runner":{"name":"activebackup"}}'
Connection 'team0' (f51c93a9-7c10-4439-991e-1952dcbf2455) successfully
added.
```

（3）定义 team0 的 IP 设置，静态 IP 地址为 192.168.56.170/24。

```
[root@localhost ~]# nmcli connection mod team0 ipv4.address '192.168.56.170/
24'
[root@localhost ~]# nmcli con mod team0 ipv4.method manual
```

（4）为 Team0 分配网卡，分别对应 port1 和 port2。

```
[root@localhost ~]# nmcli connection add type team-slave con-name \
                    team0-port1 ifname enp0s8 master team0
Connection 'team0-port1' (bb6fb253-c286-4404-a0bc-8565df878001) successfully
added.

[root@localhost ~]# nmcli connection add type team-slave con-name \
                    team0-port2 ifname enp0s9 master team0
Connection 'team0-port2' (3ed2be7c-176e-48f7-b1da-8df19b57406f) successfully
added.
```

（5）检查系统合作端口状态。

```
[root@localhost ~]# teamdctl team0 state
setup:
runner: activebackup
ports:
enp0s8
link watches:
link summary: up
instance[link_watch_0]:
name: ethtool
link: up
enp0s9
link watches:
link summary: up
instance[link_watch_0]:
    name: ethtool
    link: up
runner:
active port: enp0s8
```

（6）ping 测试。

```
[root@localhost ~]# ping 192.168.56.101
PING 192.168.56.101 (192.168.56.101) 56(84) bytes of data.
64 bytes from 192.168.56.101: icmp_seq=1 ttl=64 time=0.027 ms
64 bytes from 192.168.56.101: icmp_seq=2 ttl=64 time=0.047 ms
64 bytes from 192.168.56.101: icmp_seq=3 ttl=64 time=0.039 ms
```

（7）关闭网卡 enp0s8，查看对网络合作的影响。

```
[root@localhost ~]# nmcli dev disconnect  enp0s8
Device 'enp0s8' successfully disconnected.

[root@localhost ~]# teamdctl team0 state
setup:
runner: activebackup
ports:
enp0s9
link watches:
link summary: up
instance[link_watch_0]:
   name: ethtool
   link: up
runner:
active port: enp0s9   //运行在网卡 9 上
```

（8）再次启动接口。

```
[root@localhost ~]# nmcli device connect enp0s8
Device 'enp0s8' successfully activated with 'a2f28e6f-44f5-442e-81a2-
5e53f47b9749'.

[root@localhost ~]# teamdctl team0 state
setup:
runner: activebackup
ports:
enp0s8
link watches:
link summary: up
instance[link_watch_0]:
   name: ethtool
   link: up
enp0s9
```

```
link watches:
link summary: up
instance[link_watch_0]:
   name: ethtool
   link: up
runner:
active port: enp0s9
//enp0s8 网卡运行起来了，但没有切换到 enp0s8 运行，防止网络抖动频繁切换
```

（9）配置文件修改范本。

```
[root@localhost ~]# cat /etc/sysconfig/network-scripts/ifcfg-team0
DEVICE=team0
TEAM_CONFIG="{\"runner\":{\"name\":\"activebackup\"}}"
DEVICETYPE=Team
BOOTPROTO=none
DEFROUTE=yes
IPV4_FAILURE_FATAL=no
IPV6INIT=yes
IPV6_AUTOCONF=yes
IPV6_DEFROUTE=yes
IPV6_FAILURE_FATAL=no
NAME=team0
UUID=ad1d8d33-81cd-4fb6-9adf-9a9e3d01359e
ONBOOT=yes
IPADDR=192.168.56.170
PREFIX=24
IPV6_PEERDNS=yes
IPV6_PEERROUTES=yes
```

（10）网卡配置文件修改范本。

```
[root@localhost ~]# cat /etc/sysconfig/network-scripts/ifcfg-team0-port1
NAME=team0-port1
UUID=a2f28e6f-44f5-442e-81a2-5e53f47b9749
DEVICE=enp0s8
ONBOOT=yes
TEAM_MASTER=team0
DEVICETYPE=TeamPort

[root@localhost ~]# cat /etc/sysconfig/network-scripts/ifcfg-team0- port2
NAME=team0-port2
```

```
UUID=8543f9a3-2c6b-44fa-8748-dde2a3f4283d
DEVICE=enp0s9
ONBOOT=yes
TEAM_MASTER=team0
DEVICETYPE=TeamPort
```

4. teamd 常用指令

teamd 常用指令如表 1-3 所示。

表 1-3

命　令	用　途
teamnl team1 ports	team1 接口组状态
teamnl team1 getoption activeport	team1 当前活动接口
teamdctl team1 state	team1 接口当前状态
teamdctl team1 config dump	team1 的当前 JSON 配置

1.1.8 网桥

网桥是链路层（二层）设备，基于 MAC 地址在网络之间转发流量。

（1）删除已有网卡配置。

```
[root@localhost ~]# nmcli connection delete enp0s3
[root@localhost ~]# nmcli connection delete enp0s10
```

（2）配置网桥（持久配置）。

```
[root@localhost ~]# nmcli connection add type bridge con-name br0 ifname br0\
                    ip4 192.168.56.110 gw4 192.168.56.1
Connection 'br0' (19548cb9-84bf-43e3-8524-d1f38010c12b) successfully added.

[root@localhost ~]# nmcli connection add type bridge-slave con-name \
                    br0-port1 ifname enp0s3 master br0
Connection 'br0-port1' (7c28a220-c81b-4832-95f4-cc5f4a3c2f36) successfully
added.

[root@localhost ~]# nmcli connection add type bridge-slave con-name\
                   br0-port2 ifname enp0s10 master br0
Connection 'br0-port2' (66171261-706a-477c-925b-1e308c5a5255) successfully
added.
```

（3）查看网桥。

```
[root@localhost ~]# brctl show
bridge name bridge id       STP enabled interfaces
br0     8000.080027256f93   yes     enp0s10
                        enp0s3
[root@localhost ~]# nmcli device show  br0
GENERAL.DEVICE:                     br0
GENERAL.TYPE:                       bridge
GENERAL.HWADDR:                     08:00:27:25:6F:93
GENERAL.MTU:                        1500
GENERAL.STATE:                      100 (connected)
GENERAL.CONNECTION:                 br0
GENERAL.CON-PATH:                   /org/freedesktop/NetworkManager/
ActiveConnection/31
IP4.ADDRESS[1]:                     192.168.56.111/24
```

配置文件在/etc/sysconfig/network-scripts 下，有兴趣的读者可以去熟悉一下配置文件的写法，尝试通过修改配置文件的方法使网络配置生效。

1.1.9　bond

网卡绑定实际上与合作模式大同小异，都有负载模式和主备模式等，生产中用得比较多的模式是“主备”模式，所以这里就介绍一下在 CentOS 7 下创建 bond0 的主备模式。

（1）创建 bond。

```
[root@localhost ~]# nmcli connection add type bond con-name bond0 ifname \
                bond0 mode active-backup miimon 100 ip4 192.168.56.66/24
Connection 'bond0' (798c18a6-3a7b-430a-af06-5a83b7777119) successfully
added.
[root@localhost ~]# nmcli connection add type bond-slave con-name \
                bond0-port1 ifname enp0s3 master bond0

[root@localhost ~]# nmcli connection add type bond-slave con-name \
                bond0-port2 ifname enp0s10 master bond0
```

（2）查看 bond。

```
[root@localhost ~]# cat /proc/net/bonding/bond0
Ethernet Channel Bonding Driver: v3.7.1 (April 27, 2011)

Bonding Mode: fault-tolerance (active-backup)
Primary Slave: None
```

```
Currently Active Slave: enp0s3
MII Status: up
MII Polling Interval (ms): 100
Up Delay (ms): 0
Down Delay (ms): 0

Slave Interface: enp0s3
MII Status: up
Speed: 1000 Mbps
Duplex: full
Link Failure Count: 0
Permanent HW addr: 08:00:27:3e:e3:42
Slave queue ID: 0

Slave Interface: enp0s10
MII Status: up
Speed: 1000 Mbps
Duplex: full
Link Failure Count: 0
Permanent HW addr: 08:00:27:25:6f:93
Slave queue ID: 0
```

nmcli 指令同样可以查看更多的配置信息，上面是在/proc 下查看当前生效的 bond 配置。

1.1.10 图形化配置

命令和配置文件很烦琐，使用图形化的方式来完成配置更简便、直观。

1. nmtui

nmtui-GUI 配置图形示例 1 如图 1-1 所示。

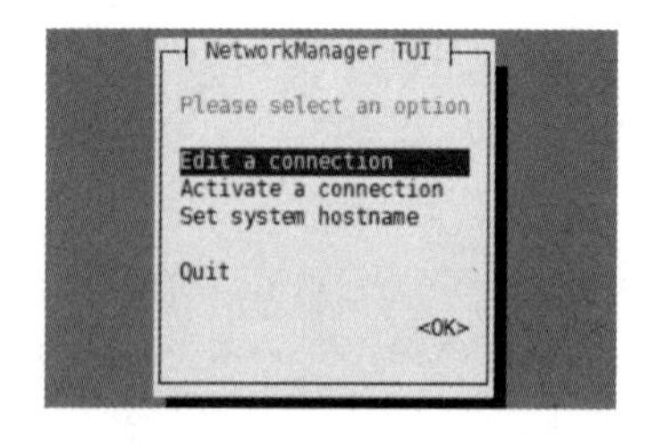

图 1-1

2. nmtui-connection-editor

nmtui-GUI 配置图形示例 2 如图 1-2 所示。

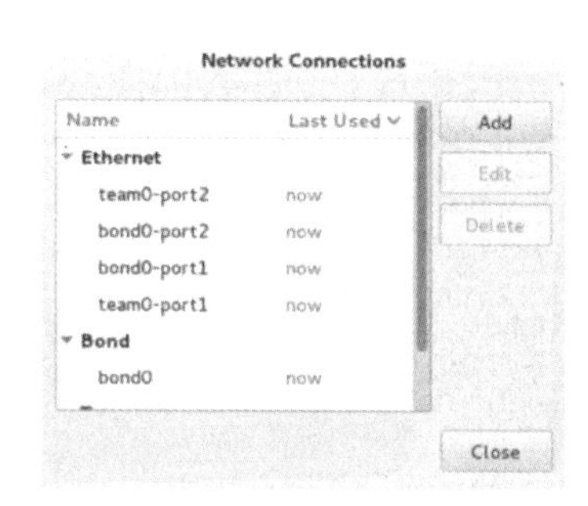

图 1-2

1.1.11　主机名

hostname 是每个主机的独立标识，尤其在同一个局域网内，主机名不能重复，尽可能使用唯一的标识来表示每个独立的系统。

在生产环境中会使用主机命名规范，以区分不同的区域和不同的业务系统。

1. 修改主机名

（1）使用 hostname 命令显示或临时修改主机名。

```
[root@localhost ~]# hostname
localhost
```

（2）修改配置文件来更改主机名，重启系统后生效。

```
[root@localhost ~]# cat /etc/hostname
localhost.localdomain
```

（3）使用 hostnamectl 命令修改主机名。

```
[root@localhost ~]# hostnamectl set-hostname Centos7.book
[root@localhost ~]# hostnamectl status
Static hostname: centos7.book
Pretty hostname: Centos7.book
......
Operating System: CentOS Linux 7 (Core)
CPE OS Name: cpe:/o:centos:centos:7
      Kernel: Linux 3.10.0-229.el7.x86_64
Architecture: x86_64
```

2. 添加主机名和 IP 地址的对应关系

在生产环境中，通常将与本机常联系的主机 IP 地址和主机名的对应关系写到配置文件中，这样在其他应用调用系统 IP 地址和域名信息的时候可以快速地响应。如果需要配置和管理的主机非常多，务必要使用 DNS Server 来做域名解析。

```
[root@localhost ~]# cat /etc/hosts
127.0.0.1   localhost localhost.localdomain localhost4 localhost4.localdomain4
::1         localhost localhost.localdomain localhost6 localhost6.localdomain6
192.168.56.11   dbdata
192.168.56.12   APPserver
```

小结

✓ 网络配置是运维人员的基础技能，在生产环境中常用 bond 的主备模式来配置网络，增强网络的冗余性和可靠性。

✓ 网络配置的文件在/etc/sysconfig/network-scripts/目录里，一定要熟记配置文件的写法，因为通常运维人员都是使用 shell 完成配置的。

✓ 在生产环境中主机命名一定要遵循命名规范。

1.2 软件管理

1.2.1 基础知识

在日常运维工作中通常需要安装不同的软件来满足各种业务环境的需求，基于 CentOS 系列的软件包称为 RPM，这种软件包既可以独立地安装和卸载，也可以使用 YUM 管理器来进行管理，同时 Linux 操作系统也支持源码安装，也就是 tar 包的安装方式。为了更好地管理 CentOS，这部分内容需要熟练掌握。

1.2.2 RPM

RPM 是由红帽开发并维护的软件包管理器，该程序提供一种标准的方式来打包软件并进行分发，使得软件包的安装、卸载及管理得到极大的简化。系统管理员可以通过 RPM 管理器来跟踪软件包所安装的文件。

1. 范例：软件包命名

```
libndp-1.2-4.el7.x86_64.rpm （等于 Name-version-release.architecture）
```

① Name：软件包名称，例如 httpd-tools。

② Version：原始软件版本号 1.2。

③ Release：基于该版本的软件包发行号。

④ ARCE：编译的软件包可以运行在何种处理器架构下，“noarch”表示软件包的内容不限定架构。

2. GPG 签名的重要性

RPM 软件包都会进行数字签名，如果软件被改动或损坏，那么该签名将不再有效。这样可以使系统在安装软件包之前验证其完整性及合法性。

3. 更新和补丁

CentOS 系统可以使用互联网软件源来进行软件安装和补丁升级，所有可用软件源必须在 CentOS 系统的 YUM 源中进行配置，位置在/etc/yum.repo.d/中（以 CneotOS-开头的配置文件）。

4. RPM 的安装、卸载及升级

（1）安装软件包。

```
[root@centos7 Packages]# rpm -ivh zsh-5.0.2-7.el7.x86_64.rpm
warning: zsh-5.0.2-7.el7.x86_64.rpm: Header V3 RSA/SHA256 Signature, key ID f4a80eb5: NOKEY
Preparing...                    ##################################[100%]
Updating / installing...
1:zsh-5.0.2-7.el7               ##################################[100%]
```

安装参数解释：

① -i，安装。

② -h，解压 RPM 的时候打印“#”表示进度。

③ -v，显示详细信息。

（2）卸载软件包。

```
[root@centos7 Packages]# rpm -e zsh
```

卸载参数解释：

-e 为卸载软件包。

（3）升级软件包。

```
[root@centos7 Packages]# rpm -Uvh zsh
```

升级参数解释：

① -U，升级。

② -h，解压。

③ -v，显示详细信息。

5. 常用 RPM 查询

（1）查询所有已安装的软件包。

rpm –qa 或 rpm –qa | grep 包名

```
[root@centos7 ~]# rpm -q gcc make
package gcc is not installed
make-3.82-21.el7.x86_64
```

（2）查询软件包的安装位置。

```
[root@centos7 ~]# rpm -ql make
/usr/bin/gmake
/usr/bin/make
......
```

（3）软件包信息。

```
[root@centos7 ~]# rpm -qi make
Name        : make
Epoch       : 1
Version     : 3.82
Release     : 21.el7
Architecture: x86_64
......
```

（4）查看未安装的软件包信息。

```
[root@centos7 ~]# rpm -qip zsh-5.0.2-7.el7.x86_64.rpm
```

6. 为什么需要 YUM 管理器

安装和卸载 RPM 时会出现依赖关系，情况如下：

```
[root@centos7 ~]# rpm -ivh gcc-4.8.3-9.el7.x86_64.rpm
warning: gcc-4.8.3-9.el7.x86_64.rpm: Header V3 RSA/SHA256 Signature, key ID f4a80eb5: NOKEY
```

```
error: Failed dependencies:
cpp = 4.8.3-9.el7 is needed by gcc-4.8.3-9.el7.x86_64
glibc-devel >= 2.2.90-12 is needed by gcc-4.8.3-9.el7.x86_64
libmpc.so.3()(64bit) is needed by gcc-4.8.3-9.el7.x86_64
```

大量的软件包依赖关系问题导致配置和管理相当困难，目前较为流行的方式是采用 YUM 软件包管理器进行管理。

1.2.3 YUM 软件包管理器

安装 CentOS 系统后，YUM 软件管理器已经默认安装，可以从互联网上进行软件包的更新。并且，YUM 管理器在安装软件包和卸载软件包时会自动解决依赖关系。

YUM 的主配置文件为/etc/yum.conf，其他的 YUM 源配置文件位于/etc/yum.repo.d/目录下。

1. YUM 源配置文件范例

```
[root@localhost ~]# cat /etc/yum.repos.d/CentOS-Base.repo
......
[base]   //源 ID
name=CentOS-$releasever - Base   //源名称
mirrorlist=http://mirrorlist.centos.org/?release=$releasever&arch=$basearch&repo=os&infra=$infra   //源地址，可以是 FTP 和 file 等
#baseurl=http://mirror.centos.org/centos/$releasever/os/$basearch/
gpgcheck=1   //gpg 签名校验
gpgkey=file:///etc/pki/rpm-gpg/RPM-GPG-KEY-CentOS-7  //校验公钥的位置
......
```

2. YUM 使用方法

表 1-4 中的指令都是常用命令，更多信息可以通过“man yum”命令进行查看。

表 1-4

指　　令	释　　义
yum repolist	罗列出 YUM 源
yum grouplist	以组的形式罗列软件包
yum groupinstall "Basic Web Server"	组安装
yum list	列出所有源的软件包，单独软件包
yum - y install httpd	安装 httpd 软件包，使用-y 进行自动确认
yum remove zsh	卸载 zsh 软件包，自动解决依赖关系

续表

指　　令	释　　义
yumdownloader zsh	只下载软件包，不安装
yum update zsh	更新 zsh 软件包
yum downgrade zsh	降级软件包
yum search httpd	搜索软件包
yum provides /etc/inittab	该文件隶属于哪个软件包
yum info zsh	查询软件包信息
yum clean all	清除缓存

3. 基于 CentOS 的 iso（光盘）配置 YUM 安装源

在大多数企业中，生产环境是无法直接连接到互联网的，所以 YUM 的软件安装和升级都无法正常进行，但是 CentOS 的 iso 文件是可以作为 YUM 源来使用的，如果缺少的软件包在 iso 文件之内，那么可以搭建一个基于 iso 的 YUM 源来进行软件安装。在通常情况下，生产环境中 80%的常用软件都包含在 iso 文件之内。

（1）编写 iso（光盘）YUM 源配置文件。

```
[root@centos7 ~]# vim /etc/yum.repos.d/test.repo
[test]
name=test
baseurl=file:///mnt/cdrom
gpgcheck=0
```

（2）创建目录并挂载光盘。

```
[root@centos7 ~]# mkdir /mnt/cdrom/
[root@centos7 ~]# mount /dev/cdrom /mnt/cdrom/
```

完成以上步骤后，即可使用 CentOS 的 iso 作为 YUM 源仓库提供软件包安装和升级服务。

4. 自定义 YUM 源

如果需要安装的软件包不在 CentOS 的 iso 中，可以通过添加特定的软件源或下载 RPM 包来定制化 YUM 源。

（1）添加其他软件源。

```
[root@centos7 ~]# rpm --import http://elrepo.org/RPM-GPG-KEY-elrepo.org
[root@centos7 ~]# rpm -Uvh http://www.elrepo.org/elrepo-release-7.0-2.el7.elrepo.noarch.rpm
```

（2）自定义软件包 YUM 源。

将软件包统一放到一个文件夹内，例如 mkdir /root/zsh。

```
[root@centos7 ~]# cp zsh*.rpm /root/zsh
[root@centos7 ~]# createrepo -v /root/zsh
```

完成后将在/root/zsh 目录下产生 repordata 文件夹，这个文件夹就是 YUM 要读取的信息文件夹。

配置 YUM 的源文件，添加新源指向文件夹即可。

```
[root@centos7 ~]# cat /etc/yum.repos.d/zsh.repo
[zsh]
name=zsdd
baseurl=file:///root/zsh
gpgcheck=0
```

5. 内部网络 YUM 源

如果生产区域内有很多主机需要进行软件安装和补丁升级，可以在生产区域内搭建一台 YUM 源服务器来提供软件更新和安装，但是一定要进行访问控制。

（1）将光盘内容或自定义软件包的文件夹复制到 FTP、HTTP 或 NFS 目录下。

（2）如果使用 FTP 共享，则开放匿名登录。

（3）如果使用 HTTP 共享，则需要通过浏览器访问 RPM 包，在页面中可以下载。

（4）修改 YUM 源配置文件。

其中 centos7 文件夹是存放 iso 内容的地方：

```
baseurl=http://192.168.56.170/centos7/
```

pub 目录下存放的是光盘内容：

```
baseurl=ftp://192.168.56.170/pub/
```

（5）注意关闭防火墙。

1.2.4 tar 包管理

在 Linux 系统中除了使用 RPM 和 YUM 方式进行软件包管理，还可以使用源码包的方式进行管理，也就是所谓的 tar 包。实际上源码包安装就是将软件源码压缩到一个 tar 包内，在解压 tar 包并对源码进行编译配置后，再进行安装。

生产环境中最常用的场景并不是使用 tar 包安装软件，而是将服务器上所需的数据进行压缩、归档，方便数据移动。

1.2.5 tar 解压和压缩

现在的 tar 已经非常智能了，只需输入解压和压缩的指令即可自动识别压缩格式。

（1）解压缩。

```
[root@localhost ~]# tar xvf loganalyzer-3.6.5.tar.gz -C /tmp
```

参数解释：v 表示信息 /f 指定文件 /x 解压 /C 指定路径。

（2）归档。

```
[root@localhost tmp]# tar cvf test.tar.gz ./yum_save_tx.2015-10-3*
```

将所有 YUM 文件进行打包。

1.2.6 源码安装

源码编译安装需要 GCC 的支持，通过“yum install gcc”命令安装 GCC 编译器。

tar 包安装 Nginx 需要 pcre 的支持，本节只为说明源码安装步骤，pcre 使用 YUM 进行安装。

```
[root@localhost tmp]# yum install pcre-devel zlib-devel openssl-devel
```

（1）下载 Nginx 源码包。

```
[root@localhost tmp]# wget http://nginx.org/download/nginx-1.6.0.tar.gz
```

（2）解压 Nginx。

```
[root@localhost tmp]# tar xvf nginx-1.6.0.tar.gz
```

（3）进入目录。

```
[root@localhost tmp]# cd nginx-1.6.0/
```

（4）Configure。

```
[root@localhost nginx-1.6.0]# ./configure --prefix=/usr/local/pcre
//--prefix 参数指定安装目录，还有更多参数可以参看./configure 说明
```

（5）Make。

```
[root@localhost nginx-1.6.0]#make
```

（6）Make install。

```
[root@localhost nginx-1.6.0]#make install
```

（7）启动 Nginx。

```
[root@localhost nginx-1.6.0]# cd /usr/local/nginx/sbin/
[root@localhost sbin]# ./nginx
```

（8）测试。

以上只是 tar 的解压及源码安装的步骤，实际上源码安装过程比这复杂，在执行./configure 时需要很多参数设置，建议执行“./configure --help”命令查看提示信息。

1.2.7　复杂的实例

（1）将整个/etc 目录下的文件全部打包为/tmp/etc.tar。

```
[root@localhost ~]# tar -cvf /tmp/test.tar /etc        //仅打包，不压缩
[root@localhost ~]# tar -zcvf /tmp/test.tar.gz /etc    //打包后，以 gzip 压缩
[root@localhost ~]# tar -jcvf /tmp/test.tar.bz2 /etc   //打包后，以 bzip2 压缩
```

（2）查看 test.tar.gz 下有哪些文件。

```
[root@localhost tmp]# tar tvf test.tar.gz
```

（3）只解压压缩包内的某一个文件。

```
[root@localhost tmp]# tar xvf test.tar.gz /etc/fstab
```

（4）备份/home、/etc，但不备份/home/db2inst1。

```
[root@localhost tmp]#tar -exclude /home/db2inst1 -cvf mytar.tar.gz \
                    /home/* /etc/
```

（5）增量备份。

执行完整备份：

```
[root@localhost tmp]# tar -g snapshot -cvf backup.tar.gz tartest
tar: tartest: Directory is new
tartest/
tartest/file1
tartest/file10
tartest/file2
tartest/file3
tartest/file4
tartest/file5
tartest/file6
tartest/file7
tartest/file8
tartest/file9
[root@localhost tmp]# cd tartest/
[root@localhost tartest]# touch file{11..20}
[root@localhost tartest]# cd ..
```

执行增量备份，注意 file1 到 file10 将不再备份：

```
[root@localhost tmp]# tar -g snapshot -cvf backup1.tar.gz tartest
```

```
tartest/
tartest/file11
tartest/file12
tartest/file13
tartest/file14
tartest/file15
tartest/file16
tartest/file17
tartest/file18
tartest/file19
tartest/file20
//还原时，需要逐个还原
```

小结

✓ 有时候 YUM 管理器会闹一些小情绪，比如缓存出错、update 信息错误等。如果出现错误，不妨试试“yum clean all”命令，再重新“cache”YUM 信息。

✓ tar 的压缩/解压需要读者学习和牢固掌握，因为 tar 是生产中的常用指令，上传应用升级包、取数据、取日志等场景都会用到。

1.3 journalctl & NTP

在 CentOS 7 的版本中，新加入的 journalctl 可以做日志查找和追溯等工作。

systemd 将日志数据存储在带有索引的结构化二进制文件中，此数据包含与日志事件相关的额外信息。例如，系统的日志事件包含原始消息的设备和优先级。

NTP（Network Time Protocol，网络时间协议）服务是生产环境中必备的服务，主要为生产环境提供时钟源，保证生产环境服务器的时钟同步，避免因为时钟问题而产生交易失败和时钟乱序的问题。

1.3.1 journalctl

通过 journalctl 命令从最旧的日志条目开始显示完整的系统日志：

```
[root@localhost tmp]# journalct
…
Oct 28 16:24:38 centos7.book setroubleshoot[5924]: Plugin Exception
restorecon_source
Oct 28 16:24:38 centos7.book setroubleshoot[5924]: lookup_signature: found
```

```
0 matches with scores
    Oct 28 16:24:38 centos7.book setroubleshoot[5924]: not in database yet
    Oct 28 16:24:38 centos7.book setroubleshoot[5924]: sending alert to all
clients
    Oct 28 16:24:38 centos7.book setroubleshoot[5924]: SELinux is preventing
/usr/sbin/httpd from
    …
```

提示：journalctl 命令在屏幕输出指令结果的时候，以粗体文本突显优先级为 notice 或 warning 的消息，以红色突显优先级为 error 或更高级别的信息。

1. journalctl 命令

journalctl 命令列表如表 1-5 所示。

表 1-5

指　　令	释　　义
journalctl －n	默认显示最后 10 行
journalctl －n 5	显示 5 行
journalctl －p err	列出优先级为 err 或以上的条目，级别为 debug/info/notice/warning/err/crit/alert/emerg
journalctl －f	显示最后 10 行，并进行监控实时输出记录，和 tail－f 类似
journalctl－since today	显示当天所有日志条目，支持 yesterday/today/tomorrow
journalctl －since "2018-11-21 22:21:00" －until "2018-11-25 22:00:00"	输出时间段内的日志
journalctl _PID=1	显示 pid 为 1 的进程日志
journalctl _UID=0	显示源自用户 0 启动服务的所有 systemd 的日志信息
journalctl －since 9:00:00 _SYSTEM_UNIT= "httpd.service"	仅显示 httpd，并且时间为当天早上 9 点以后的日志

2. 永久存储

systemd-journald 的日志保存在“内存”中，可以被设置为保存在磁盘上，以便追溯。

默认情况下，systemd 日志保存在/run/log/journal 中，意味着系统重新启动后会被清除，这是 CentOS 7 的全新机制。但是对于生产环境来说，保留自上一次启动到现在运行的日志就足够了。

该日志模式是有轮换机制的，每月触发。默认情况下，日志大小限定不能超出所处文件系统的 10%，同时不能迫使文件系统低于 15%的可使用率，可以在/etc/system/journal.conf 中调节。

```
    [root@localhost tmp]# journalctl | head -2
    -- Logs begin at 一 2018-12-17 04:52:09 EST, end at 一 2018-12-17 06:30:01
```

```
EST. --
    12 月 17 04:52:09 localhost.localdomain systemd-journal[341]: Runtime journal
is using 6.1M (max allowed 48.8M, trying to leave 73.3M free of 482.7M
available → current limit 48.8M).
```

查看当前使用的空间和总空间的大小。

3. 更改日志存储

（1）用户以 root 身份创建/var/log/journal 目录，使 systemd 日志变为永久日志。

```
[root@localhost tmp]# mkdir /var/log/journal
```

（2）确保/var/log/journal 目录由 root 用户和 systemd-journal 所有，权限为 2755。

```
[root@localhost tmp]# chown root:system-journal /var/log/journal
[root@localhost tmp]# chmod 2755 /var/log/journal
```

（3）重新启动系统。

1.3.2 NTP

在集中日志服务器管理模式下，必须保证系统中的日志时间戳正确无误，对于多个系统间分析日志而言，时间先后是分析问题的基本条件，因此正确同步系统时间非常重要。一般通过 NTP 来解决这个问题，在标准的企业生产环境中，NTP 是标配。

（1）timedatectl 命令可以显示当前的时间信息和设置时间，如系统时间和 NTP 同步。

```
[root@localhost tmp]# timedatectl
Local time: 一 2018-12-17 06:29:21 EST
      Universal time: 一 2018-12-17 11:29:21 UTC
RTC time: 一 2018-12-17 11:29:21
Time zone: America/New_York (EST, -0500)
NTP enabled: n/a
NTP synchronized: no
RTC in local TZ: no
DST active: no
......
[root@localhost ~]# timedatectl set-timezone Asia/Shanghai
[root@localhost ~]# timedatectl set-time 9:00:00
```

（2）设置 NTP，CentOS 7 中采用 chronyd 服务来配置 NTP。

```
[root@localhost ~]# timedatectl set-ntp true
[root@localhost ~]# vim /etc/chrony.conf
# Use public servers from the pool.ntp.org project.
```

```
# Please consider joining the pool (http://www.pool.ntp.org/join.html).
Server  centos7.com  iburst
[root@localhost ~]# systemctl restart chronyd
[root@localhost ~]# chronyc sources -v
210 Number of sources = 4

  .-- Source mode  '^' = server, '=' = peer, '#' = local clock.
 / .- Source state '*' = current synced, '+' = combined , '-' = not combined,
| /   '?' = unreachable, 'x' = time may be in error, '~' = time too variable.
||                                                 .- xxxx [ yyyy ] +/- zzzz
||                                                /   xxxx = adjusted offset,
||        Log2(Polling interval) -.               |    yyyy = measured offset,
||                                 \              |   zzzz = estimated error.
||                                  |             |
MS Name/IP address         Stratum Poll Reach LastRx Last sample
=========================================================================
^* centos7.com                   2   6    17    31   -12us[ +261us] +/-   25ms
```

小结

✓ CentSO 7 中使用 journalctl 命令来查看系统日志信息，而且过滤效果比较好，对比老版本而言，这是一个非常大的改进。

✓ 时钟同步不仅用于日志的集中收集，系统之间的访问调用也会涉及时间差问题。

1.4　rsync 传输工具

CentOS 7 系统已经默认安装了 rsync，不需要额外安装，如果是 AIX 系统，则需要安装 rsync 软件包。

1. 匿名传输配置（范例）

（1）配置文件编写。

```
[root@localhost tmp]# vim /etc/rsyncd.conf
uid = nobody     //运行 rsync 的用户
gid = nobody     //运行 rsync 的组
use chroot = yes   //用户禁锢目录
max connections = 4    //最大连接数
pid file = /var/run/rsyncd.pid
exclude = lost+found/    //排除文件夹内的目录
transfer logging = yes    //传输记录
```

```
timeout = 900           //传输超时
ignore nonreadable = yes
log file=/var/log/rsyncd.log  //日志位置
dont compress   = *.gz *.tgz *.zip *.z *.Z *.rpm *.deb *.bz2
//传输不压缩的文件

[ftp]    //这里是认证的模块名，在 client 端需要指定
path = /home/ftp       //需要做镜像的目录
comment = ftp export area        //这个模块的注释信息
ignore errors                   //可以忽略一些无关的 I/O 错误
read only = yes                 //只读，read only=no 可写

#hosts allow = 192.168.1.1,10.10.10.10      //允许主机
#hosts deny = 0.0.0.0/0                     //禁止主机
```

（2）启动 rsync server。

```
[root@localhost ftp]# rsync --daemon /etc/rsyncd.conf
```

（3）确认启动成功，rsync 端口为 TCP 873（可更改）。

```
[root@localhost ftp]# netstat -an | grep 873
tcp        0      0 0.0.0.0:873             0.0.0.0:*               LISTEN
tcp6       0      0 :::873                  :::*                    LISTEN
```

（4）测试传输数据。

```
[root@localhost log]# rsync -crpogP ./*.log 192.168.255.128::ftp/
sending incremental file list
Xorg.0.log
      40282 100%    7.17MB/s    0:00:00 (xfer#1, to-check=3/4)
boot.log
      10646 100%   10.15MB/s    0:00:00 (xfer#2, to-check=2/4)
pm-powersave.log
          0 100%    0.00kB/s    0:00:00 (xfer#3, to-check=1/4)
yum.log
          0 100%    0.00kB/s    0:00:00 (xfer#4, to-check=0/4)

sent 51253 bytes  received 84 bytes  4889.24 bytes/sec
total size is 50928  speedup is 0.99
```

2. 认证传输配置（范例）

（1）配置文件编写。

```
[root@localhost ftp]# vim /etc/rsyncd.conf
uid = nobody     //运行 rsync 的用户
```

```
gid = nobody      //运行 rsync 的组
use chroot = yes    //用户禁锢目录
max connections = 4     //最大连接数
pid file = /var/run/rsyncd.pid
exclude = lost+found/     //排除文件夹内的目录
transfer logging = yes     //传输记录
timeout = 900          //传输超时
ignore nonreadable = yes
log file=/var/log/rsyncd.log //日志位置
dont compress   = *.gz *.tgz *.zip *.z *.Z *.rpm *.deb *.bz2
//传输不压缩的文件

[ftp]      //认证模块，在 client 端需要指定
path = /home/ftp       //镜像的目录
comment = ftp export area  //注释信息
ignore errors               //忽略无关的 I/O 错误
read only = yes             // 只读，read only=no 可写
auth users = xcl            //认证的用户名，与系统无关
secrets file = /etc/rsync.pas  //密码和用户名对比表
#hosts allow = 192.168.1.1,10.10.10.10  //允许主机
#hosts deny = 0.0.0.0/0     //禁止主机
```

（2）制作密码文件。

配置 rsync 密码（在上述例子的配置文件中已经写好了路径）、rsync.pas（名字随意，只要和上边配置文件中的名字一致即可）和格式（一行一个用户）。

服务器端密码文件格式为 xcl:password（账户：密码）。

客户端密码文件格式为 password（只写密码即可）。

密码文件权限为 600，chmod 600/etc/rsync.pas。

（3）测试传输数据。

```
[root@localhost var]# rsync -crpogP ./log/messages  xcl@192.168.255.128::\
                      ftp  --password-file=/etc/rsync.pas
sending incremental file list
messages
     377625 100%   14.30MB/s    0:00:00 (xfer#1, to-check=0/1)

sent 377757 bytes  received 27 bytes  32850.78 bytes/sec
total size is 377625  speedup is 1.00
```

查看传输日志，如果上面定义了 log 的位置，则可以到 log 中查看详细的 rsync 的传输记录。

小结

- ✓ rsync 可以用于生产系统主机间的数据同步或传输数据，至于是否需要认证，可以根据实际的控制需求而定，但必须限制可以连接传输的主机数量。
- ✓ 怎么调用 rsync？可以写在程序中调用，也可以使用 Crontab 调用。

1.5 自定义安装光盘

做系统管理的读者一定都有一种感觉，那就是一提到装系统胃中就会“翻江倒海”，每个系统的基础软件上都有业务需求的个性化配置和参数设置，再遇上批量安装，很多主机等着安装系统并进行基础设置，内心肯定有崩溃的感觉。

有没有什么办法可以快速安装系统，并设置基础软件的环境配置和必要的安全设置及自动化的补丁升级呢？

1.5.1 需要解决的问题

（1）能够自动安装系统，不需要太多的人工干预。

（2）能够自动设置系统的一些常规参数，减少安装后的人工配置。

（3）应用环境的自动配置，减少人工安装后配置应用安装环境。

（4）安装系统后会自动更新补丁，无须人工打补丁。

（5）光盘自动弹出，确认安装完成。

1.5.2 可以选择的方案

（1）卫星服务器（统一安装平台，可定制安装，可管理系统）。

（2）PXE 无人值守安装（统一安装平台，可定制安装）。

（3）自定义光盘（定制安装）。

1.5.3 该选择哪种呢

其实 1.5.2 节中描述的 3 种技术方案都满足当前的需求，也都是成熟的方案，但是要“因地制宜”，面对当前问题必须选出一个最恰当的方案。

现场的限制因素如下：

（1）多网络隔离并且网络情况复杂，如果采用平台级别的部署可能会“误伤”其他主机。

（2）部门太多，协调太困难。协调太多的部门和领导，以及需要在各个已经隔离的网络中进行通信，这显然是一件很困难的事情，并且涉及更改已有的网络结构和一些安全策略，所以平台级的部署肯定不好实现。

我们可以制作一张自定义安装光盘来暂时解决这个问题。

1.5.4 自定义光盘

1. 准备安装源

（1）登录账户 root，挂载光盘到临时目录。

```
[root@localhost ~]# mkdir /mnt/cdrom
[root@localhost ~]# mount /dev/cdrom /mnt/cdrom
```

（2）建立 iso 源目录。

```
[root@localhost ~]# mkdir /newiso
[root@localhost ~]# cp -a /mnt/cdrom/.  /newiso
不要使用*，要用.号替代，如果使用*，隐藏文件不会被复制
```

2. 修改引导文件

在光盘引导的安装阶段，isolinux.cfg 文件将决定如何处理用户的输入，并执行对应的安装过程，isolinux.cfg 需要指定 KS 文件的位置。KS 文件即 Kickstart 文件（无人值守安装文件），也就是自动安装应答文件。

```
[root@localhost ~]# vim /newiso/isolinux/isolinux.cfg
```

配置文件比较长，下面只列出需要更改和自定义的内容：

```
timeout 600     //等待时间，倒计时 600，就是 60s
menu title CentOS 7    //标题
label linux           //标签，一个标签就是一个选项内容
  menu label ^Install CentOS 7  //自定义名称标识
  kernel vmlinuz     //默认的 Kernel 光盘位置 （无须修改）
  append initrd=initrd.img inst.stage2=hd:LABEL=CentOS\x207\x20x86_64 quiet
  //引导位置
label check
  menu label Test this ^media & install CentOS 7
```

```
    menu default  // 注意，如果该 label 设置 default 参数，timeout 600 计时结束后默认选择该 label
    kernel vmlinuz
    append initrd=initrd.img inst.stage2=hd:LABEL=CentOS\x207\x20x86_64 rd.live.check quiet
```

配置文件比较长，下面只列出需要更改和自定义的内容：

```
#vim /newiso/isolinux/isolinux.cfg
timeout 300    // 设置 30s 等待
menu title Test CentOS 7   //标题为 Test CentOS 7
label linux      //保留原有选项，复制新增加一个选项
  menu label ^Install CentOS 7
  kernel vmlinuz
  append initrd=initrd.img initrd=initrd.img inst.stage2=hd:LABEL=centos7 quiet
label Test linux                //新增加选项
  menu label ^Test CentOS 7
  menu default   //设置为默认启动，测试阶段用
  kernel vmlinuz
  append inst.ks=cdrom:/isolinux/KS/Base.cfg initrd=initrd.img inst.stage2=hd:LABEL=centos7 quiet
//在 newiso 的 isolinux 下创建 KS 文件夹
//inst.stage2 部分更改 LABEL 为后面封装光盘的 LABEL 部分
label check
  menu label Test this ^media & install CentOS 7
  menu default  //删除默认选项，后续将该选项添加至别的 label 中作为默认启动
  kernel vmlinuz
  append initrd=initrd.img inst.stage2=hd:LABEL=centos7 quiet
```

3. 编写 KS 文件

Kickstart 文件是无人值守应答文件，即自动化安装的时候可以将一些需要设置的选项写入该文件，比如磁盘分区大小、时区，以及需要安装的软件包。

在已经安装过的 CentOS 7 系统里，文件名/root/anaconda-ks.cfg 即该系统的 KS 文件。

（1）安装 system-config-kickstart 编辑器。

```
[root@localhost ~]# yum -y install system-config-kickstart
```

（2）启动编辑器，配置基础部分。

```
[root@localhost ~]# system-config-kickstart
```

（3）利用编辑器制作 KS 模板文件。

KS 文件的内容如表 1-6 所示。

表 1-6

名　称	解　释
基本设置	语言为中文，时区为上海，设置 root 密码，勾选“安装”后重新引导系统
安装方法	通过光盘驱动器执行新安装
引导装载程序选项	安装新引导装载程序，在主引导记录（MBR）上安装引导装载程序
分区信息	清除主引导记录，删除所有现存分区，初始化磁盘标签，设置磁盘分区大小，不支持 LVM 分区设置（手动设置完成 LVM 分区）
网络配置	不设置，安装完成后利用脚本配置 bond 网络
验证	不做修改，使用 SHA512
防火墙设置	SELinux 禁用，防火墙禁用（后续用到时再开启）
显示配置	不做修改
软件包选择	不做修改，利用模板文件修改 KS 文件完成选择
预安装脚本	不做修改，修改 KS 文件完成安装
安装后脚本	不做修改，修改 KS 文件完成安装

4. 分区设置

```
//截取于模板文件/root/anaconda-ks.cfg
# Disk partitioning information
part pv.245 --fstype="lvmpv" --ondisk=sda --size=122379
//120GB 的磁盘
part /boot --fstype="xfs" --ondisk=sda --size=500
//500MB 的 boot 分区
volgroup centos --pesize=4096 pv.245
logvol /  --fstype="xfs" --grow --maxsize=51200 --size=1024 --name=root
--vgname=centos
//根分区 50GB
logvol swap  --fstype="swap" --size=2048 --name=swap --vgname=centos
//交换分区 2GB
logvol /home  --fstype="xfs" --size=5000 --name=home --vgname=centos
//Home 目录 5GB
```

5. 添加自定义脚本

自定义脚本是最主要的部分，包括打补丁、系统参数设置、应用安装环境设置等一系列集合。

```
%post --nochroot //表示安装后运行

#!/bin/bash
mkdir -p /mnt/postconfig
mount /dev/cdrom /mnt/postconfig
cp -rf /mnt/postconfig/setup  /mnt/sysimage/tmp/
//创建临时目录，并将光盘的setup目录复制到系统中，setup目录下有自定义脚本和监控软件包

cp -rf /mnt/sysimage/etc/rc.d/rc.local{,.orig}
chmod 755 /mnt/sysimage/etc/rc.d/rc.local
echo "bash /tmp/once" >> /mnt/sysimage/etc/rc.local
//开机自动执行自定义的once脚本

cat<<EOF>/mnt/sysimage/tmp/once
#!/bin/bash
cd /tmp/setup
tar xvf systools.tar -C /
mkdir -p /monitor/sysupdata
tar xvf updata.tar -C /monitor/sysupdata/
bash /tmp/glance/install.sh
bash /monitor/sysupdata/p-sysupdata.sh
chkconfig NetworkManager off
cp -rf /etc/rc.d/rc.local.orig /etc/rc.d/rc.local
rm -rf /tmp/once
eject
sleep 2
#reboot
EOF
//once脚本的内容如上所示，sysupdata为补丁包，由p-sysupdata.sh自动更新
//systools为监控软件和环境设置包，由install.sh自动安装
//eject为弹出光驱

chmod 755 /tmp/once
%end
//脚本结束，并赋予once可执行权限
```

6. 软件包选择

```
//截取于模板文件/root/anaconda-ks.cfg
%packages
```

```
@base
@core
@desktop-debugging
@dial-up @fonts
@gnome-desktop
@guest-agents
@guest-desktop-agents
@input-methods
@internet-browser
@multimedia
@print-client
@x11
kexec-tools
%end
```

7. 封装光盘

编辑完 KS 文件，即可封装光盘进行测试了，封装光盘的指令为：

```
[root@localhost ~]# mkisofs -o /centos7.iso -J -r -v -b isolinux/isolinux.bin\
                  -c isolinux/boot.cat -no-emul-boot -boot-load-size 4\
                  -boot-info-table -V "centos7" /newiso
//这条指令一定要在光盘的目录里执行！制作好的光盘在“/”目录下
//-V 后面的部分对应 isolinux.cfg 内的 LABEL 部分
```

8. 环境设置脚本的思路

（1）基础环境设置包含主机名、网卡 bond 设置、swap 等，在脚本中设置 swap 分区是因为生产环境中 KS 文件并不设定 swap 分区，而是自动安装后通过该脚本检测实际内存大小，然后根据比例添加 swap 分区。

（2）应用环境设置包含 Oracle 环境、DB2 环境、WAS 环境、MySQL 环境、Tomcat 环境等，只要执行对应选项，触发自定义的配置脚本，即可完成整个环境的设置。

（3）上线检查部分是对安全选项设置进行检查并修复，包含密码长度、可登录人数、敏感软件的版本信息，等等。

（4）可以在定制光盘选项中定制不同选项，调用不同的部署脚本，依据实际情况自行发挥编写脚本，总之越方便越好。

小结

✓ 定制化的内容不仅可以存放于光盘，也可以存放在 U 盘中，用最灵活的方法应对重复性工作。

✓ 由于外界因素的限制没有办法使用平台级别的安装部署，采用相对便捷的光盘和 U 盘也是减少工作量的一种方式。

1.6 PXE 自动化安装

1.6.1 解决问题和注意事项

前面讲解了自定义光盘安装，但是光盘安装只是相对便捷的方式，虽然会减少重复工作量，但仍然需要很多的人工干预，而 PXE 网络安装的模式可以更省力、省时，只要主机完成上架、连网线、加电，然后开机，预先配置 PXE 安装源将自动完成系统安装和设置。

PXE 在带来便捷的同时，也带来了一定的风险，生产环境中使用 PXE 需要特别注意，试想一下，PXE 安装源在为其他主机提供安装服务的时候，碰巧同区域的一台主机重启了，并且开机的引导方式是 PXE 网络引导启动，这时该系统会被重新“安装”一次。所以，要使用 PXE 技术做网络安装，一定要做好如下几点：

（1）需 PXE 安装的所有主机应全部置于 PXE 启动模式。

（2）PXE 安装服务器对所需安装的主机要做访问限制。

（3）安装完成的主机须关闭 PXE 网络引导启动。

1.6.2 Kickstart + PXE

1. 什么是 Kickstart

Kickstart 是一种无人值守的安装方式，Kickstart 的工作原理是记录安装过程中所需人工干预填写的各种参数，并生成一个名为 ks.cfg 的文件。

在后续的无人值守安装过程中，如果出现要求填写参数的情况，则安装程序会先去查找 Kickstart 的文件，当匹配到合适的参数时，就采用该参数，如果没有匹配到，则需安装者手工干预。

所以，在 PXE 的安装过程中，只需要告诉安装程序从何处取 ks.cfg 文件，然后等待安装完毕即可，安装程序会根据 ks.cfg 中设置的参数、所需执行的脚本来安装和部署系统，并结束安装。

2. 什么是 PXE

PXE 的工作原理如图 1-3 所示。

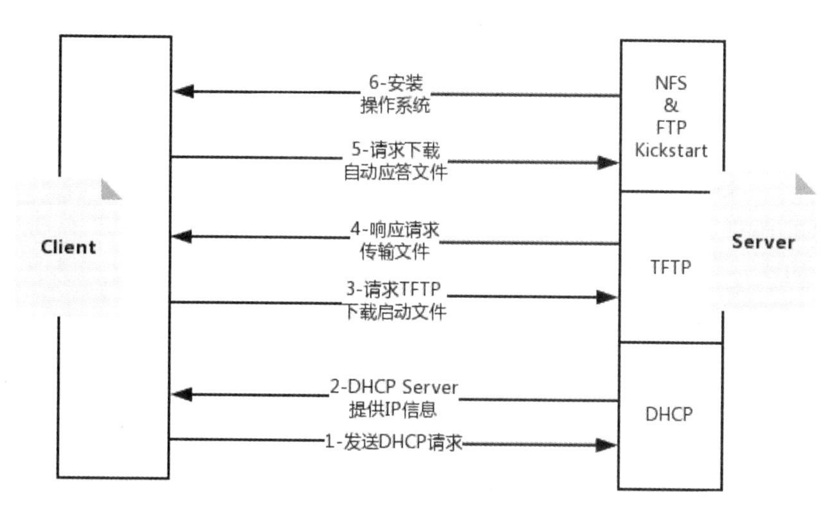

图 1-3

PXE 的工作原理可以简单地理解为 6 个步骤：

（1）主机被设置 PXE 网络启动后，在开机启动时会通过 PXE BootROM 向网络中发送 DHCP 请求，以此来获得 IP 地址，进行后续的网络通信。

（2）网络中的 DHCP 服务器在收到 Client 发来的请求后，首先验证其请求的合法性，如果验证通过，则进行应答，并提供 IP 地址和相关信息（PXELinux 和 TFTP）。

（3）Client 端收到“应答”后，在获得 IP 地址的情况下会再次发送请求，要求 TFTP Server 传输系统启动的所需文件，这些文件包括 vmlinuz、initrd.img、pxelinux.0、pxelinux.cfg/default 等。

（4）TFTP Server 根据请求内容进行响应，双方建立文件传输，Client 下载成功后，根据 pxelinux/default 配置文件来启动引导内核。

（5）Client 成功引导系统启动后，会在 default 配置文件中根据配置来初始化安装系统，安装方式包括“本地介质安装（光盘和硬盘）”和“网络安装（NFS、FTP、HTTP）”，如果配置文件中是网络安装模式，则初始化网络，定位安装源，并重新申请 IP 地址，下载自动应答文件（Kickstart）。

（6）一旦 Kickstart 文件下载成功，即可通过 Kickstart 文件中提供的系统进行操作系统安装。

1.6.3 PXE 无人值守安装配置

配置清单如表 1-7 所示。

表 1-7

名　称	角　色	IP 地 址
Client	PXE Client	动态
Dnsmasq	DHCP Server	192.168.13.132
TFTP	TFTP Server	192.168.13.132
Vsftp	FTP Server	192.168.13.132

1. Dnsmasq

（1）配置主机静态 IP 地址 （实验主机：192.168.13.132）。

（2）安装 dnsmasq。

```
[root@localhost ~]# yum -y install dnsmasq
```

（3）配置文件在/etc/dnsmasq.conf。

```
[root@localhost ~]# mv /etc/dnsmasq.conf /etc/dnsmasq.conf.20181010
[root@localhost ~]# vim /etc/dnsmasq.conf
```

（4）编辑配置文件。

由于内容太多，大部分是注释，所以全部删除了，重新写了一些比较关键的内容，代码如下。

```
interface=eno16777736,lo  //服务需要监听并提供服务的端口
domain=centos7pxe.lan  //域名
dhcp-range=eno16777736,192.168.13.150,192.168.13.200,255.255.255.0,1h
//dhcp 分配 IP 地址范围
dhcp-boot=pxelinux.0,pxeserver,192.168.13.132
//PXE 网络引导地址
dhcp-option=3,192.168.13.132   //网关
pxe-prompt="Press F8 for menu.",60   //按 F8 键进入，默认 60s 的等待时间
pxe-service=x86PC,"PXE Install CentOS 7",pxelinux
//标题描述，x86PC 和 PXELinux 不要更改
enable-tftp  //启用内建 TFTP
tftp-root=/var/lib/tftpboot  //使用默认 TFTP 目录
```

配置完成后，保存并继续向下配置，后续一起启动。

2. TFTP-Server

安装 TFTP-Server 为下载网络引导文件提供传输，命令为“yum-y install tftp-server”，稍后配置并启动即可。

3. SysLinux

PXE 启动映像文件由 SysLinux 软件包提供，光盘中已提供。

SysLinux 是一个引导加载程序，也是一个小型的 Linux 操作系统，它的目的是简化首次安装 Linux 的时间，并建立修护或其他特殊用途的启动盘。只要安装了 SysLinux，就会生成一个 pxelinux.0 文件，将 pxelinux.0 文件复制到 tftpboot 目录下即可：

（1）安装 SysLinux。

```
[root@localhost ~]# yum -y install syslinux
```

（2）复制引导文件到 tftpboot 目录下。

```
[root@localhost ~]# cp -r /usr/share/syslinux/* /var/lib/tftpboot
```

4. PXE 引导文件

其实这个引导文件就如同光盘内的 isolinux.cfg 一样，在最初的状态提供一个选择菜单，可以选择相对应的安装选项，既然同 isolinux.cfg 一样，那么问题就简单了，直接复制光盘里的 isolinux.cfg 并修改即可。

（1）复制文件到 tftpboot 指定目录下。

```
[root@localhost ~]# mount /dev/cdrom /mnt/cdrom
[root@localhost ~]# mkdir /var/lib/tftpboot/pxelinux.cfg
[root@localhost ~]# cp /mnt/cdrom/isolinux/isolinux.cfg  /var/lib/\
tftpboot/pxelinux.cfg/default
```

（2）编辑后的 default 文件。

```
default vesamenu.c32
timeout 600   //等待超时时间，单位为 1/10s
menu title @@@PXE BOOT INSTALL MENU @@@
label local
menu default
menu label Boot from ^local drive
localboot 0xffff

label Testlinux
menu label ^Test CentOS 7
```

```
kernel centos7/vmlinuz
append method=ftp://192.168.13.132/pub initrd=centos7/initrd.img
append inst.ks=ftp://192.168.13.132/pub/Base.cfg  initrd=centos7/initrd.img
```

注意 Kernel 和 Initrd 部分，指向的 centos7 目录，这里的目录的实际位置为/var/lib/tftpboot/centos7，安装源的位置在 FTP 的 pub 目录下。

5. Kickstart 文件修改部分

```
# Install OS instead of upgrade
Install
# Use network installation
url --url=ftp://192.168.13.132/pub
# Use graphical install
```

此处的 Base.cfg 文件为 kickstart 应答文件，可以参考前面章节自定义光盘的 ks 文件部分。

6. vmlinux 和 initrd

复制光盘内的 vmlinux 和 initrd.img 到/var/lib/tftpboot/centos7 目录，提供可使用的网络启动。

```
[root@localhost ~]# mkdir /var/lib/tftpboot/centos7
[root@localhost ~]# cp /mnt/cdrom/images/pxeboot/vmlinux  \
                    /var/lib/tftpboot/centos7/
[root@localhost ~]# cp /mnt/cdrom/images/pxeboot/initrd.img  \
                    /var/lib/tftpboot/centos7/
```

7. FTP 安装源

基本软件配置已经就绪，还需一个可以在网络上访问的安装源，可以采用 HTTP、FTP、NFS 等协议来提供网络安装源，本例采用 VSFTP 来建立安装源。

安装配置 VSFTP 软件：

```
[root@localhost ~]# yum install vsftpd
[root@localhost ~]# cp -r /mnt/cdrom/* /var/ftp/pub/
[root@localhost ~]# systemctl restart vsftpd.service
[root@localhost ~]# systemctl enable vsftpd.service
```

8. 防火墙

要通过网络安装，就要先对防火墙进行设置。

（1）关闭防火墙。

```
[root@localhost ~]# systemctl stop firewalld
[root@localhost ~]# systemctl disable firewalld
```

（2）添加防火墙规则。

```
[root@localhost ~]# firewall-cmd --add-service=ftp -permanent
[root@localhost ~]# firewall-cmd --add-service=dhcp -permanent
[root@localhost ~]# firewall-cmd --add-port=69/udp --permanent
[root@localhost ~]# firewall-cmd --add-service=dns -permanent
//如果提供 DNS 功能，则操作如下：
[root@localhost ~]# firewall-cmd --reload
//1 和 2 选择一种
```

9. 启动所需服务

```
[root@localhost ~]# systemctl start dnsmasq
[root@localhost ~]# systemctl status dnsmasq
[root@localhost ~]# systemctl start vsftpd
[root@localhost ~]# systemctl status vsftpd
[root@localhost ~]# systemctl enable dnsmasq
[root@localhost ~]# systemctl enable vsftpd
```

TFTP-Server 修改配置文件后，再启动。

编辑 vim /etc/xinetd.d/tftp 配置文件，将 disable = yes 替换成 disable = no。

```
[root@localhost ~]# systemctl  restart xinetd.service
```

10. Install 测试

将 PXE 安装源与裸机放置在同一网络中，并且裸机设置为 PXE 网络引导启动。

引导成功后如下所示。

```
CLIENT MAC ADDR: 00 0C 29 EC 8A 04  GUID: 564
CLIENT IP: 192.168.13.160  MASK: 255.255.255.
GATEWAY IP: 192.168.13.132

Press F8 for menu. (52) _
```

如果该步无法出现，则通过命令"tail-f /var/log/messages"监控日志输出，查看相关错误。引导成功之后选择要安装的系统，剩下的工作就是等待安装完成了。

小结

- ✓ 如果要规范管理安装和配置，那么 PXE 是不可或缺的，但在生产中使用一定要格外注意，一旦有疏忽，可能会威胁整个生产区域。
- ✓ 将 PXE 安装源封装在某个已经老旧的笔记本电脑内，裸设备需要安装系统的时候，可以通过点对点网络直连安装，或者使用一个单独的交换机进行批量安装，哪里需要就带到哪里。

1.7 系统急救

1.7.1 意外的礼物

在较多主机需要管理的情况下，偶尔忘记密码也是常见的事情。企业中有密码管理规范和密码设置规范，通常采用以下方式：

（1）使用 Excel 记录每个主机所对应的密码，减少因为密码遗忘带来的影响，但也有一些意外发生，比如修改密码之后未更新到 Excel 中，导致下次无法登录。同时，这个 Excel 遗失或泄密，后果将不堪设想。

（2）使用统一登录管控平台，只要能登录该平台，即可访问授权范围之内的生产系统，生产系统密码都由该平台统一管理和定期更改，更改后的密码将会更新到数据库中。

还有一些比较极端的情况。例如，在生产变更过程中往往需要重新启动系统，有时却出现了无法正常启动系统的情况。比如 grub 因升级而丢失，或因为修改参数而导致系统无法启动，这时背后是不是直冒冷汗？

建议参考如下案例，举一反三地思考，如何使用这些可以“保命”的急救手段。

1.7.2 单用户模式

系统可以由硬盘启动，不过没有网络连接，可以使用一个维护 shell。该模式会试着挂载文件系统，如果文件系统无法被挂载，那么该模式也就无法使用。

1. 实际操作

（1）在 Grub 引导界面按下“e”进入修改模式。

```
CentOS Linux 7 (Core), with Linux 3.10.0-229.el7.x86_64
CentOS Linux 7 (Core), with Linux 0-rescue-be4251060c864950a458a318ce208→
```

（2）找到如下行进行修改。

```
linux16 /vmlinuz-3.10.0.......... rhgb quiet LANG=zh_CN.UTF-8
```

修改为（在 rhgb quiet LANG=zh_CN.UTF-8 之后添加 rd.break）。

```
linux16 /vmlinuz-3.10.0......... UTF-8 rd.break
```

（3）修改后启动。

修改界面直接按“Ctrl+X”，直到出现 switch_root:/#。

（4）只读变成读写。

当前模式的 / 是只读模式，即 ro 模式挂载，为了修改能成功，必须将 / 由只读挂载为读写模式，即 rw。

```
#mount -o remount,rw /sysroot
#chroot /sysroot
```

（5）通知 SELinux 重新“relabel”一下规则。

```
#touch /.autorelabel
```

（6）修改密码。

```
#passwd     //输入新的密码即可
```

（7）重新引导启动。

```
#exec /sbin/init
```

在等待启动的过程中，SELinux 刷新规则后即可使用新密码。

2. rescue 模式

rescue 模式能让使用者由系统光盘启动基础的 Linux 环境，而不是由硬盘来启动。如果使用救援模式，即使硬盘系统无法启动 Linux，我们依然能够存取在该硬盘上的数据和修复无法启动的系统错误。

（1）进入 rescue 模式需要系统光盘引导，所以先放入 CentOS 7 的光盘。

（2）开机引导后在光盘选项界面选择“Troubleshooting”选项。

（3）选择“Rescue a CentOS system”即可进入。

（4）Rescue 模式下选择继续执行“Continue”。

（5）单击 2 个“OK”按钮，即进入 sh-4.2#的 shell 模式。

（6）到这里已经进入 rescue 模式了，我们可以使用 chroot /mnt/sysimage 将当前的 rescue 模式转到磁盘系统。

3. rescue grub 案例

某次在升级系统内核的时候，误动了 grub 文件，确切地说是误删除了/boot 内的某些 grub 文件，导致系统无法启动，启动系统之后情况如下：

```
error: file '/grub2/i386-pc/normal.mod' not found.
Entering rescue mode...
grub rescue> _
```

别说修改密码或参数了，就连基础的引导都执行不了，其实这个时候系统的数据是没问题的，只是 grub 无法引导到 Linux 系统，只要简单修复一下 grub 引导即可。

修复方法如下：

（1）进入光盘的 rescue 模式。

（2）执行 chroot /mnt/sysimage 命令，转入需要修复的磁盘系统。

（3）执行 grub2-install /dev/sda 命令，安装 grub2，注意后面的盘符，即 boot 所在的磁盘。

（4）安装完成。

```
bash-4.2# grub2-install /dev/sda
Installing for i386-pc platform.
Installation finished. No error reported.
bash-4.2#
```

（5）注意，因为修复 grub 可能涉及 grub 的配置文件，所以将备份的 grub.cfg 文件复制到 /boot/grub2/下，然后启动系统即可。像 grub 这么重要的文件，建议列在备份之内。

（6）如果没有备份文件，则使用 grub2-mkconfig 重新生成一份。

4. Emergency 模式

Emergency 模式，即系统可以启动，开机进入尽可能小的系统环境中，根目录会被挂载为只读。在这种模式下，系统不会挂载任何文件系统和启动服务。这种修复模式启动的时候通常会看到如下内容：

```
Welcome to emergency mode! After logging in, type
system logs, "systemctl reboot" to reboot, "syste
to boot into default mode.
Give root password for maintenance
(?? Control-D ???):[    5.174234] intel_rapl: no
```

提示你输入密码，然后按“回车”键进行确认。密码输入后，步骤如下：

（1）本例模拟 XFS 文件系统下 home 分区损坏，需要进入修复模式。

```
[    4.649924] XFS (dm-2): Unmount and run xfs_repair
[    4.650353] XFS (dm-2): First 64 bytes of corrupted me
[    4.650814] ffff8800355ca000: 00 00 00 00 00 00 00 00
[    4.651282] ffff8800355ca010: 00 00 00 00 00 00 00 00
[    4.651709] ffff8800355ca020: 00 00 00 00 00 00 00 00
[    4.652146] ffff8800355ca030: 00 00 00 00 00 00 00 00
[    4.665985] XFS (dm-2): metadata I/O error: block 0x40
ks 16
```

（2）生产中遇见类似的情况，如果确定是非主要分区损坏，可通过该模式进行修复。

（3）如果不知道是 home 坏了，那么如何判断？在启动的时候会给出很多信息，包括出错的信息。留意观察，比如这里给出的 XFS （dm-2）这个提示，输入密码，然后按“回车”键获取 shell 之后，执行如下操作将会看到 dm-2 是什么。

```
[root@ywdb1 ~]# cd /dev/mapper/
[root@ywdb1 mapper]# ls
centos-home  centos-root  centos-swap  control
[root@ywdb1 mapper]# ll
■ ■ ■ 0
lrwxrwxrwx 1 root root       7 10■  18 09:17 centos-home -> ../dm-2
lrwxrwxrwx 1 root root       7 10■  18 09:17 centos-root -> ../dm-0
lrwxrwxrwx 1 root root       7 10■  18 09:17 centos-swap -> ../dm-1
crw------- 1 root root 10, 236 10■  18 09:17 control
```

（4）既然已经损坏，将 dm-2 的挂载在/etc/fstab 中注销，启动时不挂载 dm-2。

```
/dev/mapper/centos-root /
UUID=e3492cf0-b595-44f7-bfb3-297fc5c33e77
#/dev/mapper/centos-home /home
/dev/mapper/centos-swap swap
```

（5）完成以上步骤后，即可正常启动系统，进入系统之后再处理和修复 home。注意，记得修复之前一定要先备份系统内的其他重要数据。

（6）如果想在开机的时候进入 emergency 去处理一些问题，那么在 grub 界面的尾行添加 system.unit=emergency.target 即可。

小结

✓ 以上手段都是用于处理特殊情况的，可以解决的问题不止上述范例这么多，读者可以试着举一反三地使用如上方法。但是在生产环境中，一定要以数据安全为主。

1.8　容器

容器（Docker）技术现阶段非常火爆，各种基于容器的 PaaS 云平台不断涌现，但是底层技术用的最多的是 Docker+Kubernetes8，所以学会使用和了解容器非常关键。

至于容器的基本原理，本书不过多介绍，网络上有太多基础的文章了，这里只讲解如何在环境中配置和使用 Docker。

1.8.1　Docker 的安装和使用

（1）关闭防火墙。

```
[root@docker-1 ~]#systemctl disable firewalld.service
```

（2）关闭 SELinux。

```
[root@docker-1 ~]#vi /etc/selinux/config
SELINUX=disabled
```

（3）修改主机名。

```
[root@docker-1 ~]#hostnamectl set-hostname docker-1
```

（4）使用 YUM 进行安装。

```
[root@docker-1 ~]# yum -y install docker-io  //使用 YUM 源安装 CentOS 的 Docker
```

（5）查看版本。

```
[root@docker-1 ~]# docker version
Client:
```

```
    Version: 1.10.3
    API version: 1.22
    Package version: docker-common-1.10.3-46.el7.centos.14.x86_64
    Go version: go1.6.3
    Git commit: cb079f6-unsupported
    Built: Fri Sep 16 13:24:25 2016
    OS/Arch: linux/amd64
    Cannot connect to the Docker daemon. Is the docker daemon running
on this host?
```

（6）启动 Docker 并设置为自动启动。

```
[root@docker-1 ~]# systemctl start docker.service
[root@docker-1 ~]# systemctl enable docker.service
```

（7）关闭 Docker 并设置为不随机启动。

```
[root@docker-1 ~]# systemctl stop docker.service
[root@docker-1 ~]# systemctl disable docker.service
```

1.8.2 使用 Docker 容器

下载并运行 Docker 容器：

```
    [root@docker-1 ~]# docker pull centos （下载基础的 CentOS 容器镜像）
    Using default tag: latest
    Trying to pull repository docker.io/library/centos ...
    latest: Pulling from docker.io/library/centos
    8d30e94188e7: Pull complete
    Digest: sha256:2ae0d2c881c7123870114fb9cc7afabd1e31f9888dac8286884f6cf59373
ed9b
    Status: Downloaded newer image for docker.io/centos:latest
```

（1）下载已经配置好的 Nginx 容器镜像。

```
[root@docker-1 ~]# docker pull nginx
```

（2）先搜索容器镜像，然后选择下载。

```
[root@docker-1 ~]# docker search nginx
INDEX NAME DESCRIPTION STARS OFFICIAL AUTOMATED
docker.io docker.io/nginx Official build of Nginx. 4379 [OK]
```

（3）镜像来源、镜像名称及描述，最主要的是 Star 数（受欢迎程度）。

（4）使用 CentOS 镜像容器，并进行登录访问。

```
[root@docker-1 ~]# docker run -itd centos
fc603a7ea5716012e20dd72c4fa7df71131008a460854201d06dcfd5f777f14d
[root@docker-1 ~]# docker ps -a
CONTAINER ID IMAGE COMMAND CREATED STATUS PORTS NAMES
fc603a7ea571 centos "/bin/bash" 7 seconds ago Up 6 seconds focused_goldberg
[root@docker-1 ~]# docker exec -it fc603a7ea571 /bin/bash
[root@fc603a7ea571 /]# cat /etc/re
redhat-release resolv.conf
[root@fc603a7ea571 /]# cat /etc/redhat-release
CentOS Linux release 7.2.1511 (Core)
```

（5）一旦登录即可对该容器进行相关配置。

1.8.3 修改/保存 Docker 容器

下载的容器如果不能满足需求，则可以在该容器基础之上进行修改或安装软件，然后保存并生成新的镜像，后续可以直接使用，也可以上传到社区提供给其他开发者。

登录到容器后，可以使用“yum”命令安装所需软件，但是取决于容器是否配置了 YUM 源，以及是否能够连接到外部网络。

```
[root@fc603a7ea571 /]# yum -y install vim
```

安装后记得退出并保存当前的容器状态。

```
[root@docker-1 ~]# docker commit -m "comment" -a "author" \
fc603a7ea571    xcl/cnetOSvim
```

1.8.4 Docker 桥接网络

Docker 启动的服务需要对外提供访问，我们可以将外部端口映射到 Docker 容器端口进行访问，也可以通过桥接触 Docker 容器网络来获取外部 IP 地址，然后进行访问。

```
[root@docker-1 ~]# docker run -itd -p 8080:80 nginx
66ab54bee6723906492573b56909a762ea3bf942aba1e96f8c0e7253db389575
[root@docker-1 ~]# docker ps -a
CONTAINER ID IMAGE COMMAND CREATED STATUS PORTS NAMES
66ab54bee672 nginx "nginx -g 'daemon off" 3 seconds ago Up 1 seconds 443/tcp,
0.0.0.0:8080->80/tcp naughty_easley
```

小结

✓ 容器技术非常火，本节所讲的都是容器的基础知识，建议读者耐心学习基础为日后玩转容器云做准备。

1.9 定制容器和私有仓库

1.9.1 创建 Docker 容器

Docker 官方和个人发布的镜像有可能会存在安全不达标、漏洞较多、同构或异构，或是自身公司的一些审计和引入条件限制等问题，需要自己从零开始制作一个定制化的基础镜像。

1. 参考网络脚本

```
https://raw.githubusercontent.com/docker/docker/master/contrib/mkimage-yum.sh
```

2. 镜像制作脚本的主要步骤

（1）在 tmp 目录下建立临时目录和文件系统。

（2）使用“yum”命令安装相关的软件包。

（3）软件包安装和信息定制。

（4）tar 打包。

（5）清理。

3. 建立目录结构[rootfs]

```
target=(mktemp-d--tmpdir(basename $0).XXXXXX)
set -x
mkdir -m 755 "$target"/dev
mknod -m 600 "$target"/dev/console c 5 1
mknod -m 600 "$target"/dev/initctl p
mknod -m 666 "$target"/dev/full c 1 7
mknod -m 666 "$target"/dev/null c 1 3
mknod -m 666 "$target"/dev/ptmx c 5 2
mknod -m 666 "$target"/dev/random c 1 8
mknod -m 666 "$target"/dev/tty c 5 0
mknod -m 666 "$target"/dev/tty0 c 4 0
```

```
mknod -m 666 "$target"/dev/urandom c 1 9
mknod -m 666 "$target"/dev/zero c 1 5
# amazon linux yum will fail without vars set
if [ -d /etc/yum/vars ]; then
mkdir -p -m 755 "$target"/etc/yum
cp -a /etc/yum/vars "$target"/etc/yum/
fi
```

4. 软件包安装和信息定制

```
yum -c "yumconfig"--installroot="target" --releasever=/ --setopt=tsflags=
nodocs \
--setopt=group_package_types=mandatory -y groupinstall Core
yum -c "yumconfig"--installroot="target" -y clean all
```

这个步骤可以定制自己的软件。

5. 打包

```
tar --numeric-owner -c -C "target".|dockerimport-name:$version
docker run -i -t name:version echo success
```

6. 清理

```
rm -rf "$target"
```

7. 制作镜像

（1）执行脚本。

```
[root@docker-1 ~]#./makeimage-yum.sh -y /etc/yum.conf centos72
```

（2）查看 Docker 镜像。

```
[root@docker-1 ~]# docker images
REPOSITORY TAG IMAGE ID CREATED SIZE
centos72 7.2.1511 fb2f5997854a About a minute ago 245.1 MB
```

1.9.2 定制容器

定制容器可以使用 2 种方法：

（1）通过上述实例进行构建。

（2）通过已有镜像修改，进行 commit 实现。

1. DockerFile 实例：vim /root/Dockerfile/Dockerfile

```
# Pull base image
FROM centos72:7.2.1511
MAINTAINER chenglin xu chenglinxu@xxx.com
# Install sshd sudo
RUN yum install -y openssh-server sudo httpd
RUN sed -i 's/UsePAM yes/UsePAM no/g' /etc/ssh/sshd_config
RUN yum clean all
# 必须要有，否则创建出来的容器sshd不能登录
RUN ssh-keygen -t dsa -f /etc/ssh/ssh_host_dsa_key
RUN ssh-keygen -t rsa -f /etc/ssh/ssh_host_rsa_key
# 添加测试用户xcl，密码为xcl，并且将此用户添加到sudoers里
RUN useradd xcl
RUN echo "root:root"| chpasswd
RUN echo "xcl:xcl" | chpasswd
RUN echo "xcl ALL=(ALL) ALL" >> /etc/sudoers
#注意这里的run.sh是额外执行的脚本
ADD run.sh /run.sh
RUN chmod 755 /run.sh
#pub key
RUN mkdir -p /var/run/sshd
CMD /run.sh
EXPOSE 80
EXPOSE 22
```

Run.sh：

```
#!/bin/bash
/usr/sbin/httpd
/usr/sbin/sshd -D
```

build：

```
[root@docker-1 Dockerfile]# pwd
/root/Dockerfile
[root@docker-1 Dockerfile]# docker build -t="centos72:Http" ./
```

查看：

```
[root@docker-1 Dockerfile]# docker images
REPOSITORY TAG IMAGE ID CREATED SIZE
centos72 Http d31e4d43651e 15 minutes ago 366.1 MB
```

2. 运行和测试

```
[root@docker-1 Dockerfile]# docker run -itd -p 8081:80 -p 2222:22 d31e
[root@docker-1 Dockerfile]# ssh xcl@192.168.183.130 -p 2222
```

1.9.3 私有仓库

Docker 的镜像存放在仓库中，仓库可以分为“公共仓库”和“私有本地仓库”。例如，Docker Hub 提供的是公共仓库，本地私有仓库可以使用 registry V2 进行搭建。

1. 基本步骤

（1）获取 registry 的容器，版本号为 2.4.1，直接使用 docker pull 命令从公用仓库拉取即可。

```
[root@docker-1 Dockerfile]# docker pull registry:2.4.1
```

（2）运行 registry:2.4.1 容器。

这里需要注意的是新 registry 仓库数据目录的位置，新 registry 的仓库目录是/var/lib/registry，所以运行时挂载目录需要注意。

```
[root@docker-1 Dockerfile]# mkdir /root/datadocker
[root@docker-1 Dockerfile]# chmod 777 /root/datadocker/
[root@docker-1 Dockerfile]# docker run -d -p 5000:5000 --restart=always\
                            -v /root/datadocker/:/var/lib/registry/ \
                            registry:2.4.1
//-v 选项指定将/opt/registry-var/目录挂载给/var/lib/registry/
//当使用 curl http://192.168.0.100:5000/v2/_catalog 能看到 JSON 格式的返回值时，说明 registry 已经运行起来了
[root@docker-1 Dockerfile]# curl http://192.168.183.130:5000/v2/_catalog
{"repositories":[]}
```

（3）修改配置文件以指定 registry 地址。

上面 registry 虽然已经运行起来了，但是用 push 命令上传镜像是会报错的，需要在配置文件中指定 registry 的地址，在/etc/sysconfig/docker 文件中添加如下配置：

```
ADD_REGISTRY='--insecure-registry 192.168.183.130:5000'
```

为了配置简单，这里使用--insecure-registry 选项。

修改配置文件后，一定要重启 Docker 服务才能生效：

```
[root@docker-1 Dockerfile]# systemctl restart docker.service
```

这时再“push”就可以上传镜像到所搭建的 registry 仓库了。需要注意的是，上传前要先给镜像“tag”一个以 192.168.183.130:5000/为前缀的名字，这样才能在“push”的时候存到私库。

```
[root@docker-1 Dockerfile]# docker tag centos72:Http 192.168.183.130:5000/
chttp72
[root@docker-1 Dockerfile]# docker images
REPOSITORY TAG IMAGE ID CREATED SIZE
192.168.183.130:5000/chttp72 latest d31e4d43651e 4 hours ago 366.1 MB
```

（4）Docker 其他主机接入私有仓库，在/etc/sysconfig/docker 文件中添加如下配置。

```
ADD_REGISTRY='--insecure-registry 192.168.183.130:5000'
```

（5）修改配置文件后，一定要重启 Docker 服务才能生效。

```
[root@docker-2 ~]# systemctl restart docker.service
[root@docker-2 ~]# docker pull 192.168.183.130:5000/chttp72
Using default tag: latest
```

（6）配置带用户权限的 registry。

至此，registry 已经可以使用了。如果想控制 registry 的使用权限，使其只有在登录用户名和密码之后才能使用，那么还需要做额外的设置。

registry 的用户名和密码文件可以通过 htpasswd 来生成：

```
[root@docker-1 Dockerfile]# mkdir -p /opt/registry-var/auth/
[root@docker-1 Dockerfile]# docker run --entrypoint htpasswd registry:2.4.1\
                    -Bbn xuchenglin xuchenglin >> \
                    /opt/registry-var/auth/htpasswd
```

上述命令是为xuchenglin用户名生成密码为xuchenglin的一条用户信息，保存在/opt/registry-var/auth/htpasswd 文件中，文件中的密码是被加密过的。

使用带用户权限的 registry 时，容器的启动命令与前面不同，将之前的容器停掉并删除，然后执行下面的命令：

```
[root@docker-1 Dockerfile]# docker run -d -p 5000:5000 --restart=always \
                  -v /opt/registry-var/auth/:/auth/ \
                  -e "REGISTRY_AUTH=htpasswd"\
                  -e "REGISTRY_AUTH_HTPASSWD_REALM=Registry Realm"\
                  -e REGISTRY_AUTH_HTPASSWD_PATH=/auth/

[root@docker-1 Dockerfile]#htpasswd -v\
                  /root/datadocker/:/var/lib/registry/ registry:2.4.1

[root@docker-1 Dockerfile]# curl http://192.168.183.130:5000/v2/_catalog
{"errors":[{"code":"UNAUTHORIZED","message":"authentication required","detail":
[{"Type":"registry","Name":"catalog","Action":"*"}]}]}
```

```
[root@docker-1 Dockerfile]# curl http://xuchenglin:xuchenglin@\
                            192.168.183.130:5000/v2/_catalog
{"repositories":["chttp72"]}
```

（7）使用 docker login 命令登录私有仓库。

```
[root@docker-2 ~]#docker login 192.168.183.130:5000
Username (xuchenglin): xuchenglin
Password:
WARNING: login credentials saved in /root/.docker/config.json
Login Succeeded
```

根据提示，输入用户名和密码即可。如果登录成功，那么会在/root/.docker/config.json 文件中保存账户信息，这样就可以继续使用了。

```
[root@docker-2 ~]# curl http://xuchenglin:xuchenglin@\
                  192.168.183.130:5000/v2/_catalog
{"repositories":["chttp-apache","chttp72"]}

[root@docker-2 ~]# cat /root/.docker/config.json
{
"auths": {
"192.168.183.130:5000": {
"auth": "eHVjaGVuZ2xpbjp4dWNoZW5nbGlu",
"email": xuchenglin@123.com
}}}              //通过容器 log 查看容器日志

[root@docker-1 Dockerfile]# docker logs 611f62f6338c
192.168.183.139 - - [25/Nov/2016:08:29:32 +0000] "GET /v2/_catalog HTTP/1.1"
200 44 "" "curl/7.29.0"
```

小结

✓ 容器及仓库的出现加速了 PaaS 云的建设步伐，现在很多项目都将 Docker 作为底层，配套 Kubernets 进而实现容器云，本书并不专注于容器云，而是专注于 CentOS 7 的常用技能和生产中的具体应用。

1.10 虚拟化（KVM）

虚拟化的概念很早就已出现，是指通过虚拟化技术将一台计算机虚拟为多台逻辑计算机。例如，一台计算机可以同时运行多个 Linux 和 Windows 系统。

1.10.1 KVM 的使用

（1）KVM 需要有 CPU 的支持（Intel VT 或 AMD SVM）。

```
[root@kvm1 ~]# egrep '(vmx|svm)' /proc/cpuinfo
flags : fpu vme de pse tsc msr pae mce cx8 apic sep mtrr pge mca cmov pat
pse36 clflush dts acpi mmx fxsr sse sse2 ss ht tm pbe syscall nx lm constant_tsc
arch_perfmon pebs bts rep_good nopl aperfmperf pni dtes64 monitor ds_cpl vmx smx
est tm2 ssse3 cx16 xtpr pdcm sse4_1 lahf_lm dts tpr_shadow vnmi flexpriority
```

（2）关闭 SELinux。

```
# vi /etc/selinux/config
```

将 SELINUX=enforcing 改为 SELINUX=disabled。

（3）需要安装的软件包。

qemu-kvm 主要的 KVM 程序包；

python-virtinst 创建虚拟机的命令行工具；

virt-manager GUI 虚拟机管理工具；

virt-top 虚拟机统计命令；

virt-viewer GUI 连接到已配置好的虚拟机；

libvirt C 工具包，提供 libvirt 服务；

libvirt-client 为虚拟客户机提供的 C 语言工具包；

virt-install 基于 libvirt 服务的虚拟机创建命令；

bridge-utils 创建和管理桥接设备的工具。

```
[root@kvm1 ~]# yum install qemu-kvm libvirt virt-install bridge-utils \
               virt-manager virt-top virt-viewer libvirt-client
```

（4）启动和查看。

```
[root@kvm1 ~]# systemctl start libvirtd;systemctl enable libvirtd
[root@kvm1 ~]# systemctl list-unit-files|grep libvirtd
libvirtd.service enabled
libvirtd.socket static
```

（5）KVM 网络设置。

KVM 虚拟机和外部网络通信，需要借助于本地的物理网卡来进行桥接，修改网卡文件，制作网络桥接。

```
[root@kvm1 ~]# cd /etc/sysconfig/network-scripts/
[root@kvm1 ~]# echo "BRIDGE=br0" >> ifcfg-enp0s3 //修改为当前主机网卡
[root@kvm1 ~]# vim ifcfg-br0
DEVICE=br0
TYPE="Bridge"
BOOTPROTO="dhcp" //实例为自动获取 IP 地址，可以设置为固定 IP 地址
ONBOOT="yes"
DELAY="0"
[root@kvm1 ~]# systemctl restart NetworkManager
[root@kvm1 ~]# systemctl restart network
[root@kvm1 ~]# ip a
[root@kvm1 ~]# brctl show
```

（6）创建 KVM 虚拟机。

```
[root@kvm1 ~]# mkdir -p /var/kvm/images
[root@kvm1 ~]# qemu-img create -f qcow2 /var/kvm/images/centos7.img 120G
[root@kvm1 ~]# virt-install --name centos7.0 --ram 1024 \
              --cdrom=/root/CentOS-7-x86_64-DVD-1503-01.iso\
         --disk path=/var/kvm/images/centos7.img,size=120,format=qcow2 \
         --network bridge=br0\
         --graphics vnc,listen=0.0.0.0 \
         --noautoconsole --os-type=linux --os-variant=rhel7
```

1.10.2 KVM 热迁移

KVM 虚拟化的热迁移需要有 NFS 或 GlusterFS 等共享文件系统的支持，将 VM 虚拟化磁盘文件放到共享文件上，主机节点只负责计算，存储在文件系统上，迁移的时候另外一台 KVM 主机直接读取共享文件系统的文件即可。

双侧主机互相添加 KVM 节点连接，在 KVM 管理器中选择 File→Add Connection，如图 1-4 所示。

添加成功后，如图 1-5 所示。

1. 设置 NFS share

（1）修改配置并挂载。

```
[root@nfs ~]# vim /etc/exports
/kvm1 *(rw,sync,no_root_squash)
[root@nfs ~]# systemctl restart nfs-server.service
```

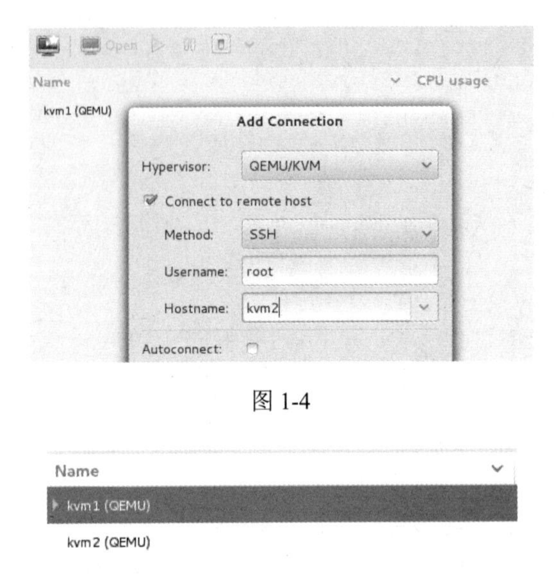

图 1-4

图 1-5

（2）将 2 个节点 kvm1 和 kvm2 主机分别挂载到/kvm 文件夹下。

```
[root@kvm1 ~]# mount -t nfs 192.168.56.101:/kvm1 /var/kvm/images
```

注意：一定要关闭 SELinux。

2. 安装系统

```
[root@kvm1 ~]# virt-install --name centos7.0 --ram 1024 \
            --cdrom=/root/CentOS-7-x86_64-DVD-1503-01.iso\
          --disk path=/var/kvm/images/centos7.img,size=120,format=qcow2\
        --network bridge=br0 --graphics vnc,listen=0.0.0.0 \
       --noautoconsole --os-type=linux --os-variant=rhel7
```

3. 查看 kvm1 主机

```
virsh # list
        Id Name State
        ----------------------------------------------------
        11 centos7.0 running
```

4. 迁移

```
[root@kvm1 ~]# migrate --live centos7.0 qemu+ssh://kvm2/system -unsafe
root@kvm2's password:
```

5. 查看 kvm1 主机

```
virsh # list
Id Name State
-----------------------------------------------------
12 centos7.0 running
```

小结

✓ KVM 的虚拟机是企业里较为常用的虚拟化技术，主要配合 OpenStack 使用，这里简单了解即可。

2 chapter

第 2 章 生产实用 LVM 技术

2.1 LVM基础

2.1.1 LVM介绍及其原理

1. LVM介绍

所有企业都会面临一个典型的问题，那就是数据存储空间会随着业务的增长而不断增长，传统的磁盘分区使用固定大小的物理分区，如果需要扩展使用空间会非常麻烦，传统磁盘分区模式已经无法适应数据高速增长的扩/缩容需求。

还好现在的 Linux 系统使用了一个非常好用的磁盘系统管理工具，名为“逻辑卷管理”（LVM）。逻辑卷管理可以创建和管理逻辑卷，可以弹性地管理卷的扩/缩容，并且对数据有绝对的保障。

逻辑卷可以用于单个物理磁盘分区，SAN、RAID 等都可以加入逻辑卷组，在池化的逻辑卷组中进行空间切分，创建出逻辑卷，将逻辑卷进行格式化，即可为系统提供存储空间。

LVM 整体结构如图 2-1 所示。

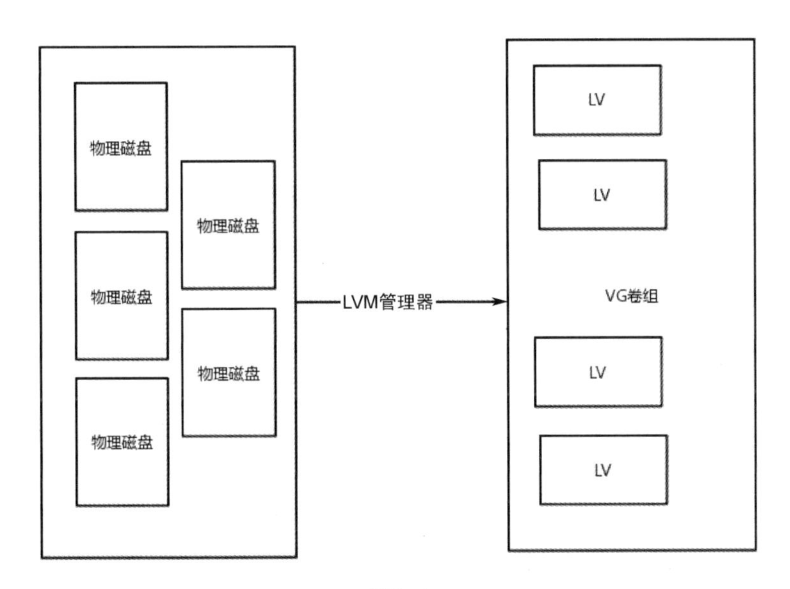

图 2-1

2. LVM的原理

LVM 原理及组成如图 2-2 所示。

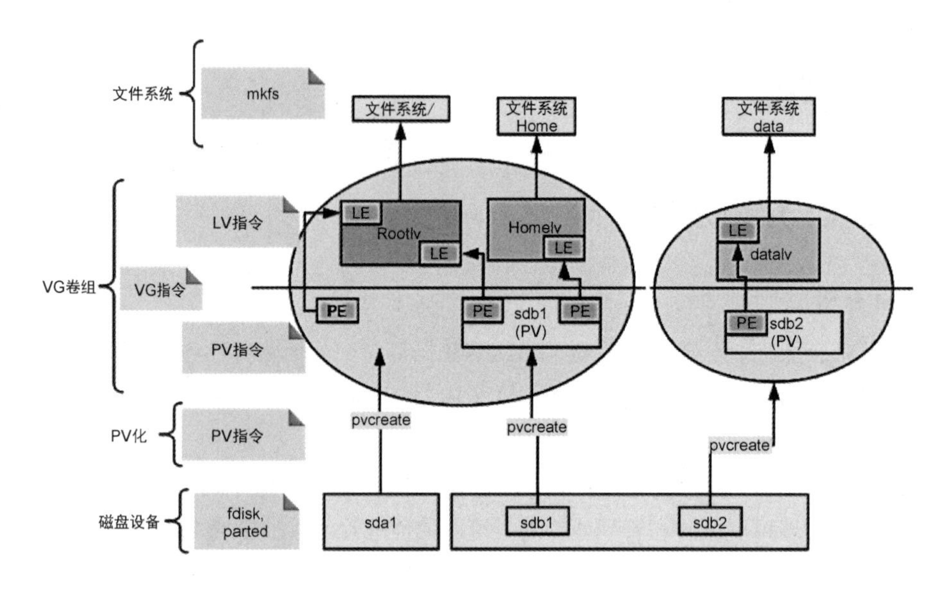

图 2-2

自下而上，底层是物理磁盘设备，通过 PV 化将底层的物理磁盘和分区整合到一个 VG 卷组中，在逻辑上形成一个较大的资源池，在 VG 中通过 LV 的形式进行输出。

物理卷 PV 化后，由大小相同的基本单元 PE 组成，在加入 VG 卷组、创建 LV 后，由大小相同的基本单元 LE 组成，PE 和 LE 是一一对应的关系。

可以通过 mkfs 等指令在 LV 逻辑卷上创建文件系统。

2.1.2 LVM 管理和使用

1. 卷管理常用命令集合

命令集合如表 2-1 所示。

表 2-1

名　称	创　建	激　活	扩　容	查　找	查　看	删　除
PV	pvcreate	pvchange		Pvscan	pvdisplay	pvremove
VG	vgcreate	vgchange	vgextend	Vgscan	vgdisplay	vgremove
LV	lvcreate	lvchange	lvextend	Lvscan	lvdisplay	lvremove

2. 测试环境

测试环境如表 2-2 所示。

表 2-2

系统版本	磁盘数量	IP 地址	主机名称	虚拟化
CentOS 7.4	4Vdisk	192.168.56.101	lvm-host	Vbox

3. 测试内容和环境说明

（1）完成 LVM 创建，使用 sdb 和 sdc 创建 PV，形成 VG 卷组，再输出成 LV，格式化文件系统并使用。

（2）完成 LVM 扩容，使用 VG 内 free 空间进行扩容、添加新 PV 进行扩容。

（3）完成 LVM 缩减，缩减 15GB 空间。

（4）完成 LVM 删除，回收存储空间。

4. LVM 创建

LVM 创建顺序是从下至上的，磁盘处理→PV 化→组成 VG 池→划分出 LV→格式化→挂载使用，根据以上顺序进行如下操作：

（1）确认需要 PV 化的存储设备。

```
[root@lvm-host ~]# lsblk -a
NAME             MAJ:MIN RM  SIZE RO TYPE MOUNTPOINT
sda                8:0    0  128G  0 disk
├─sda1             8:1    0    1G  0 part /boot
└─sda2             8:2    0  127G  0 part
├─centos-root 253:0    0   50G  0 lvm  /
├─centos-swap 253:1    0    2G  0 lvm  [SWAP]
└─centos-home 253:2    0   75G  0 lvm  /home
sdb                8:16   0   10G  0 disk
sdc                8:32   0   20G  0 disk
sdd                8:48   0   30G  0 disk
sde                8:64   0   40G  0 disk
sr0               11:0    1 1024M  0 rom
```

当前的 sda 已经进行了 PV 化，并且已经进行了 LV 输出，而 sdb、sdc、sdd、sde 没有 PV 化，所以使用 sdb 和 sdc 来做测试，初始化 PV。

lsblk 命令用于列出所有可用块设备信息，而且还能显示它们之间的依赖关系。

（2）初始化 PV。

如果想初始化 PV，最好先对磁盘进行分区并选择“8e”的分区 code 来使用分区的 LVM 格式（建议）。利用 fdisk 划分出 sdb1 和 sdc1，共计约 29～30GB 大小。

再次查看存储信息：

```
[root@lvm-host ~]# lsblk
NAME            MAJ:MIN RM  SIZE RO TYPE MOUNTPOINT
...
sdb               8:16   0   10G  0 disk
└─sdb1            8:17   0   10G  0 part
sdc               8:32   0   20G  0 disk
└─sdc1            8:33   0   20G  0 part
...
```

进行 PV 化操作：

```
[root@lvm-host ~]# pvcreate /dev/sd{b,c}1
Physical volume "/dev/sdb1" successfully created.
Physical volume "/dev/sdc1" successfully created.
```

查看结果如下：

```
[root@lvm-host ~]# pvs
PV         VG     Fmt  Attr PSize    Pfree
/dev/sda2  centos lvm2 a--  <127.00g   4.00m
/dev/sdb1         lvm2 ---   <10.00g <10.00g
/dev/sdc1         lvm2 ---   <20.00g <20.00g
```

从左到右分别是 PV 化的磁盘、所属卷组（sdb1 和 sdc1 没有加入 VG 卷组，所以此处为空）、LVM 版本格式、属性、PV 化以后的大小，以及 free 的空间大小。

（3）创建 VG 卷组，并将 sdb1 和 sdc1 加入 VG 卷组。

```
[root@lvm-host ~]# vgcreate Book /dev/sdb1
 Volume group "Book" successfully created
[root@lvm-host ~]# vgextend Book /dev/sdc1
 Volume group "Book" successfully extended
 \\创建 Book 卷组并将 sdb1 和 sdc1 加入 Book 卷组
 \\Book 为 VG 卷组的名称
```

查看结果如下（VG 大小为 29.99GB）：

```
[root@lvm-host ~]# vgs
VG     #PV #LV #SN Attr   VSize    Vfree
Book     2   0   0 wz--n-   29.99g 29.99g
centos   1   3   0 wz--n- <127.00g  4.00m
```

（4）划分 20GB 大小的 LV。

```
[root@lvm-host ~]# lvcreate -n lvtest -L +20G Book
 Logical volume "lvtest" created.
```

查看结果如下（20GB的LV使用空间，名称为lvtest）：

```
-n 为LV名称，-L 为大小，最后的Book为VG名称（理解为在哪个VG中创建）
```

查看结果：

```
 [root@lvm-host ~]# lvs
 LV     VG    Attr    LSize  Pool Origin Data%  Meta%  Move Log Cpy%Sync Convert
lvtest Book   -wi-a----- 20.00g

 [root@lvm-host ~]# vgs      //VG卷组的free空间相对减少20GB
 VG     #PV #LV #SN Attr   VSize   Vfree
 Book     2   1   0 wz--n-   29.99g 9.99g
```

（5）对LV逻辑卷进行格式化（mkfs），然后挂载即可使用。

```
[root@lvm-host ~]# mkfs.ext4 /dev/Book/lvtest
[root@lvm-host ~]# mkdir /test
[root@lvm-host ~]# mount /dev/Book/lvtest /test
[root@lvm-host ~]# mount | grep test
/dev/mapper/Book-lvtest on /test type ext4 (rw,relatime,seclabel,data=ordered)
```

注意：如果需要自动挂载，那么别忘记将逻辑卷及对应的挂载点添加到/etc/fstab中。

5. LVM扩容

在实际的应用环境中，经常会出现LV空间不足的情况，利用LVM逻辑卷可以在线扩展LV的空间，并且不会损伤数据。

LV扩容包括VG卷组内有free空间扩容和VG卷组内无free空间扩容两种情况。

（1）对于VG卷组中有free空间的情况，可以按如下操作进行。

```
 [root@lvm-host ~]# vgs
  VG     #PV #LV #SN Attr   VSize   Vfree
  Book     2   1   0 wz--n-   29.99g 9.99g        //剩余9.99GB

  [root@lvm-host ~]# lvextend /dev/Book/lvtest -L +9G
  Size of logical volume Book/lvtest changed from 20.00 GiB (5120 extents)
to 29.00 GiB (7424 extents).
  Logical volume Book/lvtest successfully resized.

  [root@lvm-host ~]# resize2fs /dev/Book/lvtest
  ...
  The filesystem on /dev/Book/lvtest is now 7602176 blocks long.
  resize2fs - ext2/ext3/ext4            //文件系统重定义大小工具
```

```
[root@lvm-host ~]# vgs
VG     #PV #LV #SN Attr   VSize    Vfree
Book     2   1   0 wz--n-   29.99g 1016.00m

[root@lvm-host ~]# lvs
LV     VG     Attr       LSize  Pool Origin Data%  Meta%  Move Log Cpy%Sync
Convert
lvtest Book   -wi-ao---- 29.00g
```

（2）当 VG 卷组中无 free 空间时，则需要先对卷组进行扩容，再对 LV 进行扩容。

首先对 sdd 磁盘进行 fdisk 处理，然后进行 PV 化：

```
[root@lvm-host ~]# pvcreate /dev/sdd1
Physical volume "/dev/sdd1" successfully created.

[root@lvm-host ~]# vgextend Book /dev/sdd1
Volume group "Book" successfully extended
```

接下来通过重复进行 PV 化进行 LV 扩容。

6. LVM 缩减

LV 缩减是一个有风险的操作，而且在生产环境中也很少使用缩减，熟悉一下缩减的步骤和操作即可。

（1）确认当前磁盘使用的空间大小，以免缩减太多导致文件系统崩溃。

```
[root@lvm-host ~]# df -h //使用 477MB，可用 27GB，也就是缩减必须在 27GB 之内
文件系统                    容量  已用   可用    已用% 挂载点
/dev/mapper/Book-lvtest  29G  477M  27G   2% /test
```

（2）卸载 LVM 逻辑卷，并进行缩减的操作。

```
[root@lvm-host ~]# umount /dev/Book/lvtest
```

（3）检查文件系统错误。

```
[root@lvm-host ~]# e2fsck -ff /dev/Book/lvtest
e2fsck 1.42.9 (28-Dec-2013)
```

第一步：检查 inode\块和大小；

第二步：检查目录结构；

第三步：检查目录连接性；

第四步：检查引用计数；

第五步：检查簇概要信息。

```
    /dev/Book/lvtest: 1080/1900544 files (0.8% non-contiguous), 274063/7602176
blocks
```

注意：必须通过所有文件系统检查的 5 个步骤，若未完全通过，则文件系统可能存在问题。

（4）重新计算文件系统的各个大小空间（保留 10GB）。

```
[root@lvm-host ~]# resize2fs /dev/Book/lvtest 10G
 resize2fs 1.42.9 (28-Dec-2013)
 Resizing the filesystem on /dev/Book/lvtest to 2621440 (4k) blocks.
 The filesystem on /dev/Book/lvtest is now 2621440 blocks long.
```

（5）缩减文件系统（缩减 15GB）。

```
    [root@lvm-host ~]# lvreduce -L -15G /dev/Book/lvtest
     WARNING: Reducing active logical volume to 14.00 GiB.
     THIS MAY DESTROY YOUR DATA (filesystem etc.)
     Do you really want to reduce Book/lvtest? [y/n]: y
     Size of logical volume Book/lvtest changed from 29.00 GiB (7424 extents)
to 14.00 GiB (3584 extents).
     Logical volume Book/lvtest successfully resized.

     [root@lvm-host ~]# mount /dev/Book/lvtest /test/

     [root@lvm-host ~]# df -h | grep test
     /dev/mapper/Book-lvtest  9.8G  469M  8.8G   5% /test

     [root@lvm-host ~]# ls /test/* | more
     /test/a2ps-4.14-23.el7.i686.rpm
     /test/a2ps-4.14-23.el7.x86_64.rpm
     ...
```

上述是缩减成功的情况，如果缩减过量，则 LV 将损坏并且无法挂载；如果是非常重要的数据，建议事先备份，再进行缩减。

2.1.3 LVM 删除

删除回收的时候要反其道而行之，顺序是 umount 挂载点→删除 LV→删除 VG→删除 PV，相关操作步骤如下：

（1）umount 挂载点。

```
[root@lvm-host ~]# umount /test
```

（2）删除 LV。

```
[root@lvm-host ~]# lvremove /dev/Book/lvtest
  Do you really want to remove active logical volume Book/lvtest? [y/n]: y
  Logical volume "lvtest" successfully remove
```

（3）删除 VG。

```
[root@lvm-host ~]# vgremove Book
 Volume group "Book" successfully removed
```

（4）删除 PV。

```
[root@lvm-host ~]# pvremove /dev/sd{b,c,d}1
 Labels on physical volume "/dev/sdb1" successfully wiped.
 Labels on physical volume "/dev/sdc1" successfully wiped.
 Labels on physical volume "/dev/sdd1" successfully wiped.
```

删除之前切记要备份数据，并且确认数据无用方可进行。

小结

✓ LVM 中创建和扩容是实际生产环境中应用最多的基础操作，至于所谓的缩容需求，一定要谨慎，当心数据问题。

2.2 LVM Cache & Snapshot

2.2.1 LVM Cache

1. Cache 介绍

现在的服务器大多会配置 SSD 的磁盘，而 SSD 的磁盘在读取速度上要比普通磁盘快很多，我们通常将 SSD 作为安装系统的磁盘，数据仍然写入物理磁盘，所以对真实数据的访问，依然要等待物理磁盘做出响应。产生此瓶颈的真正原因是“操作系统加速不等于应用的数据读取和写入加速”，除非将应用和数据也放到 SSD 磁盘上来运行，但是 SSD 设备的价格比较昂贵，而且使用寿命有限，所以必须找到一种折中的方案来利用 SSD 磁盘，达到整体加速的效果。

现在的 LVM 已经支持使用缓存技术来提升读/写速度，为何不将 SSD 磁盘作为 LVM 的缓存来使用呢？这样就可以对整个 LVM 加速。换句话说，可以对整个系统 LV 和数据 LV 进行加速，这样远比单纯地给系统使用 SSD 磁盘更有价值。

2. Cache & SSD

Cache 其实是平衡容量和性能的折中产物，现阶段传统机械磁盘已经成为最大的性能瓶颈，而 SSD 在性能方面却有非常大的优势。但是 SSD 的价格非常昂贵，并且容量较小，也有使用寿命的限制，所以我们试图将传统的磁盘和 SSD 进行结合，借助 SSD 的优越性能来为传统磁盘加速。

3. LVM SSD 缓存

为了更好地利用 SSD 设备来加速整个系统，可以使用默认的 DM Cache，当然也可以使用 FlashCache 等技术。由于 CentOS 7 自身支持 LVM 使用 DM Cache，所以就用 CentOS 7 自带的 DM Cache 结合 SSD 磁盘来配置缓存，当然 FlashCache 也是很好的选择。

4. 理解 LVM Cache 的相关术语

相关术语如表 2-3 所示。

表 2-3

术　语	释　义
origin LV	真实的 LV 卷
cache data LV	数据卷，用来缓存数据
cache metadata LV	元数据卷，用来缓存元数据
cache pool LV	缓存池，包含 data+meta
cache LV	缓存卷，包含真实的 LV 卷+缓存池

实际的创建顺序是从上至下的步骤。

2.2.2 DM Cache 实例

1. 测试环境

测试环境如表 2-2 所示。

2. 测试内容

完成基于 DM Cache 的 LVM 缓存创建。

3. LVM SSD 缓存创建（DM Cache）

（1）确认设备。

```
[root@lvm-host ~]# lsblk
```

```
NAME           MAJ:MIN RM  SIZE RO TYPE MOUNTPOINT
sdb              8:16   0   10G  0 disk
└─sdb1           8:17   0   10G  0 part
sdc              8:32   0   20G  0 disk
└─sdc1           8:33   0   20G  0 part
//sdc 为 20GB 的普通物理磁盘，sdb 为 10GB 的 SSD 磁盘（模拟）
```

（2）创建 VG 和 LVS。

```
[root@lvm-host ~]# vgcreate CacheTestVG /dev/sdc1
[root@lvm-host ~]# lvcreate -L +15G -n Originlv CacheTestVG
 WARNING: ext4 signature detected on /dev/CacheTestVG/Originlv at offset
1080. Wipe it? [y/n]: y
 Wiping ext4 signature on /dev/CacheTestVG/Originlv.
 Logical volume "Originlv" created.
 //创建真实卷，大小为 15GB，真实的 LV 卷，很大的慢速设备 LV
```

（3）SSD 设备加入慢速 VG 卷组（快慢设备必须同组）。

```
[root@lvm-host ~]# vgextend CacheTestVG /dev/sdb1
Volume group "CacheTestVG" successfully extended
```

（4）创建 SSD 的 LV 缓存。

SSD 设备需要创建两个 LVS。

① CacheDataLV，数据缓存。

② CacheMetaLV，用于存储被高速缓存在 CacheDataLV 中的数据块的索引，应该为千分之一的 CacheDataLV 的大小，但最少为 8MB。

```
 [root@lvm-host ~]# lvcreate -L +100M -n lv_cache_meta CacheTestVG /dev/sdb1
Logical volume "lv_cache_meta" created.
 [root@lvm-host ~]# lvcreate -L +9.5G -n lv_cache_data CacheTestVG /dev/sdb1
Logical volume "lv_cache_data" created.
```

（5）把 CacheDataLV 和 CacheMetaLV 放入“缓存池”。

```
[root@lvm-host ~]# lvconvert --type cache-pool --poolmetadata \
                  CacheTestVG/lv_cache_meta CacheTestVG/lv_cache_data
 CacheTestVG/lv_cache_meta? [y/n]: y
 Converted CacheTestVG/lv_cache_data_cdata to cache pool.

 [root@lvm-host ~]# lvs
 LV  VG  Attr      LSize  Pool Origin Data%  Meta%  Move Log Cpy%Sync Convert
 Originlv     CacheTestVG -wi-a----- 15.00g
```

```
  lv_cache_data CacheTestVG Cwi---C---  9.50g
```

注意：Attr 属性部分已经标识为 C，表示为 Cache 属性。

（6）对接缓存池和 Originlv 慢速设备物理卷。

```
[root@lvm-host ~]# lvconvert --type cache --cachepool \
                   CacheTestVG/lv_cache_data CacheTestVG/Originlv
Do you want wipe existing metadata of cache pool CacheTestVG/lv_cache_data?
[y/n]: y
Logical volume CacheTestVG/Originlv is now cached.

[root@lvm-host ~]# lvs
 LV VG Attr LSize  Pool Origin Data%  Meta%  Move Log Cpy%Sync Convert
 Originlv CacheTestVG Cwi-a-C--- 15.00g [lv_cache_data] [Originlv_corig]
0.00   1.27          0.00
```

（7）格式化并挂载使用。

```
[root@lvm-host ~]# mkfs.ext4 /dev/CacheTestVG/Originlv
[root@lvm-host ~]# mount /dev/CacheTestVG/Originlv /test/
```

（8）现在写入的数据都是经过 Cache 写入的，速度得到了一定的提升。

小结

✓ LVM 与 DM Cache 的结合，实现了 LVM 层面的加速，大大提高了系统的 I/O 能力。FlashCache 技术同样可以实现这个功能。

2.2.3　LVM Snapshot

1. LVM Snapshot 介绍

所谓的 Snapshot 其实就是快照功能，可以简单地理解为“照相”的机制，在某一个时间点进行“拍照”，可以通过这个“拍照”的时间点进行“数据备份”和“历史回溯”。但是基于 LVM 的这个快照功能，是无法脱离“源 LVM”数据而单独存在的，如果删除了“源 LVM”，那么快照也就没有了，但如果删除了快照，则不影响“源 LVM”数据。

2. LVM Snapshot 原理

快照主要采用 COW（copy-on-write）机制，也就是说，快照创建的时间点，仅仅复制了 LVM 数据卷中的元数据（meta-data）到快照空间中。我们要将原始卷中的数据在发生改变前复制到快照空间中，所以制作快照的速度非常快。

这里有一个问题，即快照空间要预留多大？这个空间的大小可以依据刷新频率、数据变动大小来决定，一旦超出设置大小，快照就会失效。

建议所建立的快照卷的大小是原始卷的 1.1 倍。

2.2.4 Snapshot 测试

1. 测试环境

测试环境如表 2-2 所示。

2. 测试内容

为 testlv 创建快照空间。

3. LVM Snapshot 创建

（1）lvs 和 vgs 用于查看当前 LV 和 VG 卷组的状态，是否有充足的空间来创建快照。

```
[root@lvm-host ~]# lvs
LV     VG     Attr       LSize  Pool Origin Data%  Meta%  Move Log Cpy%Sync Convert
testlv BooK   -wi-a----- 10.00g
[root@lvm-host ~]# vgs
VG     #PV #LV #SN Attr   VSize   Vfree
BooK     2   1   0 wz--n-  29.99g 19.99g
```

（2）创建快照。

```
[root@lvm-host ~]# lvcreate -L 2G -s -n lvtest-snapshot BooK/testlv
 Using default stripesize 64.00 KiB.
 Logical volume "lvtest-snapshot" created.
```

参数-s 为 Snapshot 的缩写，创建 2GB 大小的快照空间。

（3）查看快照 LV。

```
[root@lvm-host ~]# lvs
 LV    VG    Attr     LSize  Pool Origin Data%  Meta%  Move Log Cpy%Sync Convert
 lvtest-snapshot BooK   swi-a-s---  2.00g      testlv 0.00
 testlv          BooK   owi-aos--- 10.00g

 BooK-lvtest--snapshot (253:6)
 ├─BooK-lvtest--snapshot-cow (253:5)
 │  └─ (8:17)
```

```
└BooK-testlv-real (253:4)
 └ (8:33)
BooK-testlv (253:3)
└BooK-testlv-real (253:4)
//BooK-lvtest--snapshot 由 BooK-testlv-real 和
//BooK-lvtest--snapshot-cow 这两部分组成，并且明确表示了物理卷的硬件位置
```

（4）测试快照卷。

可以直接对快照卷进行挂载、卸载等操作，而且操作完成之后就应该立即删除快照，以减轻系统的 I/O 负担。快照不会自动更新，长久保留是没有意义的。

```
dd 写入测试数据
 [root@bogon ~]# dd if=/dev/zero of=/test/2.img bs=10M count=100
 [root@lvm-host ~]# lvs
 LV    VG    Attr    LSize  Pool Origin Data%  Meta%  Move Log Cpy%Sync Convert
 lvtest-snapshot BooK   swi-a-s---  2.00g      testlv 49.03
//快照控件已经使用了 49.03%，当达到 100%的时候，这个快照将会废弃无法再使用

 [root@lvm-host ~]# lvdisplay
 --- Logical volume ---
 LV Path                /dev/BooK/lvtest-snapshot
 LV Name                lvtest-snapshot
 VG Name                BooK
 LV UUID                SD9foj-qh3Z-N8U7-k5H5-B1vT-NaTJ-PgjvoE
 LV Write Access         read/write
 LV Creation host, time lvm-host.com, 2018-02-05 11:38:06 +0800
 LV snapshot status      active destination for testlv
 LV Status              available
 # open                 0
 LV Size                10.00 GiB
 Current LE             2560
 COW-table size          2.00 GiB   //COW 区域大小
 COW-table LE           512
 Allocated to snapshot  49.03%   //注意这部分，使用百分比
 Snapshot chunk size     4.00 KiB
 Segments               1
 Allocation             inherit
 Read ahead sectors      auto
 - currently set to      8192
 Block device           253:6
```

（5）挂载后查看快照空间内的数据。

```
[root@lvm-host ~]# mkdir /snapshot
[root@lvm-host ~]# mount /dev/BooK/lvtest-snapshot /snapshot/
//挂载之后可以使用 dump 和 tar 进行备份，也可以使用 cp 进行复制
//针对快照会出现两种处理方式，一是保留数据修改后的状态，二是回溯到快照时的状态
```

（6）保留数据修改后的状态，只需要删除快照即可。

```
[root@lvm-host ~]# umount /snapshot/
[root@lvm-host ~]# lvremove /dev/BooK/lvtest-snapshot
```

保留现有状态、备份快照状态是备份数据库时的常用手段，因为要不停机备份数据库，就需要数据库中的数据不会被修改，所以快照出来以后进行备份，然后删除快照即可。

新增的数据依然可以正常写入数据库，流程是先做一个 flush 操作，并锁定表，创建 Snapshot，然后解锁，再备份数据，最后释放 snapshot。这样，MySQL 几乎不会中断其运行。

（7）回溯到快照状态。

通常是在修改数据之前做快照，当发生错误时，可以利用快照回溯。

```
[root@lvm-host ~]# umount /dev/vgtest/lvabc  //回溯先要卸载 LV
[root@lvm-host ~]# lvconvert --merge /dev/vgtest/lvsnapshot
```

注意：回溯之后，数据会恢复到快照时间点。

```
[root@lvm-host ~]# lvs
lvtest-snapshot BooK   swi-a-s---  2.00g     testlv 49.03
//已经使用 49.03%的 Snapshot 空间，如果超过 100%，那么将无法使用

[root@lvm-host ~]# lvs
lvtest-snapshot BooK   swi-a-s---  2.00g     testlv 100
[root@lvm-host ~]# lvdisplay
--- Logical volume ---
LV Path                /dev/BooK/lvtest-snapshot
LV Name                lvtest-snapshot
VG Name                BooK
...
LV snapshot status     INACTIVE destination for testlv
...
//如果数据超过 LV Snapshot 的空间大小，将会失效，镜像卷将无法使用
[root@lvm-host ~]# mount /dev/BooK/lvtest-snapshot /snapshot/
mount: /dev/BooK/lvtest-snapshot: can't read superblock
```

（8）通过修改配置文件来实现自动扩展快照。

使用 vim 编辑器打开 LVM 配置文件：

```
# vim /etc/lvm/lvm.conf
```

搜索 autoextend：

```
snapshot_autoextend_threshold = 100
snapshot_autoextend_percent = 20
//修改此处的 100 为 80，这样达到 80%使用的时候，将自动扩展 20%，就可以自动扩容了
//这将把快照从超载导致下线的故障中拯救出来
```

小结

✓ 在生产环境中，快照通常用于数据在某一时间点的备份，用完之后删除快照即可。

2.3　精简资源

2.3.1　精简资源介绍

精简资源调配是什么？

假如有 10 个客户，有 15GB 的存储资源，现在要给每个客户分配 2GB 的存储空间，按照常规的模式，恐怕是不够分吧？试想，如果划分了 2GB 的空间给用户存储数据，但是用户只用到 1GB，而另外的 1GB 会慢慢填满，或者干脆用不到。所以可以尝试使用另一种方式，让空间扩展随着数据增长而逐步扩展，即“精简资源”配置。

在实际生产中，通常会将 LVM 的存储空间分为“富卷”和“瘦卷”。富卷即较多时间使用空间的 80%，而瘦卷一般都在 50%以下，所以很多瘦卷的另外 50%可以超限继续划分出去使用。但是不管怎么划分和精简，一旦超出总量去划分，那么兑现的时候就会出现麻烦（这就好比你有 1 亿元的资产，却有 2 亿元的负债，一旦债主都找上门，就资不抵债了）。精简资源调配中所做的是，在较大卷组中定义一个精简池，再在精简池中定义一个精简卷。这个精简卷看上去的实际空间和所需空间完全无差异。然而，这个精简卷的空间是随着数据的增长而扩充的。

如果对资源的调配超过 15GB，那么就是过度资源调配了（超限状态），一定要关注数据的增长趋势。

2.3.2　精简资源实例

1. 测试环境

测试环境如表 2-2 所示。

2. 测试内容

创建精简卷并进行验证。

3. 实例步骤

（1）确认 VG 使用空间。

```
[root@lvm-host ~]# vgs
  VG     #PV #LV #SN Attr   VSize   Vfree
  BooK     2   1   0 wz--n-  29.99g 19.99g
```

（2）创建一个 15GB 的精简卷池。

```
[root@lvm-host ~]# lvcreate -L 15G --thinpool thinthin_pool BooK
  Using default stripesize 64.00 KiB.
  Thin pool volume with chunk size 64.00 KiB can address at most 15.81 TiB
of data.
  Logical volume "thinthin_pool" created.

  [root@lvm-host ~]# lvs
  LV VG Attr LSize  Pool Origin Data%  Meta%  Move Log Cpy%Sync Convert
  testlv       BooK   -wi-ao---- 10.00g
  thinthin_pool BooK   twi-a-tz-- 15.00g             0.00   0.59
  // -L 表示卷组大小、--thinpool 表示创建精简池、thinthin_pool 为精简池名称、BooK
为精简池的卷组名称
```

（3）创建精简卷，名称为 thin_client1。

```
[root@lvm-host ~]# lvcreate -V 2G --thin -n thin_client1 BooK/thinthin_pool
 Using default stripesize 64.00 KiB.
  Logical volume "thin_client1" created.

  [root@lvm-host ~]# lvs
  LV VG Attr LSize Pool Origin Data%  Meta%  Move Log Cpy%Sync Convert
  thin_client1  BooK   Vwi-a-tz--  2.00g thinthin_pool        0.00
  thinthin_pool BooK   twi-aotz-- 15.00g                     0.00   0.61
  //注意 Data%依然是 0.00，继续向下创建更多用户的精简卷
```

（4）创建精简卷。

精简卷名称为 thin_client2、thin_client3、thin_client4、thin_client5、thin_client6。

```
[root@lvm-host ~]# lvcreate -V 2G --thin -n thin_client2 BooK/thinthin_pool
 Using default stripesize 64.00 KiB.
  Logical volume "thin_client2" created.
```

```
    //注意更改名称编号"thin_client2、thin_client3、thin_client4、thin_client5、
    //thin_client6"

    [root@lvm-host ~]# lvs
    LV VG Attr LSize  Pool Origin Data%  Meta%  Move Log Cpy%Sync Convert
    thin_client1  BooK   Vwi-a-tz--  2.00g thinthin_pool        0.00
    thin_client2  BooK   Vwi-a-tz--  2.00g thinthin_pool        0.00
    thin_client3  BooK   Vwi-a-tz--  2.00g thinthin_pool        0.00
    thin_client4  BooK   Vwi-a-tz--  2.00g thinthin_pool        0.00
    thin_client5  BooK   Vwi-a-tz--  2.00g thinthin_pool        0.00
    thin_client6  BooK   Vwi-a-tz--  2.00g thinthin_pool        0.00
    thinthin_pool BooK   twi-aotz-- 15.00g                    0.00   0.73

    //即使创建再多，只要不写入数据，就不会占满整个磁盘，可以继续划分更多的2GB，目前
    //已经达到12GB
```

（5）挂载使用。

```
    [root@lvm-host ~]# for i in {1..3}; do mkdir /client$i ;done
    [root@lvm-host ~]# for i in {1..3};do mkfs.ext4 /dev/BooK/thin_client$i;
done
    [root@lvm-host ~]# for i in {1..3};do mount  /dev/BooK/thin_client$i /cli\
                      ent$i ; done
    [root@lvm-host ~]# mount | grep client
    /dev/mapper/BooK-thin_client1 on /client1 type ext4 (rw,relatime,seclabel,
stripe=16,data=ordered)
    ...
    [root@lvm-host ~]# df -hT
    Filesystem                    Type      Size  Used Avail Use% Mounted on
    /dev/mapper/BooK-thin_client1 ext4       2.0G  6.0M  1.8G   1% /client1
    ...
```

（6）写入数据。

```
    [root@lvm-host ~]# for i in {1..3};do dd if=/dev/zero \
                      of=/client$i/$i.img bs=${i}M count=100; done
    104857600 bytes (105 MB) copied, 0.142149 s, 738 MB/s
    209715200 bytes (210 MB) copied, 0.492435 s, 426 MB/s
    314572800 bytes (315 MB) copied, 0.695932 s, 452 MB/s

    [root@lvm-host ~]# df -Th
    Filesystem                    Type      Size  Used Avail Use% Mounted on
```

```
/dev/mapper/BooK-thin_client1 ext4     2.0G  106M  1.7G   6% /client1
/dev/mapper/BooK-thin_client2 ext4     2.0G  206M  1.6G  12% /client2
/dev/mapper/BooK-thin_client3 ext4     2.0G  306M  1.5G  17% /client3

[root@lvm-host ~]# lvs
LV VG Attr LSize  Pool Origin Data%  Meta%  Move Log Cpy%Sync Convert
testlv       BooK   -wi-ao---- 10.00g
thin_client1  BooK   Vwi-aotz--  2.00g thinthin_pool        9.65
thin_client2  BooK   Vwi-aotz--  2.00g thinthin_pool        14.53
thin_client3  BooK   Vwi-aotz--  2.00g thinthin_pool        19.41
...
thinthin_pool BooK   twi-aotz-- 15.00g                   5.81   3.25
//每个卷的使用大小和精简池的使用大小。客户端分别是 2GB 空间的 9.65%、14.53%、19.41%
//整体精简卷使用 5.81%
```

（7）再次划分 4GB 空间给 client7。

```
[root@lvm-host ~]# lvcreate -V 4G --thin -n thin_client7 BooK/thinthin_pool
...
Logical volume "thin_client7" created.
[root@lvm-host ~]# lvs
LV VG Attr LSize  Pool Origin Data%  Meta%  Move Log Cpy%Sync Convert
thin_client1  BooK   Vwi-aotz--  2.00g thinthin_pool        9.65
thin_client2  BooK   Vwi-aotz--  2.00g thinthin_pool        14.53
thin_client3  BooK   Vwi-aotz--  2.00g thinthin_pool        19.41
...
thin_client7  BooK   Vwi-a-tz--  4.00g thinthin_pool        0.00
thinthin_pool BooK   twi-aotz-- 15.00g                   5.81   3.27
```

（8）对 client7 进行挂载使用，同时模拟多客户写入，出现兑现风险。

```
[root@lvm-host ~]# mkdir /client7
[root@lvm-host ~]# mkfs.ext4 /dev/BooK/thin_client7
[root@lvm-host ~]# mount /dev/BooK/thin_client7 /client7/
[root@lvm-host ~]# dd if=/dev/zero of=/client7/7.img bs=1M count=3000
[root@lvm-host ~]# dd if=/dev/zero of=/client1/test.img bs=1M count=1200
[root@lvm-host ~]# dd if=/dev/zero of=/client2/test.img bs=1M count=1200
[root@lvm-host ~]# dd if=/dev/zero of=/client3/test.img bs=1M count=1200
[root@lvm-host ~]# lvs
LV VG Attr LSize  Pool Origin Data%  Meta%  Move Log Cpy%Sync Convert
testlv       BooK   -wi-ao---- 10.00g
```

```
thin_client1  BooK   Vwi-aotz--  2.00g thinthin_pool       68.24
thin_client2  BooK   Vwi-aotz--  2.00g thinthin_pool       99.77
thin_client3  BooK   Vwi-aotz--  2.00g thinthin_pool       78.01
thin_client7  BooK   Vwi-aotz--  4.00g thinthin_pool       78.00
thinthin_pool BooK   twi-aotz-- 15.00g                    53.60  24.68
```

现在整体的精简池已经使用到 53.60%，数据还在急剧地增长，预计两天后将超出预期分配，那么要如何处理呢？

（9）扩展精简池。

精简池只是一个逻辑卷，因此，如果需要对其进行扩展，可以使用和扩展逻辑卷相同的命令，但不能缩减精简池的大小。

```
[root@lvm-host ~]# vgs
  VG     #PV #LV #SN Attr   VSize   Vfree
 BooK     2   9   0 wz--n-   29.99g 4.96g
 //还空闲 4GB 多，模拟扩充

 [root@lvm-host ~]# lvextend -L +4G  /dev/BooK/thinthin_pool
 Size of logical volume BooK/thinthin_pool_tdata changed from 15.00 GiB (3840
extents) to 19.00 GiB (4864 extents).
 Logical volume BooK/thinthin_pool_tdata successfully resized.

 [root@lvm-host ~]# lvs
 LV VG Attr LSize  Pool Origin Data%  Meta%  Move Log Cpy%Sync Convert
 testlv       BooK   -wi-ao---- 10.00g
 thin_client1  BooK   Vwi-aotz--  2.00g thinthin_pool       68.24
 thin_client2  BooK   Vwi-aotz--  2.00g thinthin_pool       99.77
 thin_client3  BooK   Vwi-aotz--  2.00g thinthin_pool       78.01
 thin_client7  BooK   Vwi-aotz--  4.00g thinthin_pool       78.00
 thinthin_pool BooK   twi-aotz-- 19.00g                    42.32  24.68
 //可以看到 thinthin_pool 空间已经由 15GB 扩充到 19GB 了，随即百分比也下降到 42.32%
```

（10）通过修改配置文件来实现自动扩展 thin_pool。

使用 vim 编辑器打开 LVM 配置文件：

```
# vim /etc/lvm/lvm.conf
```

搜索 autoextend：

```
thin_pool_autoextend_threshold = 100
```

```
thin_pool_autoextend_percent = 20
//修改此处的 100 为 80，当达到 80%使用的时候将自动扩展 20%，这样就可以自动扩容了
```

小结

✓ 精简资源配置在生产中常用在承载备份的服务器或文件服务器上，尽可能多地分配用户资源，但是这些用户通常都不会过度使用资源。

2.4 条带化（Striped）

2.4.1 线性和条带简介

LVM 创建 LV 时有两种模式可以选择，分别是线性（Linear）模式和条带（Striped）模式，默认情况下使用线性模式。

1. 线性模式

LVM 线性模式如图 2-3 所示。

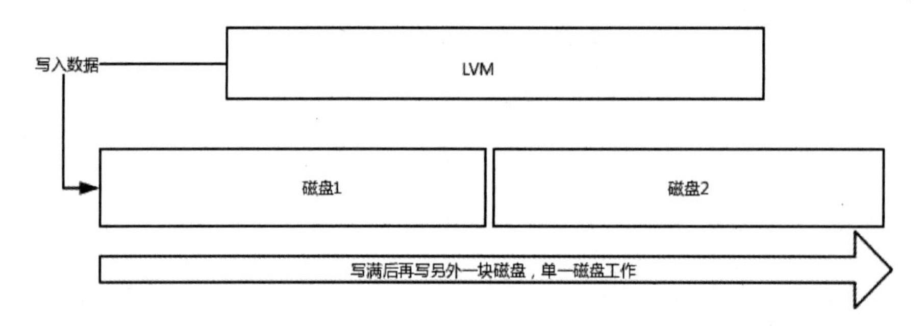

图 2-3

按顺序分配磁盘空间，逐一写入每块磁盘。

2. 条带模式

LVM 条带模式如图 2-4 所示。

交错存储数据，数据均匀地分布到 VG 的指定磁盘中。对于 I/O 密集的应用有良好效果，比如数据库。

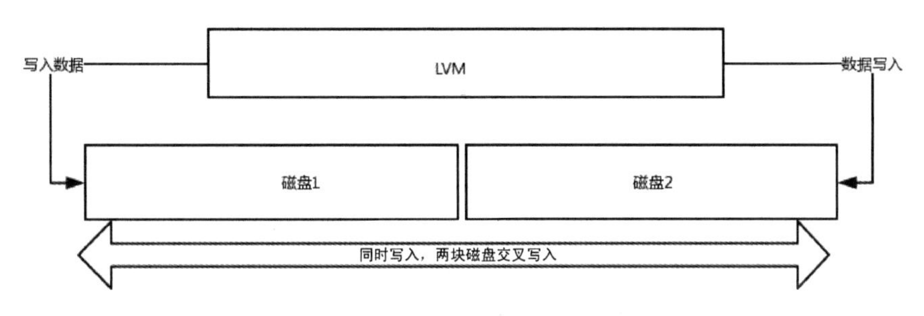

图 2-4

3. 条带化简介

假设系统有两块磁盘，就好比两名工人在干活，每个人的战斗力是 100，两个人的战斗力总和就是 200。如果是线性模式工作，那么就是输出 100 战斗力，因为先要一个人完成工作，另一个才能接着干活。

如果使用条带化逻辑卷，那么就是 200 战斗力，因为两个人会同时干活，也就是同时写入两个驱动器中，这些写入的数据会在循环过程中完成。

对条带化逻辑卷而言，其中任何一个需要扩展，另一个都必须添加对等的数量。在上例中，必须添加两个 PV 来扩展逻辑卷的大小。这是条带化特性的缺点之一，要尽可能使用同等大小的设备。

4. 条带化特点

（1）条带化后可以均匀分配 I/O 压力，从而改善磁盘性能。

（2）避免单一磁盘的热点问题。

（3）可以使数据分布均匀。

2.4.2 条带化实例

1. 测试环境

测试环境如表 2-2 所示。

2. 测试内容

创建条带卷并进行使用。

3. 创建条带化 LV

（1）确认相关实例信息。

```
[root@lvm-host ~]# pvs
```

```
 PV         VG     Fmt  Attr PSize    Pfree
 /dev/sdb1         lvm2 ---   <10.00g <10.00g
 /dev/sdc1         lvm2 ---   <20.00g <20.00g
 /dev/sdd1         lvm2 ---   <30.00g <30.00g
 /dev/sde1         lvm2 ---   <40.00g <40.00g
 //4 个大小不一的 PV 卷，实例的最小空间都取 10GB，把每块磁盘都看成 10GB 来操作
```

（2）创建 VG，并指定 PE 大小。

```
[root@lvm-host ~] # vgcreate -s 16M strip_vg /dev/sd{b,c,d,e}1 -v
[root@lvm-host ~]# vgs
 VG       #PV #LV #SN Attr   VSize    Vfree
 strip_vg   4   0   0 wz--n-  <99.94g <99.94g
 //4 个设备组成 VG 卷组，名称为 strip_vg，PE 大小为 16MB
```

（3）创建一个名为 lv_strp1 的逻辑卷。

lv_strp1 逻辑卷大小为 2GB，它需要放到 strip_vg 卷组中。由于有 4 个 PV 设备，所以定义了 4 个条块，也就是说数据在写入逻辑卷时，需要条块化分散到 4 个 PV 中。

```
[root@lvm-host ~]# lvcreate -L +2G -n lv_strp1 -i4 strip_vg
 Using default stripesize 64.00 KiB.
 Logical volume "lv_strp1" created.
```

（4）查看条带卷信息。

```
[root@lvm-host ~]# lvdisplay -m
 --- Logical volume ---
 LV Path                /dev/strip_vg/lv_strp1
 LV Name                lv_strp1
 VG Name                strip_vg
 ...
 --- Segments ---
 Logical extents 0 to 127:
Type                 striped
Stripes               4       //分布设备
Stripe size           64.00 KiB   //默认条块大小
Stripe 0:
Physical volume   /dev/sdb1
Physical extents  0 to 31
Stripe 1:
Physical volume   /dev/sdc1
Physical extents  0 to 31
Stripe 2:
Physical volume   /dev/sdd1
```

```
Physical extents  0 to 31
Stripe 3:
Physical volume   /dev/sde1
Physical extents  0 to 31
```

（5）创建条带卷 lv_strp2，条块大小为 128KB，分布在 3 个 PV 中。

```
[root@lvm-host ~]# lvcreate -L 1G -i3 -I 128 -n lv_strp2 strip_vg \
/dev/sdb1 /dev/sdc1 /dev/sdd1
[root@lvm-host ~]# lvdisplay -m
 --- Logical volume ---
 LV Path                /dev/strip_vg/lv_strp2
 LV Name                lv_strp2
 VG Name                strip_vg
 ...
 --- Segments ---
 Logical extents 0 to 65:
Type                striped
Stripes              3        //分布设备
Stripe size          128.00 KiB   //条块大小
Stripe 0:
Physical volume   /dev/sdb1
Physical extents  32 to 53
Stripe 1:
Physical volume   /dev/sdc1
Physical extents  32 to 53
Stripe 2:
Physical volume   /dev/sdd1
Physical extents  32 to 53
```

（6）由于条块做了映射，所以使用 dmsetup 来进行启用。

```
[root@lvm-host ~]# dmsetup deps /dev/strip_vg/lv_strp[1-2]
 /dev/strip_vg/lv_strp1: 4 dependencies  : (8, 65) (8, 49) (8, 33) (8, 17)
 /dev/strip_vg/lv_strp2: 3 dependencies  : (8, 49) (8, 33) (8, 17)

 //这里可以看到 lv_strp1 映射 4 个驱动器，lv_strp2 映射 3 个驱动器
```

（7）挂载并使用。

```
[root@lvm-host ~]# mkdir /strip1
[root@lvm-host ~]# mkdir /strip2
[root@lvm-host ~]# mkfs.ext4 /dev/strip_vg/lv_strp1
[root@lvm-host ~]# mkfs.ext4 /dev/strip_vg/lv_strp2
```

```
[root@lvm-host ~]# mount /dev/strip_vg/lv_strp1 /strip1
[root@lvm-host ~]# mount /dev/strip_vg/lv_strp2 /strip2
```

（8）写入数据进行监控确认。

开启两个终端窗口，终端 1 号写入数据，终端 2 号使用 iostat -d 5 进行监控：

```
[root@lvm-host ~]# dd if=/dev/zero of=/strip1/1.img bs=1M count=1024
```

1 号窗口进行 strip1 数据写入：

```
Device:            tps    kB_read/s    kB_wrtn/s    kB_read    kB_wrtn
sda               3.32         9.21        15.09         36         59
sdb             127.11         7.16     64163.68         28     250880
sdc             125.58         1.02     64163.68          4     250880
sdd             125.32         0.00     64163.68          0     250880
sde             126.09         0.00     64163.68          0     250880
//可以通过 iostat 看到 4 块磁盘均有数据写入

[root@lvm-host ~]# dd if=/dev/zero of=/strip2/1.img bs=1M count=1024
```

1 号窗口进行 strip2 数据写入：

```
Device:            tps    kB_read/s    kB_wrtn/s    kB_read    kB_wrtn
sda               0.52         5.19         0.00         20          0
sdb             169.35         0.00     84749.09          0     326284
sdc             172.73         0.00     86623.38          0     333500
sdd             171.43         0.00     86154.81          0     331696
sde               0.00         0.00         0.00          0          0
//可以通过 iostat 看到 3 块磁盘均有数据写入
```

小结

✓ 条带化还是非常有优势的，可以针对 I/O 密集型的应用或数据库进行单独的创建，可以提升整体的性能。

2.5 数据处理

2.5.1 数据迁移

数据迁移是 LVM 的基础功能，在不用关机的情况下可以迁移逻辑卷的数据到一个新的磁盘，并且不会出现数据丢失。该功能是将数据从旧磁盘移动到新磁盘。通常只是在一些磁盘发生错误时，才将数据从一个磁盘迁移到另外一个磁盘存储。

2.5.2　LVM数据迁移实例

1. 测试环境

测试环境如表2-2所示。

2. 测试内容

在不关机、不损伤数据的情况下在线更换磁盘，使用sdd1替换sdb1和sdc1。

3.数据迁移实例

（1）确认当前设备信息。

```
[root@lvm-host ~] # dd if=/dev/cdrom of=/test/cdrom-1.img
[root@lvm-host ~]# dd if=/dev/cdrom of=/test/cdrom-2.img
//用光盘做的模拟数据
[root@lvm-host ~]# df -Th | grep test
/dev/mapper/Book-testlv ext4       20G   17G  2.5G  87% /test

[root@lvm-host ~]# lvdisplay -m /dev/Book/testlv
--- Logical volume ---
LV Path                /dev/Book/testlv
LV Name                testlv
VG Name                Book
...
--- Segments ---
Logical extents 0 to 2558:
Type               linear
Physical volume     /dev/sdb1
Physical extents    0 to 2558
Logical extents 2559 to 5119:
Type               linear
Physical volume     /dev/sdc1
Physical extents    0 to 2560
//testlv逻辑卷大小为20GB，由两块磁盘支撑（sdb1和sdc1）
```

（2）确认LV内的数据md5值，完成迁移后通过md5值进行完整性校验。

```
[root@lvm-host ~]# cd /test/
[root@lvm-host test]# ls
cdrom-1.iso  cdrom-2.iso  lost+found
```

```
[root@lvm-host test]# md5sum cdrom-1.iso
d23eab94eaa22e3bd34ac13caf923801  cdrom-1.iso
[root@lvm-host test]# md5sum cdrom-2.iso
d23eab94eaa22e3bd34ac13caf923801  cdrom-2.iso
//md5 值是一样的，因为这些数据是从相同光盘 dd 复制出来的
```

（3）添加新的磁盘到 VG 卷组。

```
[root@lvm-host test] # pvcreate /dev/sdd1
[root@lvm-host test]# vgextend Book /dev/sdd1
[root@lvm-host test]# vgs
VG     #PV #LV #SN Attr   VSize   Vfree
Book     3   1   0 wz--n-  <59.99g <39.99g
//VG 的 PV 数量已经由 2 变更为 3
```

（4）查看当前 testlv 的分布情况。

```
[root@lvm-host test]# lvs -o+devices
LV     VG     Attr       LSize       ...             Devices
testlv Book   -wi-ao---- 20.00g                       /dev/sdb1(0)
testlv Book   -wi-ao---- 20.00g                       /dev/sdc1(0)
```

（5）LVM 镜像替换法，使用 lvconvert 命令将数据从旧逻辑卷迁移到新驱动器。

```
[root@lvm-host test]# lvconvert -m 1 /dev/Book/testlv /dev/sdd1
Are you sure you want to convert linear LV Book/testlv to raid1 with 2 images
enhancing resilience? [y/n]: y
Logical volume Book/testlv successfully converted.
```

（6）查看镜像比例（当前完成 16.08%，100%即完成）。

```
[root@lvm-host test]# lvs -o+devices
LV     VG     Attr       LSize  ... Cpy%Sync Convert Devices
testlv Book   rwi-aor--- 20.00g ...  16.08   testlv_rimage_0(0),testlv_
rimage_1(0)
```

（7）镜像比例达到 100%之后，移除镜像卷（sdd1 的磁盘空间必须足够大）。

```
[root@lvm-host test]# lvconvert -m 0 /dev/Book/testlv /dev/sdb1
Are you sure you want to convert raid1 LV Book/testlv to type linear losing
all resilience? [y/n]: y
Logical volume Book/testlv successfully converted.

[root@lvm-host test]# lvs -o+devices
LV     VG     Attr       LSize  ...        Devices
testlv Book   -wi-ao---- 20.00g              /dev/sdd1(1)
```

（8）进行验证。

```
[root@lvm-host /]# umount /test/
[root@lvm-host /]# mount /dev/Book/testlv /test/
[root@lvm-host /]# cd /test
[root@lvm-host test]# md5sum cdrom-1.iso
d23eab94eaa22e3bd34ac13caf923801  cdrom-1.iso
[root@lvm-host test]# md5sum cdrom-2.iso
d23eab94eaa22e3bd34ac13caf923801  cdrom-2.iso
//卸载后重新挂载并做验证
```

（9）数据安全后，将sdb1和sdc1从VG卷组中移除。

```
[root@lvm-host test]# vgs
VG     #PV #LV #SN Attr   VSize   Vfree
Book     3   1   0 wz--n-  <59.99g <39.99g
```

查看VG发现有3个PV设备，现在可以将闲置的PV从VG中移除：

```
[root@lvm-host test]# vgreduce /dev/Book /dev/sdb1
Removed "/dev/sdb1" from volume group "Book"
[root@lvm-host test]# vgreduce /dev/Book /dev/sdc1
Removed "/dev/sdc1" from volume group "Book"

[root@lvm-host test]# vgs
VG     #PV #LV #SN Attr   VSize   Vfree
Book     1   1   0 wz--n-  <30.00g <10.00g        //仅剩余1个PV设备
```

2.5.3 PVMOVE在线更换磁盘

如果生产环境中的LVM磁盘损坏，但是又没有宕机，而恰巧“主机支持硬盘热插拔，操作系统内核支持硬盘热插拔”，这时可以使用PVMOVE进行磁盘更换。

（1）查看原来的物理卷情况。

```
[root@lvm-host test]# pvs
PV         VG     Fmt  Attr PSize    Pfree
/dev/sdd1  Book   lvm2 a--   <30.00g <10.00g
```

（2）将sde1加入卷组。

```
[root@lvm-host test]# vgextend Book /dev/sde1
```

```
Volume group "Book" successfully extended
```

（3）查看状态，进行替换。

```
[root@lvm-host test]# pvs
PV         VG    Fmt  Attr PSize   Pfree
/dev/sdd1  Book  lvm2 a--  <30.00g <10.00g
/dev/sde1  Book  lvm2 a--  <40.00g <40.00g

[root@lvm-host test]# pvmove /dev/sdd1
/dev/sdd1: Moved: 0.02%
/dev/sdd1: Moved: 5.39%
...
/dev/sdd1: Moved: 84.71%
/dev/sdd1: Moved: 100.00%
```

（4）可以移除原来那块硬盘（分区）了。

```
[root@lvm-host test]# vgreduce Book /dev/sdd1
Removed "/dev/sdd1" from volume group "Book"
```

（5）将闲置硬盘（分区）从PV中删除。

```
[root@lvm-host test]# pvremove /dev/sdd1
Labels on physical volume "/dev/sdd1" successfully wiped.
```

小结

✓ 在生产环境中镜像法很常用，经常会用来替换有问题的磁盘，或者对磁盘进行升级，例如将SAS设备升级为SSD设备，这样系统就不用重新部署，数据也不用“搬家”。

2.6 灾难恢复

2.6.1 灾难的划分

对于文件系统来讲，最大的灾难无非就是数据丢失，造成数据丢失的原因不外乎“人为原因”和“自然灾难”。

人为的原因往往是误操作导致数据丢失或无法恢复数据，而自然灾难大多是硬件自身的问题所导致的，例如断电、线缆问题、磁盘坏道等。

2.6.2 如何预防

- ✓ 企业一般会采用同城双中心，或者二地三中心的架构来多地备份数据，最大限度地防止自然灾害，同时企业内部也有较为规范的操作流程，可以有效地控制人为误操作发生的概率。
- ✓ 对于个人，那就只有“备份”“多备份”！
- ✓ 其实 LVM 的某些故障并不是完全不可抢救的，LVM 自身提供了较为完备的数据备份和还原工具，在故障发生时，可以最大限度地减少数据损失。

2.6.3 LVM 逻辑卷故障——灾难恢复实例

逻辑损坏的原因往往是多种多样的，例如人为的误操作，机房或主机的不正常掉电。然而这些损坏并非不可逆的（大多数可修复），为了宝贵的数据，无论如何也要抢救一下。

1. 测试环境

测试环境如表 2-2 所示。

2. 测试内容

（1）模拟逻辑卷故障进行灾难恢复。

（2）PV 的损坏和修复。

3. 逻辑卷（标签丢失）

（1）测试环境的磁盘及文件系统状况。

```
    [root@lvm-host ~]# pvs
    PV         VG     Fmt  Attr PSize    Pfree
    /dev/sdb1  Book   lvm2 a--   <10.00g <10.00g
    /dev/sdc1  Book   lvm2 a--   <20.00g <10.00g
    [root@lvm-host ~]# vgs
    VG     #PV #LV #SN Attr   VSize    Vfree
    Book     2   1   0 wz--n-   29.99g 19.99g
    [root@lvm-host ~]# lvs
    LV     VG     Attr       LSize  Pool Origin Data%  Meta%  Move Log Cpy%Sync
Convert
    testlv Book   -wi-ao---- 10.00g
```

（2）模拟删除 LVM2 标签，PV 将报错（仅清除 lvm lable）。

```
[root@lvm-host ~]# dd if=/dev/zero of=/dev/sdb1 bs=512 count=1 seek=1
[root@lvm-host ~]# pvs -partial
PARTIAL MODE. Incomplete logical volumes will be processed.
WARNING: Device for PV qtE2Lf-Uj1W-HoWf-lMsy-5CFK-lhpa-Nw1JEq not found or
rejected by a filter.
PV         VG     Fmt  Attr PSize    Pfree
/dev/sdc1  Book   lvm2 a--   <20.00g <10.00g
[unknown]  Book   lvm2 a-m   <10.00g <10.00g
//使用“pvs”命令查看的时候已经出现 unknown 设备提示
```

（3）查看逻辑卷信息，并尝试备份数据。

```
[root@lvm-host ~]# lvs
WARNING: Device for PV qtE2Lf-Uj1W-HoWf-lMsy-5CFK-lhpa-Nw1JEq not found or
rejected by a filter.
LV     VG    Attr       LSize  Pool Origin Data%  Meta%  Move Log Cpy%Sync
Convert
testlv Book  -wi-ao---- 10.00g
```

通过 lvs 查看状态时逻辑卷还存在，尝试是否可以挂载抢救数据。

```
[root@lvm-host ~]# mount -o ro -o remount  /dev/Book/testlv /test
//使用 tar 或其他备份手段进行备份
```

（4）尝试进行恢复（原磁盘修复）。

进行 PV 修复：

```
[root@lvm-host test]# pvcreate -ff --uuid qtE2Lf-Uj1W-HoWf-lMsy-5CFK-\
lhpa-Nw1JEq --restorefile /etc/lvm/backup/Book /dev/sdb1
Couldn't find device with uuid qtE2Lf-Uj1W-HoWf-lMsy-5CFK-lhpa-Nw1JEq.
WARNING: Device for PV qtE2Lf-Uj1W-HoWf-lMsy-5CFK-lhpa-Nw1JEq not found or
rejected by a filter.
Physical volume "/dev/sdb1" successfully created.

[root@lvm-host test]# pvs
PV         VG     Fmt  Attr PSize    Pfree
/dev/sda2  centos lvm2 a--  <127.00g   4.00m
/dev/sdb1  Book   lvm2 a--   <10.00g <10.00g
/dev/sdc1  Book   lvm2 a--   <20.00g <10.00g
//PV 修复后可以成功查看
```

恢复成功，对卷组进行恢复：

```
[root@lvm-host test]# vgcfgrestore -f /etc/lvm/backup/Book Book
```

```
Restored volume group Book
[root@lvm-host test]# vgchange -ay Book
1 logical volume(s) in volume group "Book" now active

[root@lvm-host test]# mount -o remount  /dev/Book/testlv /test
...
[root@lvm-host test]# touch 123file
//可以查看到以前的数据，并且写入新数据成功
```

（5）尝试进行恢复（替换磁盘修复）。

```
[root@lvm-host /]# pvcreate /dev/sde1
[root@lvm-host test]# pvcreate -ff --uuid qtE2Lf-Uj1W-HoWf-lMsy-5CFK-\
lhpa-Nw1JEq --restorefile /etc/lvm/backup/Book /dev/sde1
//使用 sde1 替换 sdb1，然后还原 vg 信息...
```

默认情况下在/etc/lvm/backup文件中保存元数据备份，在/etc/lvm/archive文件中保存元数据归档。可使用vgcfgbackup命令手动将元数据备份到/etc/lvm/backup文件中。

建议备份/etc/lvm目录，并且将其保存在其他归档主机中，如果LVM有改动，则及时更新备份。备份命令可以使用vgcfgbackup，也可以使用lvmdump，推荐使用lvmdump。

小结

✓ 如果需要移除缺失的物理卷，可以使用LVM提供的vgreduce--removemissing来删除卷组中所有缺失的物理卷。

✓ 如果是root分区损坏，则一定要进入rescue模式进行抢救，可能会抢救成功。

✓ 如果要在两个系统间移动LVM，则一定要遵守以下步骤（不常用）：

（1）停止卷组工作：vgchange -an /dev/Book。

（2）导出LVM信息：vgexport/dev/Book。

（3）将磁盘移动到其他系统。

（4）扫描PV：pvscan。

（5）导入VG：vgimport/dev/Book。

（6）激活卷组：vgchange -ay /dev/Book。

第 3 章 CentOS 7 集群构建

3.1 Pacemaker 基础

3.1.1 CentOS 7 中的 Cluster

CentOS 6 上支持的 RHCS 组件包主要有 Cman（心跳管理）、luci+ricci（配置工具）、Rgmanager（资源管理），通过图形化配置相当简单。

自 CentOS 7 开始，系统已经不再集成 RHCS 套件，并且在 rpmfind 上也找不到支持 CentOS 7 的 RHCS 组件包了。在 CentOS 7 中默认采用 Corosync（心跳管理）、Pacemaker（资源管理）、PCS（配置工具）同样可以构建 HA 集群，配置方法较之前有很大区别，但是集群的原理相同。

3.1.2 Pacemaker 集群类型

1. 主备模式

主备模式如图 3-1 所示。

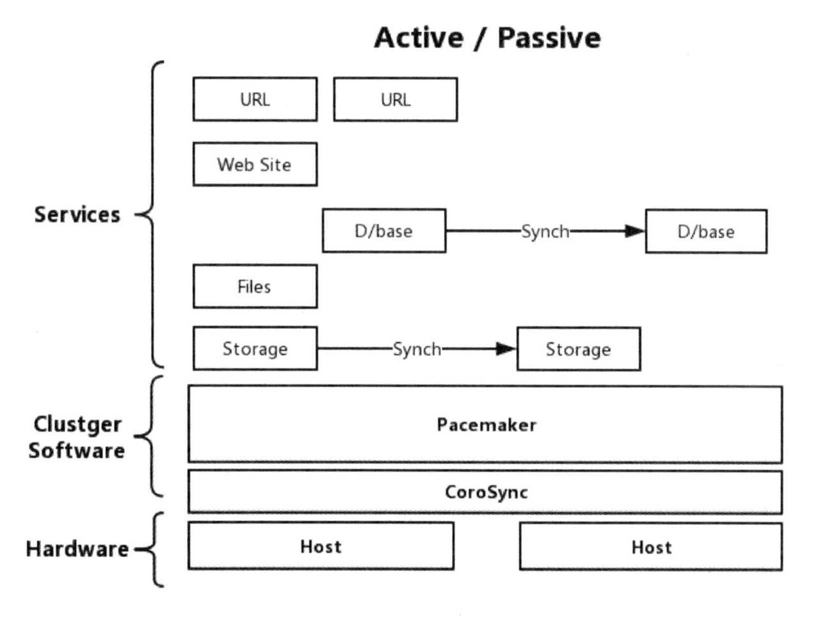

图 3-1

主备模式是生产环境的经典架构，可惜的是会浪费一台主机（随时待命，白白浪费资源），但是对于关键业务必须要有这样的保障机制。当主机 Active 出现问题时，集群资源会切换到 Passive 主机去运行。

2. 多节点模式 *N*+1

多节点模式 *N*+1 如图 3-2 所示。

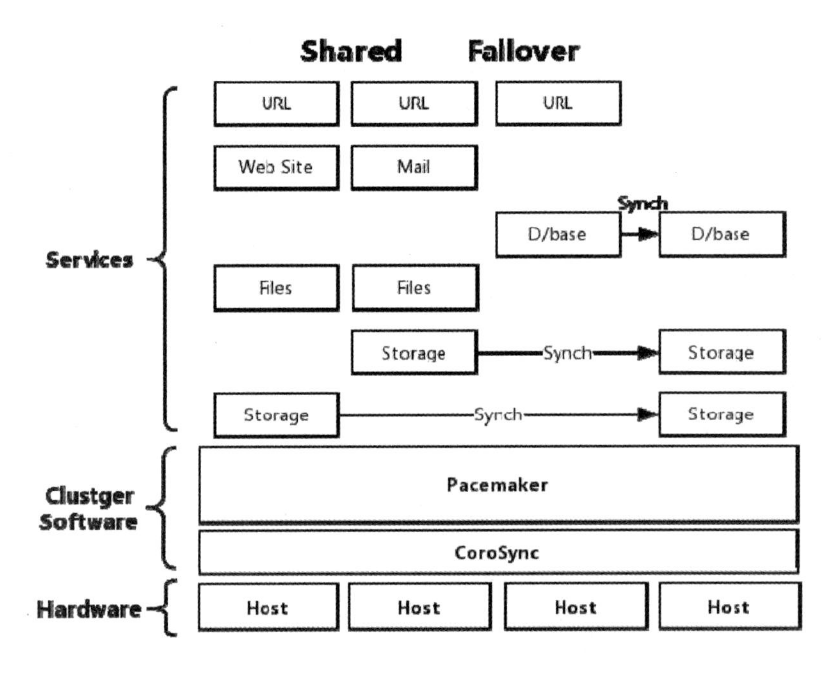

图 3-2

该模式支持多节点集群，可以让很多服务共享一个备份节点，大大节省资源，生产系统会将一个项目中需要集群的 3 个服务运行在 4 个节点的集群上，一旦某个节点出现问题，服务就迁移到备份节点上运行，等主机恢复了，再切换回来，或者将该主机作为其他主机的备份资源。

3. Actice/Active *N* to *N*

Actice/Active *N* to *N* 如图 3-3 所示。

该模式使用共享存储配合集群文件系统 OCFS 或 GFS2 可以同时运行多个服务，每个节点都可以用于互相切换。

小结

✓ 本节讲解了 PCS 集群的架构和不同模式，在不同的环境和条件限制下会使用不同的集群模式，生产环境中使用最多的是“主备模式”，后续会以实例的形式讲解生产环境中常用的集群配置。

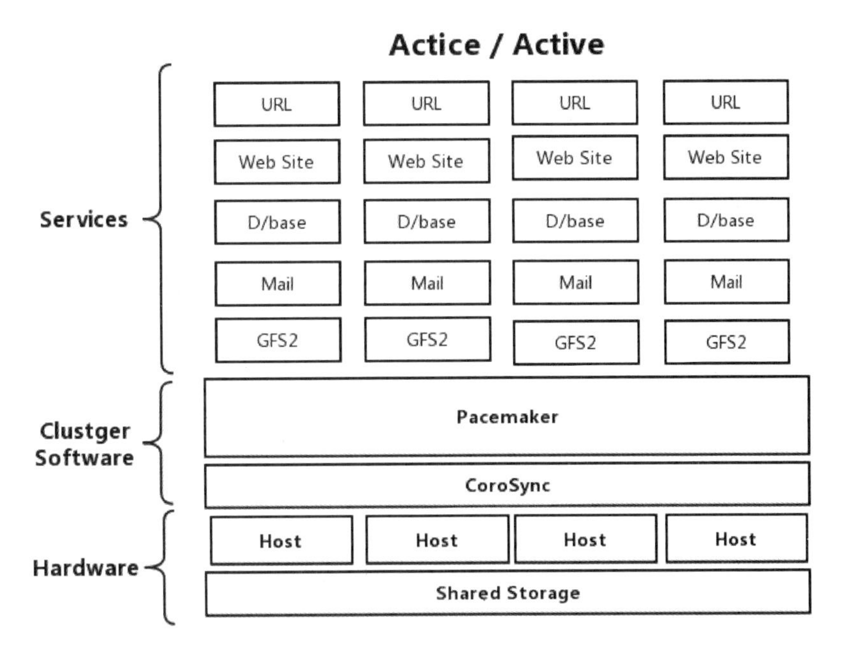

图 3-3

3.2　PCS-2 集群的创建

本节重点以实例的形式讲解 PCS 的集群安装配置，以及常见的问题分析和处理。

1. Cluster 实例

Cluster 实例如图 3-4 所示。

实例采用生产常用配置，涵盖多种故障测试和恢复的技术点。

2. 测试环境

测试环境如表 3-1 所示。

3. 测试内容

（1）完成集群安装并创建集群。

（2）完成相关集群测试和故障恢复。

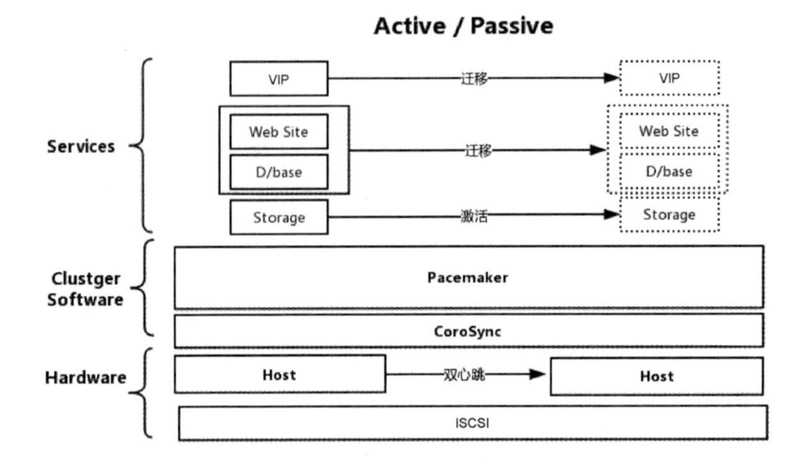

图 3-4

表 3-1

系统版本	磁盘数量	网卡数量	IP 地址	主机名称	虚拟化	备注
CentOS 7.4	2Vdisk	3	192.168.56.101（VIP 网络） 192.168.57.3（心跳 1）192.168.58.3 （ISCSI 存储网络，模拟心跳 2）	node1	Vbox	集群节点 1
CentOS 7.4	2Vdisk	3	192.168.56.102（VIP 网络） 192.168.57.4（心跳 1）192.168.58.4 （ISCSI 存储网络，模拟心跳 2）	node2	Vbox	集群节点 2
CentOS 7.4	2Vdisk	1	192.168.58.5（ISCSI 网络）	ISCSI	Vbox	模拟 ISCSI 设备

4. 前置条件

（1）设置主机名，名称分别为 node1 和 node2。

```
#hostnamectl set-hostname node1 //192.168.56.101
#hostnamectl set-hostname node2 //192.168.56.102
```

（2）关闭防火墙或添加相应规则（主机 node1 和 node2 都执行该操作）。

关闭防火墙：

```
#systemctl  stop firewalld
#systemctl  disable firewalld
```

添加规则（如果防火墙已经关闭则无须配置）：

```
# firewall-cmd --permanent --add-service=high-availability
# firewall-cmd --add-service=high-availability
```

TCP：端口 2224、3121、21064

UDP：端口 5405

DLM（如果使用附带 clvm/GFS2 的 DLM 锁管理器）：端口 21064

（3）关闭 SELinux（node1 和 node2 都执行该操作）。

```
#vim /etc/selinux/config
 SELINUX= enforcing
```

更改为

```
SELINUX=disabled
```

（4）设置主机对应表（主机 node1 和 node2 都执行该操作）。

```
#vim /etc/hosts
```

添加的内容如下（写心跳对应的 IP 地址）：

```
 192.168.57.3   node1
 192.168.57.4   node2
 192.168.58.5   ISCSI
```

（5）重启系统生效配置，然后接入系统。

主机 node1 和 node2 都执行 reboot，重启。

5. ISCSI 配置

ISCSI 配置是实例的一部分，只是简单搭建起来供集群实例使用，生产中很少使用，生产环境的 HA 集群会直接使用 SAN 提供的存储。

（1）前置条件。

✓ 关闭防火墙并设置开机不启动。

✓ 关闭 SELinux。

✓ 修改对应的主机名（注意 hosts 文件添加的是 192.168.58 网络）。

（2）安装和配置服务器。

安装软件包：

```
[root@ISCSI ~]# yum -y install targetcli
```

启动服务器：

```
[root@ISCSI ~]# systemctl start target
[root@ISCSI ~]# systemctl enable target
```

（3）分区并创建 ISCSI 共享设备。

分区，无须格式化（得到设备 sdb1）：

```
[root@ISCSI ~]# fdisk /dev/sdb
```

建立存储块：

```
[root@ISCSI ~]# targetcli
```

使用命令行创建存储：

```
/> /backstores/block create cluster_vol1 /dev/sdb1
```

配置 ISCSI Target 命名：

```
/> /iscsi create iqn.2018-02.com.mwdserver:iscsimwd1
```

创建 LUN：

```
/> /iscsi/iqn.2018-02.com.mwdserver:iscsimwd1/tpg1/luns create /backstores/
block/cluster_vol1
```

创建 ACLs（iqn.2018-02.com.example:client1 和 iqn.2018-02.com.example:client2 是客户端名称标识）：

```
/> cd /iscsi/iqn.2018-02.com.mwdserver:iscsimwd1/tpg1/acls
/iscsi/iqn.20...wd1/tpg1/acls> create iqn.2018-02.com.example:client1
/iscsi/iqn.20...wd1/tpg1/acls> create iqn.2018-02.com.example:client2
```

设置账户和密码（账户和密码都是 test）：

```
/iscsi/iqn.20...wd1/tpg1/acls> cd iqn.2018-02.com.example:client1/
/iscsi/iqn.20...ample:client1> pwd
/iscsi/iqn.2018-02.com.mwdserver:iscsimwd1/tpg1/acls/iqn.2018-02.com.
example:client1
/iscsi/iqn.20...ample:client1> set auth userid=test
Parameter userid is now 'test'.
/iscsi/iqn.20...ample:client1> set auth password=test
Parameter password is now 'test'.
```

IP 地址与端口：

```
/> cd /iscsi/iqn.2018-02.com.mwdserver:iscsimwd1/tpg1/portals/
/iscsi/iqn.20.../tpg1/portals> ls
o- portals ........................................ [Portals: 1]
o- 0.0.0.0:3260 ................................... [OK]
```

如果没有开放则使用以下命令创建或修改端口：

```
/> /iscsi/iqn.2018-02.com.mwdserver:iscsimwd1/tpg1/portals create 192.168.
58.5:3260
```

退出并保存：

```
/iscsi/iqn.20.../tpg1/portals> exit
Global pref auto_save_on_exit=true
Last 10 configs saved in /etc/target/backup.
Configuration saved to /etc/target/saveconfig.json
```

（4）重启服务。

```
[root@ISCSI ~]# systemctl restart target
```

6. ISCSI 接入集群

（1）集群节点成员挂载 ISCSI。

node1 和 node2 节点安装 ISCSI 客户端：

```
# yum -y install iscsi-initiator-utils
```

（2）配置 ISCSI Initiator 名称。

修改 iqn 名称：

```
[root@node1 ~]#vim /etc/iscsi/initiatorname.iscsi
InitiatorName=iqn.2018-02.com.example:client1
[root@node2 ~]#vim /etc/iscsi/initiatorname.iscsi
InitiatorName=iqn.2018-02.com.example:client1
```

（3）设置验证账户和密码。

node1 和 node2 节点执行：

```
# vim /etc/iscsi/iscsid.conf
node.session.auth.authmethod = CHAP
node.session.auth.username = test
node.session.auth.password = test
```

找到如上 3 行，去掉注释，并写入正确的账户和密码。

（4）启动 ISCSI 服务并设置为开机启动。

node1 和 node2 节点执行：

```
# systemctl start iscsi
# systemctl enable iscsi
```

（5）查找 ISCSI 设备。

node1 和 node2 节点执行：

```
# iscsiadm -m discovery -t sendtargets -p 192.168.58.5:3260
```

（6）登录 ISCSI 设备。

node1 和 node2 节点执行：

```
 # iscsiadm -m node -login
 Logging in to [iface: default, target: iqn.2018-02.com.mwdserver:iscsimwd1,
portal: 192.168.58.5,3260] (multiple)
 Login to [iface: default, target: iqn.2018-02.com.mwdserver:iscsimwd1,
portal: 192.168.58.5,3260] successful.
```

开机自动挂载 ISCSI：

```
 # iscsiadm -m node -T iqn.2018-02.com.mwdserver:iscsimwd1  \
-p 192.168.58.5:3260 -o update -n node.startup -v automatic
```

（7）在 node1 和 node2 节点确认 ISCSI 磁盘。

```
[root@node1 ~]# lsblk
NAME           MAJ:MIN RM  SIZE RO TYPE MOUNTPOINT
...
sdb              8:16   0    8G  0 disk
sdc              8:32   0    8G  0 disk
sr0             11:0    1 57.5M  0 rom
```

ISCSI 挂载的磁盘是 sdc。

7. Cluster 的安装

（1）安装 PCS 软件。

node1 和 node2 节点执行：

```
# yum install pcs fence-agents-all
```

（2）确定 Fence 所需软件是否存在。

node1 和 node2 节点执行：

```
# rpm -qa | grep fence
fence-agents-rhevm-4.0.2-3.el7.x86_64
fence-agents-ilo-mp-4.0.2-3.el7.x86_64
fence-agents-ipmilan-4.0.2-3.el7.x86_64
...
```

（3）如果需要使用 Cluster LVM 和 GFS，则可以安装如下软件包。

node1 和 node2 节点执行：

```
# yum install lvm2-cluster gfs2-utils
```

8. Cluster Web UI

（1）node1 和 node2 节点执行以下代码，为 hacluster 用户设置密码。

```
#passwd hacluster
```

（2）node1 和 node2 节点执行以下代码，启动 PCS，设置为开机自动启动。

```
# systemctl start pcsd.service  //页面访问
# systemctl enable pcsd.service
```

（3）配置节点之间的相互认证。

集群内任意节点执行即可：

```
[root@node1 ~]# pcs cluster auth node1 node2
Username: hacluster
Password:
node1: Authorized
node2: Authorized
```

（4）访问 Web UI，双侧主机 IP 地址均可。

```
https://192.168.56.101:2224/login
```

认证账户为 hacluster。

需要注意的是，这里会有证书问题，笔者使用的是 FireFox 浏览器，可以在浏览器访问页面出现证书问题时选择“例外”，然后继续进行访问。如果使用的是 Windows 的 IE 浏览器，则需要将证书安装后才可访问成功。登录界面如图 3-5 所示。

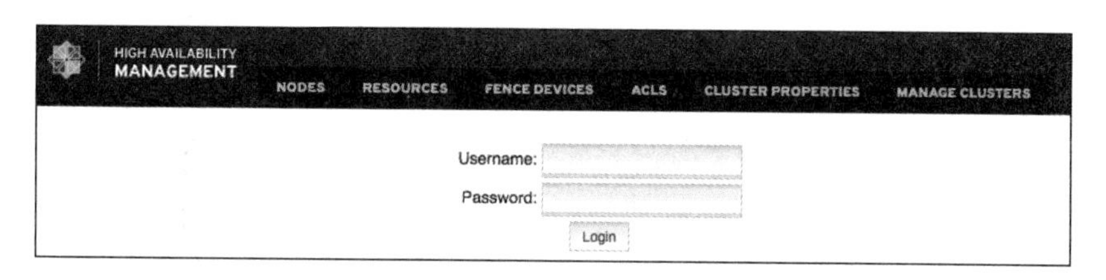

图 3-5

（5）登录成功后，可见主面板（如图 3-6 所示）。

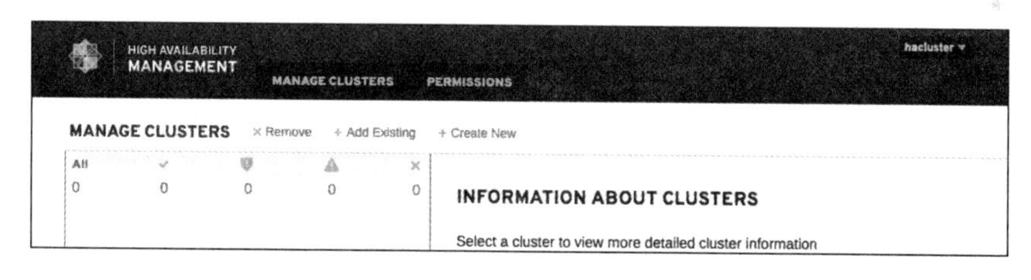

图 3-6

9. 创建新集群

（1）创建集群（如图 3-7 所示）。

选择“Create New”，然后设置“Cluster Name”，添加节点主机名（节点主机名需要在/etc/hosts 中进行相互映射，切记/etc/hosts 添加的是私网 IP 地址），集群内部通过私有网络进行通信，切勿和对外服务 IP 地址混杂在一起。

创建完成后可以勾选创建的集群名称并查看详细信息。

在命令行创建：

```
# pcs cluster setup --name TestCluster  node1 node2
```

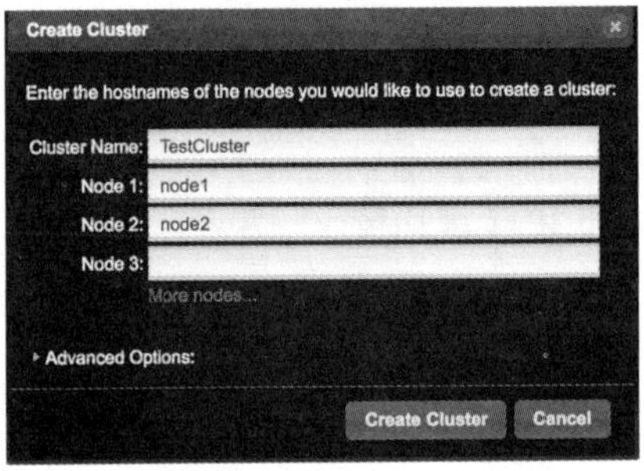

图 3-7

PCS 在执行以上命令时会产生 corosync.conf 文件，这个配置文件是集群的核心配置，重装系统时建议读者做好这个配置文件的备份。

（2）开启集群（如图 3-8 所示）。

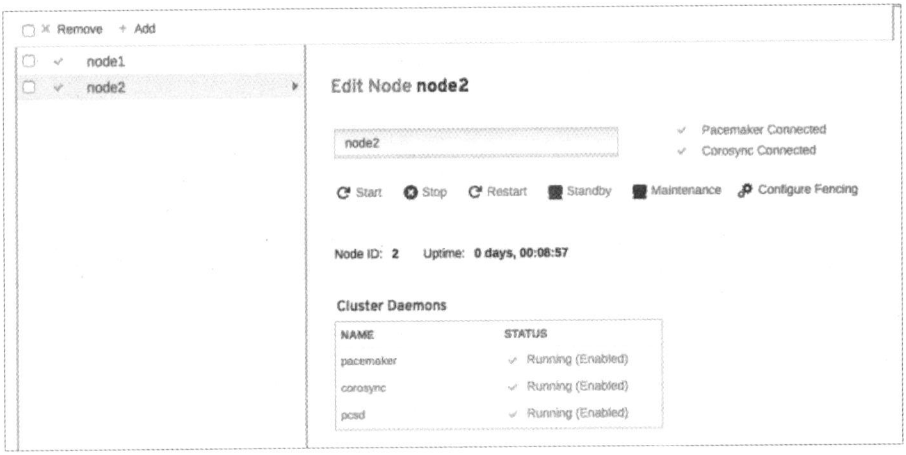

图 3-8

单击创建的集群名称（TestCluster），在 node1 和 node2 节点上可以启动集群。

在命令行启动集群：

```
# pcs cluster start --all  //开启集群
# pcs cluster enable --all  //设置集群自动启动
//这是一个只有双主机的集群，其实这是一个特殊的集群，可以参考集群的投票原理
```

集群投票原理：在一个集群中，当有 1/2 以上的节点存活时，这个集群就认为自己拥有绝对的能力支撑工作，是“合法”的。计算方法如下：

公式：total_nodes < 2 × active_nodes

4 个节点计算：

✓ 每个节点 1 票，总票数为 4，即 total_nodes 为 4。

✓ 4 个节点存活即 total_nodes(4) < 2 ×active_nodes(4) = 4<2×4。

✓ 3 个节点存活即 4<2×3，依然“合法”，继续工作。

✓ 2 个节点存活即 4<2×2，不满足条件，集群处于“非法”状态，停止工作。

根据上述理论，双节点的集群中只有当两者全部在线时才是“合法”的，这个规则会让“双节点集群”毫无意义，所以“双节点的 HA”是一个特殊的集群模式，需要控制 Pacemaker 发现集群达不到票数时的行为。

在两个节点的情况下设置以下值（忽略 quorum 票数）。

命令行修改集群投票：

```
# pcs property set no-quorum-policy=ignore
```

同时开启集群故障时的服务迁移：

```
# pcs resource defaults migration-threshold=1
```

集群默认检测到创建的节点如果是双节点，则自动设置该参数，如果是集群扩容或缩容后的节点，则需要手动对该参数进行设置。

（3）确认集群状态。

参考图 3-8，注意所有集群组件的状态全部为 Running，这里有一个小提示，初始化完成后 Pacemaker Connected 可能会有 1min 左右的未连接状态，等待片刻即可。

在命令行确认集群状态：

```
[root@node1 ~]# pcs cluster status
Cluster Status:
Stack: corosync
Current DC: node1 (version 1.1.16-12.el7_4.7-94ff4df) - partition with quorum
Last updated: Wed Feb  7 15:30:39 2018
Last change: Wed Feb  7 15:06:08 2018 by hacluster via crmd on node2
2 nodes configured
0 resources configured
PCSD Status:
node1: Online
node2: Online
```

在命令行检查配置文件：

```
[root@ywdb2 ~]#  crm_verify -L -V  //没有提示即为正常
```

若出现下列错误，需要暂时关闭 stonith：

```
[root@node1 ~]# crm_verify -L -V
error: unpack_resources:   Resource start-up disabled since no STONITH resources have been defined
error: unpack_resources:   Either configure some or disable STONITH with the stonith-enabled option
error: unpack_resources:   NOTE: Clusters with shared data need STONITH to ensure data integrity
Errors found during check: config not valid
```

在命令行关闭 stonith：

```
# pcs property set stonith-enabled=false
//该处也可以单击“Cluster Properties”，选择取消“Stonith Enabled”选项
```

10. 添加 resource

（1）添加 resource（VIP），如图 3-9 所示。

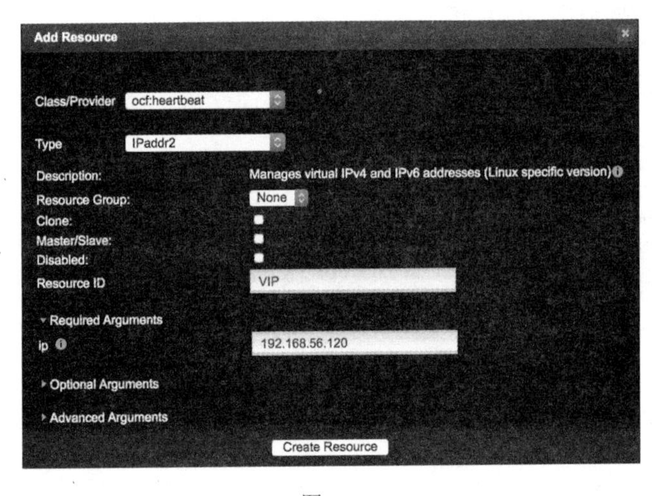

图 3-9

单击面板上的“resources→Add”，Class 选择“ocf:heartbeat”，Type 选择“IPaddr2”，在 resource ID 处输入资源名称，最后写入 IP 地址（VIP，要与对外提供服务的 IP 地址在同一个网段），单击“Create Resource”。

VIP 理解为浮动 IP 地址，即集群服务对外提供给客户访问的 IP 地址。

在命令行创建资源：

```
#pcs resource create VIP ocf:heartbeat:IPaddr2\
 ip=192.168.56.120 cidr_netmask=24 op monitor interval=30s
```

（2）添加 resource（LVM）。

在 ISCSI 设备（sdc）上创建 LVM（一侧创建，另一侧同步）。

```
[root@node1 ~]# fdisk /dev/sdc  //分区不格式化
[root@node1 ~]# partx -a /dev/sdc  //刷新分区
[root@node1 ~]# pvcreate /dev/sdc1
[root@node1 ~]# vgcreate ClusterVG /dev/sdc1
[root@node1 ~]# lvcreate -L +4G -n data ClusterVG
[root@node1 ~]# mkfs.ext4 /dev/ClusterVG/data
```

配置 LVM，设置 locking_type 为 1，设置 use_lvmetad 为 0，禁用 lvmetad 服务。

```
[root@node1 ~]# lvmconf --enable-halvm --services -startstopservices

[root@node1 ~]# vgs --noheadings -o vg_name
ClusterVG
Centos
[root@node1 ~]# vim /etc/lvm/lvm.conf
//查找 volume_list 关键字，并取消注释，修改如下：
volume_list = [ "centos" ]
```

在重建 initramfs 时，为避免内核启动时集群卷组自动激活，而将集群逻辑卷交于集群管理（务必执行后再重启）。

```
# dracut -H -f /boot/initramfs-$(uname -r).img $(uname -r)
//如果出现错误，记得在 rescue 模式下进行修复

[root@node1 ~]# reboot //node1 和 node2 主机重启
//在 node1 和 node2 上使用 lvs 指令都能检测到 data 这个逻辑卷
```

添加 LVM，如图 3-10 所示。

此处的 LVM 是通过 Web 添加的，一定要将 exclusive 的 false 参数改为 true。

在命令行创建资源：

```
# pcs resource create TestLVM LVM volgrpname=ClusterVG exclusive=true
//LVM 大写为资源类型
```

（3）添加 resource（Filssystem）（TestLVM -ext4）。

使用 lvscan 查看当前 LV 在哪个主机上是活跃状态，对 LV 进行分区，该操作可在集群中的任意节点执行。

```
[root@node2 ~]# lvscan
ACTIVE            '/dev/ClusterVG/data' [4.00 GiB] inherit
[root@node1 ~]# lvscan
```

```
inactive          '/dev/ClusterVG/data' [4.00 GiB] inherit
[root@node2 ~]# mkfs.ext4 /dev/ClusterVG/data
```

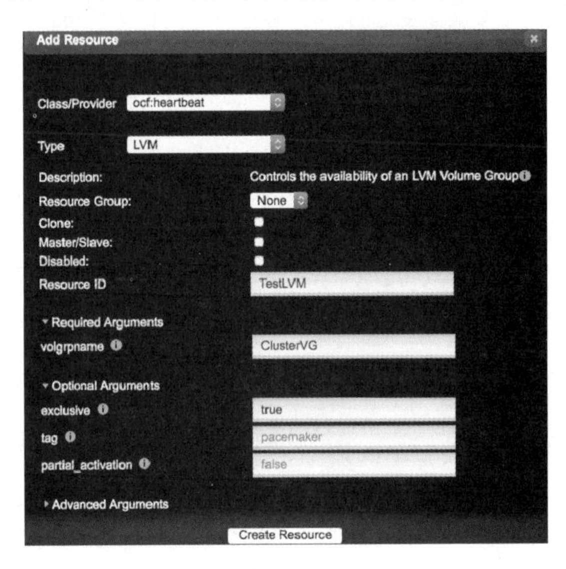

图 3-10

创建挂载目录，node1 和 node2 都要创建。

```
# mkdir /datadir
```

通过界面操作创建挂载，如图 3-11 所示。

在命令行创建资源：

```
#pcs resource create datafile Filesystem \
device="/dev/ClusterVG/data" directory="/datadir" fstype="ext4"
```

文件系统有时是无法正常工作的，因为文件系统是在 LVM 上建立的，所以当 LVM 工作在 node2，而集群把这个文件系统分配到 node1 上时，这个问题就出现了。所以这里需要使用后续章节的 service group 来进行顺序绑定。

11. 创建 service group

单击“Create Group”按钮创建 service group，在“Group Name”栏输入内容，如图 3-12 所示。注意“Change order of resources”这部分，调整先后顺序，最上面是最先执行的，依次类推。

添加策略的思路如下：

（1）IP 资源为优先启动。

（2）先配置 LVM 的资源，再激活 VG 资源。

（3）FileSystem 资源必须在 LVM 资源激活后才能挂载。

（4）启动脚本的资源需要放到最后。

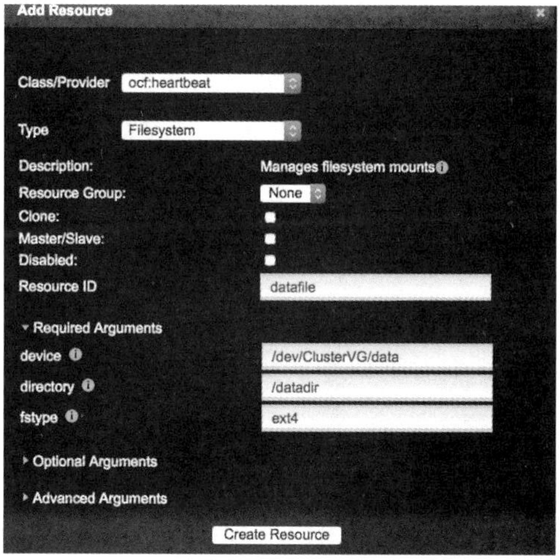

图 3-11

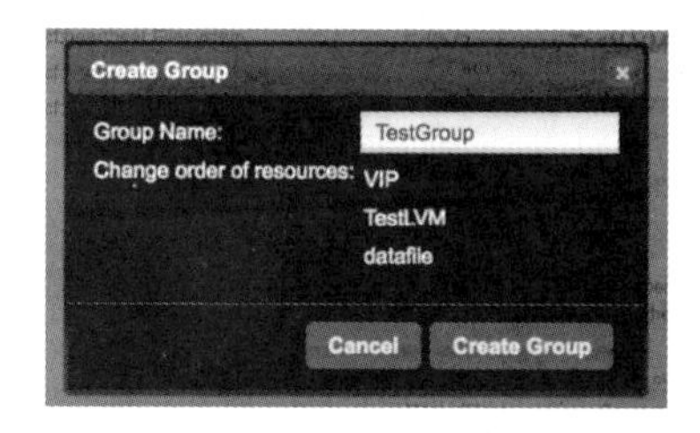

图 3-12

从底层向上排序为 LVM→filesystem→start shell。至于 IP 资源，应该放到启动脚本之前。

在命令行创建资源组：

```
# pcs resource group add TestGroup VIP TestLVM datafile
```

在命令行确认资源组顺序是否正确：

```
[root@node2 ~]# pcs status
Cluster name: TestCluster
...
Resource Group: TestGroup
VIP (ocf::heartbeat:IPaddr2):   Started node1
TestLVM     (ocf::heartbeat:LVM):   Started node1
datafile    (ocf::heartbeat:Filesystem):    Started node1
...
```

小结

✓ 本节的主要内容是熟悉 HA 的配置方法和指令，无论命令还是 Web 界面，本节所讲的内容都是基本内容，在整个集群章节中是非常重要的，在生产中也是最常用的。建议 Web 配置和命令行都要掌握。

3.3 PCS-3 故障模拟和恢复

本节的重点是模拟实际生产环境中可能出现的常见故障，以实例的形式对 PCS 集群进行修复和加固，熟悉 PCS 集群中常见问题的分析方法和处理方式，本章的实验环境同 3.2 节一致。

3.3.1 断开 VIP 网络，模拟集群切换

（1）断开 VIP 网络，即外网 IP——集群中的浮动 IP 地址。

在命令行确认集群状态：

```
[root@node2 ~]# pcs status
Cluster name: TestCluster
......
Resource Group: TestGroup
VIP (ocf::heartbeat:IPaddr2):   Started node1
TestLVM (ocf::heartbeat:LVM):   Started node1
datafile    (ocf::heartbeat:Filesystem):   Started node1
......
```

断开 VIP 网络。

```
//这个环境要模拟断开 VIP 网络，可以在虚拟机上把对应的网卡“down”掉
//实例环境是在 node1 上运行的，所以在 node1 的虚拟机上“down”掉对应网卡
[root@node2 ~]# pcs status
Resource Group: TestGroup
VIP (ocf::heartbeat:IPaddr2):   Started node2
TestLVM (ocf::heartbeat:LVM):   Started node2
datafile(ocf::heartbeat:Filesystem):   Started node2

Failed Actions:
* VIP_start_0 on node1 'unknown error' (1): call=59, status=complete,
exitreason='Unable to find nic or netmask.',
```

```
last-rc-change='Wed Feb  7 17:56:14 2018', queued=0ms, exec=38ms

//集群检测到 VIP 资源“down”掉后，会报出 FAILED 状态，应用的运行模式由 stoping 状态转到 stoped 状态，node2 节点的应用模式由 starting 状态转到 started 状态，正式启用
```

当应用全部在 node2 上运行时，断开外部网络，此时即使 node1 恢复了，应用也不会切换到 node1 上。因为在集群的记录中，node1 的 VIP 网络是坏的，除非使用 clear 指令来清除记录，但是在实际生产环境中，管理员不可能实时关注集群状态，所以需要一个策略来实现 clear 清除的自动化。

参数 failure-timeout 用于设置失效多少秒后可以回切资源到失效的主机：

```
#pcs resource meta VIP failure-timeout=30    //单位为秒
#pcs resource meta TestLVM failure-timeout=30
#pcs resource meta datafile failure-timeout=30
```

在图形界面上设置 failure-timeout 参数时，单击“Add”进行设置即可，如图 3-13 所示。

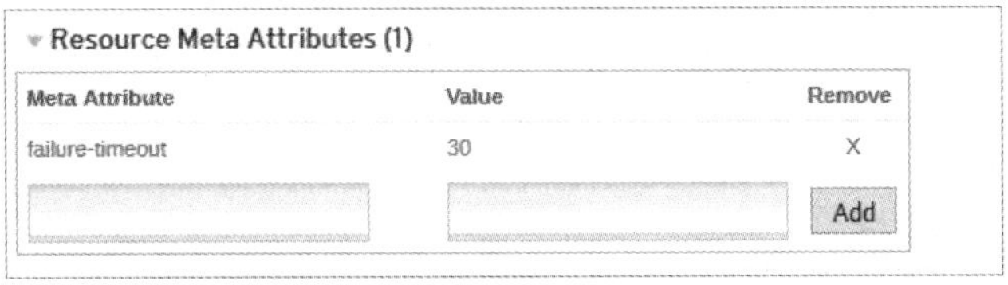

图 3-13

将所有网络恢复到最初无故障状态，再断开网络，重复上述实验，耐心等待 30 秒。

3.3.2　如何解决回切问题（主机恢复后，VIP 回归到原主机）

上述实例中设置了 clear 策略，主机会在故障恢复后一定时间内回切到原主机，这将产生一个很头疼的问题。例如，node1 坏掉，服务切换到 node2 上工作，如果 1 分钟后 node1 恢复正常了，服务会切换回 node1 上工作。这种服务回切的动作，在实际生产的环境中是不可取的，因为回切服务并不符合生产稳定运行的准则，除非有特殊的需求，比如主机配置差异，资源总是倾向于在 node1 上运行。所以需要某个参数来限制回切服务这个动作，即使故障主机恢复，也不进行回切。

在 node1 恢复后，为了防止 node2 资源迁回 node1（应用服务在集群节点间互相切换，会让对外提供服务的业务系统有短暂的中断，对业务有一定影响），可以执行以下操作：

```
# pcs resource defaults resource-stickiness=100
```

参数 resource-stickiness 表示资源对主机的黏贴性。

这里设置的 defaults 参数，作用就是使服务切换到哪就在哪运行，不回切

界面设置启动优先级，如图 3-14 所示：

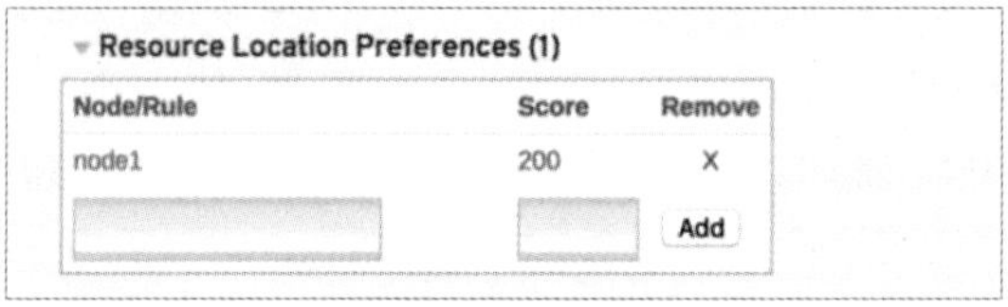

Resource Location Preferences (1)

Node/Rule	Score	Remove
node1	200	X
		Add

图 3-14

在 Web 界面勾选资源组，进入资源组的参数配置界面，可以配置资源组启动优先级。

命令行设置资源启动优先级：

```
# pcs constraint location TestGroup prefers node1=200
//指定 node1 优先启动 TestGroup
```

crm_simulate -sL 或 pcd config show 的作用是查看资源启动优先级的数值，集群业务优先在该数值高的节点上运行。

命令行查看资源启动优先级：

```
[root@node1 ~]# crm_simulate -sL
Allocation scores:
group_color: TestGroup allocation score on node1: 200
group_color: TestGroup allocation score on node2: 0
```

3.3.3 断开心跳测试（脑裂的防范）

脑裂：沿用上述双节点实例，将心跳网络断开，会发生脑裂现象，那么脑裂现象是什么现象呢？

正常情况下，node1 和 node2 使用心跳方式检测对方是否存在。当检测不到对方时，就接管对应的 resource。如果 node1 和 node2 之间的心跳不存在，那么 node1 和 node2 都认为自己是“active”的，对方是存在故障的。这时 node1 要接管 node2 的 resource，同理 node2 要接管 node1 的 resource，这就是脑裂（Split-Brain）现象。

脑裂会破坏数据的完整性，主要表现为集群节点同时访问同一存储设备，进行读写操作，而此时并没有锁机制来控制数据访问，数据将会出现完整性问题。（GFS 文件系统是多节点同时读写操作的集群文件系统，可以避免上述问题，但是普通文件系统会出现完整性问题。）

模拟脑裂：

在上述实例中，模拟将心跳网络断开，即“down”掉心跳网卡，使用 pcs status 命令查看

node1 和 node2 的主机信息。

node1 主机信息：

```
Online: [ node1 ]
OFFLINE: [ node2 ]
Resource Group: TestGroup
VIP (ocf::heartbeat:IPaddr2):  Started node1
TestLVM (ocf::heartbeat:LVM):  Started node1
datafile(ocf::heartbeat:Filesystem):   Started node1
```

node2 主机信息：

```
Online: [ node2 ]
OFFLINE: [ node1 ]
Resource Group: TestGroup
VIP       (ocf::heartbeat:IPaddr2):Started node2
TestLVM    (ocf::heartbeat:LVM):   Started node2
datafile   (ocf::heartbeat:Filesystem):   Started node2
```

以上是经典的脑裂状态，双方都无法感知对方，认为对方“死掉”了，节点之间发生资源争抢。

在本实例状态下，如果恢复心跳，则 LVM 进入 blocked 状态，无法恢复集群，而且集群也无法重启，这时可以尝试关闭主机，然后一个一个启动，切勿同时启动。

如何预防脑裂呢？

（1）将心跳网络设置为 bond 的 active 模式和 backup 模式。

这个方法可以采用，但它不是最优的方法。

（2）创建“Fence”设备。

最优的方法就是通过创建“Fence”设备来预防脑裂，一旦脑裂，Fence 会将一端主机强制关机或重启，这取决于我们对 Fence 动作的设置，从根本上避免了双侧同时使用资源的可能。

（3）创建双心跳方案。

其实双心跳方案和 active/backup 网络有异曲同工之处，也是常用的解决方案之一。

3.3.4　双心跳

（1）配置冗余环协议（RRP）。

使用 pcs cluster setup 命令创建集群时，可以使用冗余环协议，通过为每个节点同时指定两个接口来配置集群。

例如，下面的命令配置了两个节点的双心跳网络，node1 上有 2 个网络用于心跳通信，IP

地址分别为 192.168.57.3 和 192.168.58.3，node2 上也有 2 个网络用于心跳通信，IP 地址分别为 192.168.57.4 和 192.168.58.4，如果需要组成双心跳，则执行以下命令：

```
# pcs cluster setup --name rrp_cluster node1,node1-1 node2,node2-1
```

（2）添加双心跳。

对 node1 和 node2 节点进行添加：

```
#vim /etc/corosync/corosync.conf
```

在 totem {}定义：

```
rrp_mode: passive  #默认为 none，修改为 passive 才可以支持两个网段
nodelist {
node{
ring0_addr:node1         //node1 为第一个心跳
ring1_addr:node1-1  //node1-1 为第二个心跳
}
node{
ring0_addr: node2   //node2 为第一个心跳
ring1_addr: node2-1  //node2-1 为第二个心跳
}
    }
```

（3）修改 host 表的对应关系（添加补全）。

在 node1 和 node2 节点上的/etc/hosts 文件中添加对应关系：

```
# vim /etc/hosts
 192.168.57.3   node1
 192.168.57.4   node2
 192.168.58.5     ISCSI
 192.168.58.3    node1-1
 192.168.58.4    node2-1
```

（4）集群认证。

```
[root@node1 ~]# pcs cluster auth node1-1 node2-1
Username: hacluster
Password:
node1-1: Authorized
node2-1: Authorized
```

出现以下显示表示认证成功，重启集群：

```
pcs cluster stop -all
pcs cluster start --all
```

3.3.5 stonith 设置（Fence 设置）

Fence 是负责集群中某节点发生故障后，果断使其关机、重启及卸载集群资源的一种机制，大多数采用硬件设备提供的设置，例如 hp ilo、ibm ipmi、rsa 及 dell drac5/6。

（1）通过下面的命令打开 Fence 设备的设置。

```
[root@node2 ~]# pcs property set stonith-enabled=true
```

（2）查看本系统支持的 Fence 设备。

```
[root@node2 ~]# pcs stonith list
```

（3）查看即将使用的 Fence 设备的相关信息。

```
[root@node2 ~]# pcs stonith describe fence_ipmilan
```

//实际环境中，fence_ipmilan 必须要加 lanplus="true"参数

（4）生产环境中的初始配置文件 stonith_cfg。

```
[root@node2 ~]# pcs cluster cib stonith_cfg
```

（5）为两侧主机配置 Fence。

```
[root@node2 ~]# pcs -f stonith_cfg stonith create ipmi-fence-node11 \
                fence_ipmilan lanplus="true" pcmk_host_list="node1"\
                pcmk_host_check="static-list"\
                action="reboot" ipaddr="192.168.133.129"\
                login=USERID passwd=password op monitor interval=60s
 [root@node2 ~]# pcs -f stonith_cfg stonith create ipmi-fence-node22\
                fence_ipmilan lanplus="true" pcmk_host_list="node2"\
                pcmk_host_check="static-list"\
                action="reboot" ipaddr="192.168.133.131"\
                login=USERID passwd=password op monitor interval=60s
```

解释：创建一个名为 ipmi-fence-node11 的 Fence 设备名称，用于 node1 的 Fence，pcmk_host_check="static-list"的功能是将 node1 与 192.168.133.129 对应，同样 node2 的对应 Fence 名称为 ipmi-fence-node22。

（6）检查 stonith_cfg 中 stonith 的配置信息。

```
# pcs -f stonith_cfg stonith
```

（7）上文关闭了 stonish，现在开启 stonish。

```
# pcs -f stonith_cfg property set stonith-enabled=true
```

（8）检查 stonith_cfg 中 stonith 是否已经开启。

```
# pcs -f stonith_cfg property
```

（9）将 stonith_cfg 写入 cib.xml。

```
# pcs cluster cib-push stonith_cfg
```

（10）测试 Fence。

```
//node2 上测试 Fence 是否成功
# stonith_admin --reboot node1
//node1 上测试 Fence 是否成功
# stonith_admin --reboot node2
```

当看到主机重启的时候，这部分也就完成了。建议在虚拟机模拟环境中关掉 Fence 配置，如果是 Vmware Vsphere 环境，则配置相对应的 Vmware Fence；如果是 KVM，则使用 KVM Fence 配置。

图形界面配置如图 3-15 所示。

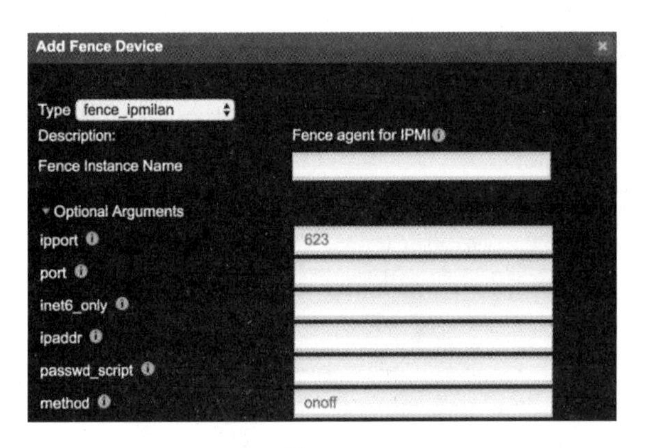

图 3-15

3.3.6 备份和恢复集群

执行下面的命令，将当前集群的配置文件备份成 tarball 文件。如果未指定文件名，则使用标准输出作为文件名。

```
# pcs config backup filename
```

执行下面的命令，可以在所有节点恢复集群配置。如果没有指定文件名，则使用标准输入。使用--local 选项则只会恢复当前节点中的文件。

```
# pcs config restore [--local] [filename]
```

小结

➢ 本节重点讲解了集群中出现的常见故障和修复方法，简单介绍了集群切换和脑裂。在实际环境中可能会出现更加复杂的集群问题，会用到书中没有讲到的各种配置参数，所以还请参考官方的PCS参数。

3.4 PCS——DB2+Web

现今对外服务的应用层面大部分都已经使用负载均衡的模式，很少会用HA，但是在数据库中仍然广泛使用，所以这里也是用数据库来举例。当然，无论DB2还是MySQL，或者其他数据库，它们也都有自身的HA方案，笔者更习惯用系统的HA方案。

3.4.1 DB2 HA配置

1. node节点安装配置

安装DB2软件的时候一定要注意，DB2数据库软件需要安装在集群节点的相同的路径中，并且集群节点内对应DB2账户的UID和GID都需要一致，如果出现偏差，则切换就会出现问题。

（1）查看cluster基础环境配置。

```
[root@node2 ~]# pcs status
Resource Group: TestGroup
VIP (ocf::heartbeat:IPaddr2):   Started node2
TestLVM (ocf::heartbeat:LVM):   Started node2
datafile(ocf::heartbeat:Filesystem):   Started node2
```

（2）上传DB2安装软件到HA主机并在双侧主机进行解压。

```
#tar xvf v9.7fp3_25384_linux64_server.tar.gz
```

（3）创建DB2所需账户。

```
# groupadd db2grp
# groupadd db2fgrp
# groupadd dasadm
# useradd -m -g db2grp -d /home/db2inst -s /bin/bash db2inst
# useradd -m -g db2fgrp -d /home/db2fenc -s /bin/bash db2fenc
# useradd -m -g dasadm -d /home/dasusr -s /bin/bash dasusr
```

（4）为DB2账户设置密码。

```
# passwd db2inst
# passwd db2fenc
# passwd dasusr
```

（5）安装。

```
#cd ~/server //server 为 DB2 解压出来的目录
#./db2_install
#默认安装路径
#输入 ESE
```

（6）DB2 License。

```
#cd /opt/ibm/db2/V9.7/adm
# ./db2licm -a /mnt/db2install/db2/license/db2ese_t.lic
//如果没有 License 授权，那么可以跳过该步骤
```

（7）创建 DAS 和数据库实例。

```
# cd /opt/ibm/db2/V9.7/instance
# ./dascrt -u dasusr
# ./db2icrt -p 50001 -u db2fenc db2inst
```

（8）更改 DB2 库文件默认目录。

```
#su - db2inst
$db2 get dbm cfg  //获得当前 DB2 配置
.........
Default database path                        (DFTDBPATH) = /home/db2inst
.........
$ db2 update dbm cfg using DFTDBPATH /datadir    //更改到共享存储
```

下列操作在集群任意节点执行，本实例在 node2 下操作。

（9）设置共享存储权限。

```
#chown -R db2inst.db2grp /datadir
```

（10）创建范例数据库。

```
# su - db2inst
$ db2sampl
......
'db2sampl' processing complete.
```

（11）查看并连接范例数据库。

```
$ db2 list db directory
.......
Database 1 entry:

Database alias                       = SAMPLE
Database name                        = SAMPLE
Local database directory               = /dbdata
```

```
Database release level                = d.00
Comment                              =
Directory entry type                  = Indirect
Catalog database partition number     = 0
…….

$db2start

$db2 connect to sample
……
Database server        = DB2/LINUXX8664 9.7.3
SQL authorization ID   = DB2INST
Local database alias   = SAMPLE
```

（12）迁移集群资源组 db2group 到 node1。

```
# pcs constraint location TestGroup  prefers node1=INFINITY
//迁移资源组
```

（13）数据库编目。

在 node1 节点上执行如下命令：

```
# su - db2inst
$ db2 catalog  db sample on /datadir
```

（14）启动数据库并进行连接测试。

在 node1 节点上执行如下命令：

```
$db2start
$db2 connect to sample
……
Database server        = DB2/LINUXX8664 9.7.3
SQL authorization ID   = DB2INST
Local database alias   = SAMPLE
```

（15）迁移完成后一定不要忘记把迁移策略取消，把管理权交还给集群。

```
# pcs constraint show
# pcs constraint remove location-TestGroup-node1-INFINITY
```

2. DB2 加入集群

（1）先停止 node1 和 node2 主机上的 DB2 数据库，通过集群控制 DB2 的启动和停止。

```
#su - db2inst
$db2stop force
```

（2）编写 DB2 的启动和停止脚本（要附带检查状态）。

```
//脚本比较简单，读者可以继续完善
//脚本一定要放到/etc/init.d/目录中，并且权限为 755
#!/bin/sh
# chkconfig: 2345 99 01
# processname:IBMDB2
# description:db2 start

DB2_HOME="/home/db2inst/sqllib"
DB2_OWNER="db2inst"

case "$1" in
start )
echo -n "starting IBM db2"
su - $DB2_OWNER -c $DB2_HOME/adm/db2start
touch /var/lock/db2
echo "ok"
RETVAL=$?
;;

status)
ps -aux | grep db2sysc | grep -v grep
RETVAL=$?
;;

stop )
echo -n "shutdown IBM db2"
su - $DB2_OWNER -c $DB2_HOME/adm/db2stop force
rm -f /var/lock/db2
echo "ok"
RETVAL=$?
;;
restart|reload)
$0 stop
$0 start
RETVAL=$?
;;
*)
```

```
  echo "usage:$0 start|stop|restart|reload"
  exit 1

  esac
  exit $RETVAL
# chmod 755 /etc/init.d/db2.sh
```

（3）添加 resource 资源，在 Web 页面添加（脚本在/etc/init.d/中），如图 3-16 所示。

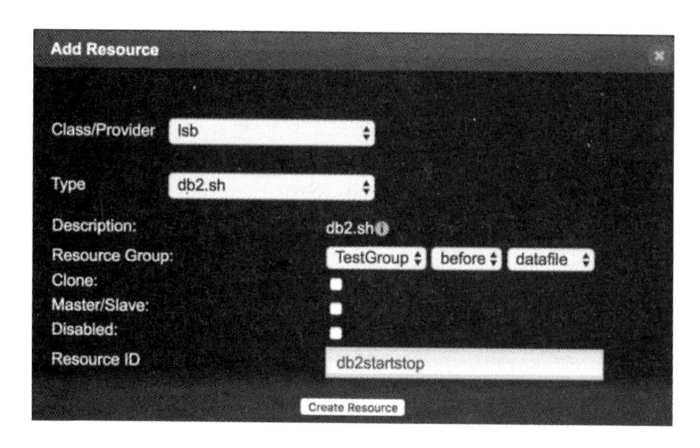

图 3-16

注意：选择在 datafile 之后启动脚本。

在命令行添加资源：

```
# pcs resource create db2startstop lsb:db2.sh
# pcs resource group add TestGroup db2startstop
```

Web 界面如图 3-17 所示。

图 3-17

注意：一定要注意资源顺序，DB2 的启动脚本一定在文件系统挂载之后执行，单击“Update group”按钮，等待更新完成。

在命令行设置资源失败计数器：

```
 # pcs resource meta db2startstop migration-threshold=1
# pcs resource meta db2startstop  failure-timeout=30
```

```
//migration-threshold=1:规定在失败多少次后，将资源移动到一个新节点
//failure-timeout=30: 失效多少秒后可以回切资源到失效的主机
```

Web 界面配置如图 3-18 所示。

▾ Resource Meta Attributes (2)

Meta Attribute	Value	Remove
migration-threshold	1	X
failure-timeout	30	X
		Add

图 3-18

3. DB2 切换测试

（1）检测条件。

```
# ps -aux | grep db2sysc | grep -v grep
//判断 db2sysc 进程是否存在
```

（2）查看集群状态，然后在资源启动的主机上“kill”db2sysc 进程，进行切换测试。

```
[root@node2 init.d]# pcs status
Resource Group: TestGroup
VIP    (ocf::heartbeat:IPaddr2):   Started node2
TestLVM    (ocf::heartbeat:LVM):   Started node2
datafile   (ocf::heartbeat:Filesystem):   Started node2
db2startstop   (lsb:db2.sh):   Started node2

[root@node2 init.d]# ps -aux | grep db2sysc
db2inst  12309  0.2  4.8 1206932 49488 ?      Sl   17:59   0:00 db2sysc 0
[root@node2 init.d]# kill -9 12309
```

（3）通过查看集群状态，发现 db2 资源组已经切换到 node1 上运行。

```
[root@node1 instance]# pcs status
Resource Group: TestGroup
VIP    (ocf::heartbeat:IPaddr2):   Started node1
TestLVM    (ocf::heartbeat:LVM):   Started node1
datafile   (ocf::heartbeat:Filesystem):   Started node1
db2startstop   (lsb:db2.sh):   Started node1
```

（4）测试连接数据库。

```
[root@node1 instance]# su - db2inst
```

```
[db2inst@node1 ~]$ db2 connect to sample

 Database Connection Information

 Database server        = DB2/LINUXX8664 9.7.3
 SQL authorization ID   = DB2INST
 Local database alias   = SAMPLE
```

3.4.2　Web 集群

DB2 这个实例是利用自建脚本来启动集群服务的，相对复杂一些，但 PCS 提供了很多可构建集群服务的默认资源，使用起来也非常方便。

1. Apache

（1）为 node1 和 node2 节点安装 HTTP 服务。

```
# yum -y install httpd
```

（2）添加 Web 集群虚拟 IP 地址。

```
[root@node2 init.d]# pcs resource create webvip \
                    ocf:heartbeat:IPaddr2 ip="192.168.56.190"\
                     cidr_netmask=32 op monitor interval=30s
[root@node2 init.d]# pcs resource meta webvip failure-timeout=30
[root@node2 init.d]# pcs resource meta webvip  migration-threshold=1
```

（3）设置 WebServer 资源。

```
[root@node2 init.d]# pcs resource create WebServer \
                      ocf:heartbeat:apache httpd="/usr/sbin/httpd"\
                      configfile="/etc/httpd/conf/httpd.conf" statusurl=\
                      "http://localhost/server-status" \
                      op monitor interval=1min
[root@node2 init.d]# pcs resource meta WebServer failure-timeout=30
[root@node2 init.d]# pcs resource meta WebServer  migration-threshold=1
```

（4）添加资源到 group 组。

```
[root@node2 init.d]#  pcs resource group add HttpServer webvip WebServer
```

（5）配置 httpd 资源 statusurl，node1 和 node2 节点都要添加配置文件，操作如下。

```
# cat > /etc/httpd/conf.d/status.conf << EOF
<Location /server-status>
SetHandler server-status
```

```
Order deny,allow
Deny from all
Allow from localhost
</Location>
EOF
```

（6）设置 Web 页面，node1 和 node2 节点都要添加首页文件，操作如下。

```
#cat <<-END >/var/www/html/index.html
<html>
<body>Hello ywdb1</body>
</html>
END
```

本例采用本地磁盘，以便让读者看清楚切换效果，实际生产环境可以利用上面已有的 ISCSI+LVM 模式进行共享磁盘设置，挂载到/var/www/html/，这样无论切换到哪个主机都会看到相同的页面。

（7）切换测试。

```
[root@node2 init.d]# pcs status
Resource Group: HttpServer
webvip  (ocf::heartbeat:IPaddr2):   Started node2
WebServer   (ocf::heartbeat:apache):    Started node2

 [root@node2 init.d]# pcs constraint location HttpServer prefers \
                    node1=INFINITY

[root@node2 init.d]# pcs status
Resource Group: HttpServer
webvip  (ocf::heartbeat:IPaddr2):   Started node1
WebServer   (ocf::heartbeat:apache):    Started node1

//将管理权限交还给集群
[root@node2 init.d]# pcs constraint remove \
                  location-HttpServer-node1-INFINITY
```

在实际生产环境中，已经很少用 HA 来保障 Web 应用了，大部分通过 LVS 来实现负载 Web 应用，只有数据库或 CRM 之类的系统仍然使用 HA。

小结

✓ DB2 的实例是使用自定义脚本创建集群，实际环境中 PCS 集群软件并不能提供足够的范例资源，所以有时候也要发挥创造精神，扩展自己的思路。

✓ Apach 的实例采用集群范例资源的启动和管理模式，也是为了体验一下集群软件的方便易用性。

3.5　PCS HA（NFS+DRBD）

3.5.1　背景介绍

生产环境中某些前端应用做了负载均衡或关联了批量任务，因此会涉及多台主机需要能够读取同一个文件夹下的某些文件，例如 Web 前端的静态页面文件。

其实这个问题可以使用集中的 NAS 存储来解决，但是使用 NAS 存储会有如下两个较为突出的问题：

（1）增加额外的高额存储成本。

（2）如果集中的 NAS 存储自身承载了太多的系统进行并行读写，那么往往会出现读写瓶颈。

结合上述分析，成本是一个问题点，如果成本允许，直接使用 NAS 存储即可完美地解决。但是，如果成本有约束，就需要找到较为折中的解决方案。

其实深入想一下，需求无非就是需要所有的主机上的某个磁盘下或某个目录的内容一致。所以这个需求可以使用 NFS 共享存储来解决，创建 NFS 共享，所需节点挂载使用，采用廉价的 NFS 完美地解决了前面的成本问题。但 NFS 是一个单点存储，如果出现问题，将导致业务瘫痪。

继续分析，如何解决单点问题？

（1）监控——当发现主 NFS 存储系统宕机后，管理人员手工进行处理，这是非常不理智的做法。

（2）通过 HA 在 2 台或多台主机之间自动切换 NFS 服务，确保对外 7×24 小时提供服务。

在使用 HA 解决了 NFS 单点问题的基础上继续分析，这么多台主机如果进行 NFS 服务切换，如何保障 NFS 服务所共享出去的目录数据的一致性？

（1）采用集中存储 SAN 或 NAS，显然，这又让问题回到了原点，如果真的愿意支付高额的成本，那么也就不需要费力来想这个问题的解决方案了。

（2）采用 DRBD，将每个 HA 节点的 NFS 数据磁盘进行同步，这样既省去了额外存储的成本，也满足了生产的需求。

注意：这里是为了讲解集群的案例，其实可以绕过 NFS 直接使用 DRBD 将多个主机之间的数据同步，也是可以解决文件一致性问题的。

范例架构如图 3-19 所示。

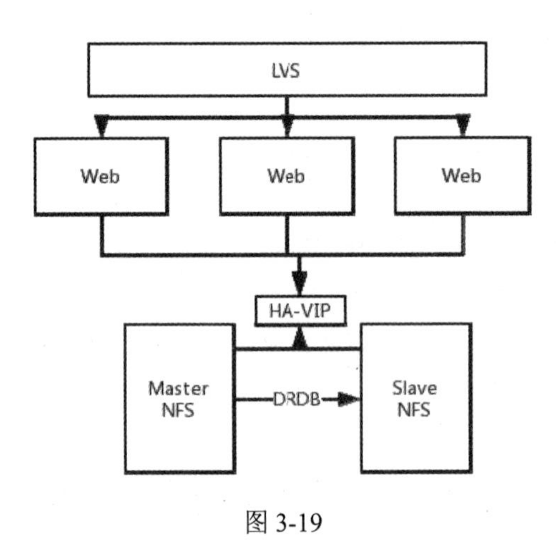

图 3-19

3.5.2 DRBD+NFS+PCS 配置实例

1. 实例图

DRBD+NFS+PCS 实例如图 3-20 所示。

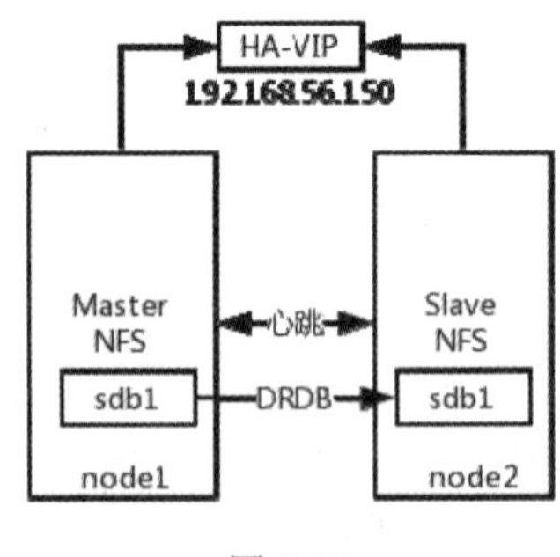

图 3-20

2. 试验环境

试验环境如表 3-2 所示。

表 3-2

系统版本	磁盘数量	网卡数量	IP 地址	主机名称	虚拟化	备注
CentOS 7.4	2Vdisk	3	192.168.56.101（VIP 网络） 192.168.57.3（心跳 1） 192.168.58.3（ISCSI 存储网络，模拟心跳 2）	node1	Vbox	集群节点 1
CentOS 7.4	2Vdisk	3	192.168.56.102（VIP 网络） 192.168.57.4（心跳 1） 192.168.58.4（ISCSI 存储网络，模拟心跳 2）	node2	Vbox	集群节点 2

3. 测试内容

（1）完成 DRBD 安装和配置，使 node1 和 node2 主机具备 DRDB 同步数据能力。

（2）完成集群 NFS+DRBD+PCS 的切换。

4. DRBD 的安装和配置

（1）安装 YUM 源和 DRBD 软件。

node1 和 node2 主机进行 DRDB 安装：

```
# rpm --import http://elrepo.org/RPM-GPG-KEY-elrepo.org
# rpm -Uvh http://www.elrepo.org/elrepo-release-7.0-3.el7.elrepo.noarch.
rpm
# yum -y install drbd84-utils kmod-drbd84
```

（2）DRBD 配置（fdisk 分区 sdb，出现 sdb1）。

集群所有节点编写 DRBD 配置：

```
[root@node1 drbd.d]# vi /etc/drbd.d/nfsdata.res
 resource data {
 on node1{
    device    /dev/drbd1;                     //DRBD 的设备名称
    disk      /dev/sdb1;                 //对应物理磁盘，sdb1 不需要格式化
    address    192.168.57.3:7789;          //通信的地址和端口
    meta-disk internal;
    }
 on node2{
    device    /dev/drbd1;
    disk      /dev/sdb1;
    address   192.168.57.4:7789;
```

```
        meta-disk internal;
        }
    }
    //书写配置文件，注意去掉“//”和中文注释
```

初始化设备，在 node1 和 node2 主机上执行以下命令。

```
# drbdadm create-md  data -c /etc/drbd.conf //中途提示输入“yes”
```

启动 DRBD 和开机启动。

```
[root@node2 ~]# systemctl restart drbd.service
[root@node2 ~]# systemctl enable drbd.service
```

查看启动后的状态，双侧状态都为 secondary，因为没有设置主设备，所以这个状态还不能使用。

```
[root@node2 ~]# cat /proc/drbd
version: 8.4.10-1 (api:1/proto:86-101)
GIT-hash: a4d5de01fffd7e4cde48a080e2c686f9e8cebf4c build by mockbuild@,
2017-09-15 14:23:22
 1: cs:SyncTarget ro:Secondary/Primary ds:Inconsistent/UpToDate C r-----
    ns:0 nr:211980 dw:211980 dr:0 al:8 bm:0 lo:0 pe:0 ua:0 ap:0 ep:1 wo:f
oos:8175312
    [>....................] sync'ed:  2.6% (7980/8188)M
    finish: 0:12:29 speed: 10,908 (8,832) want: 16,440 K/sec
//注意此处，双侧主机都是 Secondary/Secondary，需要设置一个主节点
```

设置主设备（node1 为主）。

```
[root@node1 ~]# drbdadm primary --force  data -c /etc/drbd.conf
```

查看 DRBD 同步。

```
[root@node2 ~]# cat /proc/drbd
version: 8.4.10-1 (api:1/proto:86-101)
GIT-hash: a4d5de01fffd7e4cde48a080e2c686f9e8cebf4c build by mockbuild@,
2017-09-15 14:23:22
 1: cs:SyncTarget ro:Secondary/Primary ds:Inconsistent/UpToDate C r-----
    ns:0 nr:267616 dw:267616 dr:0 al:8 bm:0 lo:0 pe:0 ua:0 ap:0 ep:1 wo:f
oos:8119676
    [>....................] sync'ed:  3.3% (7928/8188)M
    finish: 0:10:24 speed: 12,984 (9,908) want: 18,400 K/sec
//多次查看，直到同步完成
```

（3）DRBD 常用操作指令。

状态查看：

```
[root@node1 ~]# drbdadm status
```

```
[root@node2 ~]# drbd-overview
```

查看配置文件 dump：

```
[root@node1 ~]# drbdadm dump
```

主节点执行，全部置为 secondary：

```
[root@node1 ~]# drbdadm secondary all
```

设置主节点：

```
[root@node1 ~]# drbdadm primary --force  data -c /etc/drbd.conf
```

切换步骤：

第一步，卸载挂载；第二步，主降级 secondary；第三步，备升级 primary。

```
[root@node1 ~]# drbdadm secondary data
[root@node2 ~]# drbdadm primary data
```

（4）DRBD 脑裂处理流程（仅供参考，数据无价，还请及时备份）。

查看/proc/drbd 文件，确认 drbd 双侧主机状态：

① 主节点的连接状态始终为 StandAlone ，主节点显示备节点为 Unknown。

② 备节点的连接状态始终为 WFConnection。

处理办法（备节点操作）：

```
[root@node2 ~]# drbdadm disconnect data    //断开连接
[root@node2 ~]# drbdadm secondary data    //设置为 secondary 状态
[root@node2 ~]# drbdadm --discard-my-data connect data
//通知 slave，告知 secondary 上的数据不正确，以 primary 上的数据为准
//等待同步结束，在进行修复之前，要先确认是什么问题引起的脑裂，否则问题会更加严重
```

5. PCS 集群配置

（1）创建 DRBD 资源。

创建集群配置：

```
[root@node2 ~]# pcs cluster cib drbd_cfg
```

创建 DRBD 资源，引用 DRBD 的 data 数据源，设定 60 秒监控：

```
[root@node2 ~]# pcs -f drbd_cfg resource create Data \
                ocf:linbit:drbd   drbd_resource=data\
                op monitor interval=60s
```

创建 clone 资源：

```
[root@node2 ~]# pcs -f drbd_cfg resource master DataClone Data \
                master-max=1 master-node-max=1\
                clone-max=2 clone-node-max=1 notify=true
 //创建 clone 资源，master-max=1，可将多少资源副本提升至 master 状态
```

```
//master-node-max=1，在单一节点中可将多少资源副本推广至 master 状态
//clone-max=2，需要多少资源副本方可启动。默认为该集群中的节点数
//clone-node-max=1，需要多少资源副本方可在单一节点中启动
```

更新集群信息：

```
[root@node2 ~]# pcs cluster cib-push drbd_cfg
[root@node2 ~]# pcs status //采用 PCS 集群实例环境，所以会看到多个资源组
Cluster name: TestCluster
2 nodes configured
8 resources configured
Resource Group: TestGroup
    VIP (ocf::heartbeat:IPaddr2):   Started node1
    TestLVM (ocf::heartbeat:LVM):   Started node1
    datafile        (ocf::heartbeat:Filesystem):    Started node1
    db2startstop    (lsb:db2.sh):   Started node1
Resource Group: HttpServer
    webvip  (ocf::heartbeat:IPaddr2):   Started node2
    WebServer   (ocf::heartbeat:apache):    Started node2
Master/Slave Set: DataClone [Data]
    Masters: [ node2 ]
    Slaves: [ node1 ]
```

（2）配置 DRBD 文件系统。

```
[root@node2 ~]# pcs cluster cib fs1_cfg
[root@node2 ~]# pcs -f fs1_cfg resource create\
                 NFS Filesystem device="/dev/drbd1"\
               directory="/nfsdata"  fstype="ext4"
[root@node2 ~]# pcs -f fs1_cfg constraint colocation\
add NFS DataClone INFINITY with-rsc-role=Master
[root@node2 ~]# pcs -f fs1_cfg constraint order promote \
DataClone then start NFS
[root@node2 ~]# pcs -f fs1_cfg constraint
[root@node2 ~]# pcs cluster cib-push fs1_cfg
```

此处需要在 DRBD 的主节点上格式化文件系统。

```
[root@node2 ~]# mkfs.ext4 /dev/drbd1
[root@node2 ~]# pcs status
Master/Slave Set: DataClone [Data]
    Masters: [ node2 ]
    Slaves: [ node1 ]
NFS (ocf::heartbeat:Filesystem):  Started node2
```

（3）DRBD 切换验证。

将当前正在运行的 node2 设置为 standby 模式，通过查看集群状态，显示在 node1 上正常运行。

```
[root@node2 ~]# pcs cluster standby node2
[root@node2 ~]# pcs status
Resource Group: HttpServer
   webvip  (ocf::heartbeat:IPaddr2):  Started node1
   WebServer   (ocf::heartbeat:apache):   Started node1
Master/Slave Set: DataClone [Data]
   Masters: [ node1 ]
   Stopped: [ node2 ]
NFS    (ocf::heartbeat:Filesystem):   Started node1
```

别忘记将主机“unstandby”重置回来：

```
#pcs cluster unstandby node2
```

6. PCS NFS 共享配置

（1）创建 NFS 服务所需的 VIP。

```
[root@node2 ~]# pcs resource create nfs_ip IPaddr2\
                ip=192.168.56.150 cidr_netmask=24
```

（2）将 VIP 和 DRBD 的 MASTER 捆绑运行，否则各自运行在不同机器上就会有问题。

```
[root@node2 ~]# pcs constraint colocation add nfs_ip\
                DataClone INFINITY with-rsc-role=Master
```

（3）将文件系统和 VIP 添加到同一个 group 中，在同一主机中运行。

```
[root@node2 ~]# pcs resource group add nfsshare nfs_ip NFS
```

这样的做法很简单，VIP 和 NFS 在同一 group 中，即可工作在同一主机中，而 DRBD 的 MASTER 不能加入 group，所以要将其和 VIP 捆绑在一个主机中工作，也就是 VIP 和 NFS 文件系统在一起工作，而 VIP 又和 DRBD 在一起工作，这样即可完美地解决 DRBD 不协调导致 NFS 文件系统无法挂起的问题。

（4）创建 NFS daemon 资源共享 NFS 文件夹，并添加到 NFS 其他资源所在的 group 中。

```
[root@node2 ~]# pcs resource create nfs-daemon nfsserver\
                nfs_shared_infodir=/nfsdata \
                nfs_no_notify=true  --group nfsshare
[root@node2 ~]# pcs status
 Master/Slave Set: DataClone [Data]
     Masters: [ node1 ]
```

```
    Slaves: [ node2 ]
 Resource Group: nfsshare
    nfs_ip (ocf::heartbeat:IPaddr2):      Started node1
    NFS    (ocf::heartbeat:Filesystem):   Started node1
    nfs-daemon (ocf::heartbeat:nfsserver):Started node1
```

（5）将共享的目录输出，并定义哪些地址可以访问，以及设置相关权限。

```
[root@node2 ~]# pcs resource create nfs-root exportfs \
                clientspec=* options=rw,sync,no_root_squash\
                directory=/nfsdata fsid=0  --group nfsshare
 [root@node2 ~]# pcs status
 Master/Slave Set: DataClone [Data]
    Masters: [ node1 ]
    Slaves: [ node2 ]
 Resource Group: nfsshare
    nfs_ip (ocf::heartbeat:IPaddr2):  Started node1
    NFS    (ocf::heartbeat:Filesystem):   Started node1
    nfs-daemon (ocf::heartbeat:nfsserver):Started node1
    nfs-root   (ocf::heartbeat:exportfs): Started node1
```

（6）添加 NFS 集群消息通知资源（nfs-notify），source 地址写 VIP 即可。

```
[root@node2 ~]# pcs status
 Master/Slave Set: DataClone [Data]
    Masters: [ node1 ]
    Slaves: [ node2 ]
 Resource Group: nfsshare
    nfs_ip (ocf::heartbeat:IPaddr2):  Started node1
    NFS    (ocf::heartbeat:Filesystem):   Started node1
    nfs-daemon (ocf::heartbeat:nfsserver):Started node1
    nfs-root   (ocf::heartbeat:exportfs): Started node1
    nfs-notify (ocf::heartbeat:nfsnotify):Started node1
```

7. 客户端挂载测试

创建目录并挂载，查看文件夹内容（测试任意主机，能访问 VIP 即可）。

```
[root@node1 ~]# mkdir /testnfs
[root@node1 ~]# mount -t nfs 192.168.56.150:/nfsdata /testnfs/
[root@node1 ~]# showmount -e 192.168.56.150
 Export list for 192.168.56.150:
 /nfsdata *
[root@node1 ~]# cd /nfsdata/
```

```
    [root@node1 nfsdata]# ls
      etab   export-lock   lost+found   nfsdcltrack   rmtab   rpc_pipefs   statd
v4recovery  xtab
    [root@node1 nfsdata]# mount | grep 192.168
      192.168.56.150:/nfsdata on /testnfs type nfs (rw,relatime,vers=3,rsize=
131072,wsize=131072,namlen=255,hard,proto=tcp,timeo=600,retrans=2,sec=sys,mo
untaddr=192.168.56.150,mountvers=3,mountport=20048,mountproto=udp,local_lock=
none,addr=192.168.56.150)
```

8. NFS 切换测试

（1）将正在运行的 node1 置于 standby 状态。

```
    [root@node2 ~]# pcs cluster standby node1
```

（2）再次查看是否在 ywdb2 上启动成功。

```
     [root@node1 ~]# pcs status
     Master/Slave Set: DataClone [Data]
        Masters: [ node2 ]
        Stopped: [ node1 ]   //node1 处于 standby 模式
     Resource Group: nfsshare
        nfs_ip  (ocf::heartbeat:IPaddr2):   Started node2
        NFS (ocf::heartbeat:Filesystem):    Started node2
        nfs-daemon  (ocf::heartbeat:nfsserver):Started node2
        nfs-root    (ocf::heartbeat:exportfs):  Started node2
```

别忘记将主机“unstandby”回来，切换后可以在客户端进行测试，浏览 NFS 所挂载的文件。

小结

- ✓ 这里只介绍了 DRBD 用磁盘镜像技术构建 NFS 集群，替代共享存储，实际上 DRBD 的应用还有很多，比如构建无共享存储的 MySQL 数据库，基于块级别的文件同步。
- ✓ 至此，DRBD+NFS+PCS 就配置完成了，无论是复杂的 NFS，还是共享存储的 DRBD，以及自定义脚本的 DB2 集群和 PCS 提供启动模式的 Apache 集群，都是比较经典的集群实例，文中很多地方刻意规避了复杂的构建方式，这是为了方便读者快速理解和建立集群。
- ✓ 建议读者查阅官网的 PCS 参数，并熟悉参数内容，从而扩展集群知识，能够运用各种参数调节集群，使得集群能更稳定地满足生产需求。比如，使用 CLONE 模式多资源共享、使用微调的参数控制迁移时间和迁移次数、设置主机离线后延迟多少时间加入，等等。

4 chapter

第 4 章 系统调优

4.1 性能调优的基础理论

性能调优是一项非常困难的工作，因为调优需要涉及硬件、系统、软件等多方面的知识，在调优的过程中还涉及对系统的监控、数据采集、分析等任务。

调优就是对系统或特定的程序做配置调整，以获得更大的吞吐量或更快的响应时间。那么调优前就需要先明确目标，尽可能多地了解每一个细节，制定调优计划和可接受目标。

为什么要制定目标？在没有制定计划和目标的情况下，很可能会出现一些弄巧成拙的事情，比如我们希望降低CPU使用率，但是却通过降低网络带宽吞吐来实现了，这显然不是我们想要的结果。所以一定是先通过监控收集数据，建立信息模型，再对数据进行分析，然后制定调优步骤和计划，最后才是实施，而不是毫无计划和目标地进行调优。

其实，主要的关系有两点：

（1）硬件无感知：硬件其实并不关心资源使用率是5%还是95%，硬件不可能知道哪部分存在瓶颈需要调整。

（2）人有感知：有了足够的数据和对情况的详细分析，调优工程师会找到当前系统的瓶颈，也就清楚系统在哪些方面需要加强——添加硬件还是优化系统参数。

4.1.1 调优不是万能的

调优一定是有尺度的，首先要明确以下3个观点：

（1）硬件的自身极限是无法超越的。

（2）硬件的天生缺陷是不可能通过调优来弥补的。

（3）软件的自身错误和缺陷也是无法通过调优弥补的。

所以在进行调优之前一定要思考一个非常关键的问题："这个问题是否能通过调优解决"。一定要牢记："调优不是万能的"，我们不可能通过调优解决所有问题。

4.1.2 信息模型

在调优之前需要尽可能多地掌握硬件、系统、应用程序的详细信息和参数，并且需要了解每个组件之间的交互方式及过程。

系统的信息模型应该包括：

（1）系统配置信息（OS 版本、处理器数量及信息、内存大小、缓存大小等）。

（2）内部和外部存储的大小和型号，以及详细的硬件参数。

（3）在该系统上运行的进程列表（通过 SOS 可以获得）。

（4）网络配置信息等。

以上的模型信息其实都可以通过 CentOS 系统中的 sosreport 指令来收集，但是一定要和系统的实际管理者多交流，多听取相关人员的描述，也许不经意间，你会发现问题所在。

1. 收集信息

信息收集是所有步骤的第一步，对于系统而言，收集信息最靠谱的方式就是“监控”，但是监控需要的时间比较长，因为时间越长，越可以看出系统资源在不同阶段的变化规律，从而找出问题所在。

监控可以做，但是一定要注意监控的频率和尺度，因为监控会消耗系统资源，所以不要因为监控而触发了原有设计的一些系统阈值，更不要因为监控而影响生产的正常运行。所以在监控之前，应该充分评估目前系统的状态，叠加监控所消耗的资源，再进行设定。比如 CPU 的使用率已经达到 99%，如果还要使用实时监控来获取进程的变化状态，那么这个“实时监控”将成为“压死骆驼的最后一根稻草”。

2. 深入分析

分析是调优中关键的一步，也是体现调优者能力的一步。为了避免问题的集中化和复杂化，通常将系统分为几个层次，逐步缩小范围来定位问题和性能瓶颈。这几个层次又是互相交互的，所以分析就显得尤为重要，归根结底还是要缩小范围，减少复杂度。

通常划分为 4 个主要子系统：运算子系统（CPU）、磁盘子系统（Disk）、内存子系统（Memory）和网络子系统（Network）。

3. 系统是调优中成本最低的一个选择

为什么说系统调优是成本最低的一个选择？因为系统调优实际产生的效果往往并不那么明显，试想一下：

（1）在业务层面上优化现有的业务流程，将使业务的处理效率得到直接提升。

（2）在应用层面上做优化，应用程序的处理能力也会有很大提升。

（3）硬件层面，比如磁盘太慢，如果使用 SSD，性能同样会有很大提升。

（4）对于系统而言，所有的调优收益都不如前几种来得直接，因为有硬件极限、应用的缺陷等层面的约束。

但是在每个层面调优都有一定的代价：

（1）优化业务流程可能最直接，但是难度也最大。业务流程是企业业务模型的体现，改变流程可能会牵扯较多部门，费时费力，而且也参与到业务运营层面了，所以动手之前要深度思考。

（2）应用程序可以进行优化，提升处理效率。非自主源码优化成本较高，自主源码需要评估实现方式和优化所需的成本。

（3）硬件最为直接，直接购买即可，成本问题不大。

（4）操作系统调优，管理员和调优工程师都能实施，成本最低。

往往花费的成本越大，优化得到的效果也就越大（通常情况下）。

4.1.3 屏蔽干扰项和学会使用帮助文档

一般在调优动手之前都会先关闭那些无关紧要的服务，比如“Bluetooth and hidd”和“PC Smart Card Daemon”，对于生产系统基本无意义。

这个操作其实不难理解，运用日常管理技能，分析系统中参与工作的应用进程，确定没有用的就关闭，一是节省资源，二是排除干扰项。

调优人员没有办法在大脑中记住所有的内容，所以学会阅读帮助文档，将对调优起到至关重要的作用。

4.1.4 忠告

调优大多数在生产环境中进行，并且是对内核进行“手术”，所以任何情况都可能发生。比如在输入一个参数后，系统可能重新启动或宕机了。所以每次操作前都要深思熟虑，并且每次都只改动一个地方，然后观察效果，再决定是否要继续操作，将所有的改动都记录在案。

如果改动错误，或者参数不匹配，那么一定要改回来，切勿直接修改下一个参数，否则没办法分辨到底是哪个参数产生的效果，也会让多个参数发生“碰撞”，发生意外事件。

如果在调优过程中出现问题，那么可以进入 Resource 模式去“抢救”（参考 1.7 节系统急救）。

4.1.5 工具

调优前要学会使用监控工具，理解常用监控工具给出的数值的含义。

1. GNOME 桌面系统监控器

这个工具其实和 Windows 的任务管理器差不多。

2. Tuna

Tuna 可以调试配置细节，如调度器策略、线程优先级，以及 CPU 和中断。

安装：

```
yum -y install tuna
```

3. TOP

TOP 工具由 procps-ng 软件包提供，提供运行系统中进程的动态视图。

4. PS

PS 由 procps-ng 软件包提供，提供选定的一组运行进程快照。在系统资源紧张的时候，一定要用 PS，不要让 Top 成为压死骆驼的最后一根稻草！

5. vmstat

vmstat 是虚拟内存统计数据工具，提供关于系统进程、内存、分页、输入/输出、中断和 CPU 活动的即时报告。

6. sar

sar 是系统活动报告，用于收集及报告系统当天到目前为止发生的活动信息，由 sysstat 软件包提供。

7. Tuned 和 tuned-adm

Tuned 和 tuned-adm 是系统提供的后台调节程序，通过配置文件可以动态调节系统负载。

8. Perf

Perf 通过使用硬件性能计数器和内核跟踪程序来追踪其他命令和应用程序对系统的影响。

9. irqbalance

irqbalance 是一个通过分配处理器硬件中断来提高系统性能的命令行工具。

10. ss

ss 由 iproute 软件包提供。用于统计 Socket 信息（默认打开已建立连接但未在列表内的 TCP Socket）。

11. SystemTap

SystemTap 是一个跟踪和探测工具，可以详细地监控和分析操作系统的内部活动，尤其是内核活动。

4.1.6 单位

在 Linux 系统中有 2 种数值表示方式：

```
- Ki ,Mi,Gi ---> 1024 //精准显示
- K, M, G ---> 1000 //十进制
```

- Ki 是精准的二进制数据描述值，而 K 则是 10 进制表示法，可以尝试在自己的系统上使用 df -h 和 df -H 来看一下。

这是一件逻辑混乱的事情，因为 Linux 系统中目前还没有统一单位，所以会在不同的地方看到不同的单位表示，一定要注意，并且要换算准确。

在调优的时候一定要注意，有些参数设定要求用字节方式，有些要求用 Ki 方式，有些要求用 K 方式，一定要注意换算比例。

4.1.7 实例

机房新到一批机器，有高配置和低配置两种（配置 SSD 和 SAS 磁盘），由于需求不同，所以安排某个管理员测试一下磁盘性能差距，以便给不同的业务分配不同的主机资源，于是该管理员用了一个非常独特的测试方法：

```
# dd if=/dev/zero of=/dev/null
```

结果他测试后给出的结果是：“差异不大，基本相同”。

原本两台主机的资源配比差异较大，结果却差不多，问题出在哪？

其实这是一个很有意思的测试，因为/dev/zero 数据是可以被无限读取的，而/dev/null 中的数据永远被丢弃。所以，该测试方法的测试对象不是磁盘性能，而是 CPU 的性能。

其实前面一直在强调，一定要明确目标和所参与的子系统是会参与到测试目标中的，上例即明确地说明了这个事情。想测试磁盘，但磁盘并没有参与其中，也就是最初设定的测试方法

就是错误的，所以读者要知道明确问题、分析问题、制定方案和计划的重要性！

小结

✓ 本节主要讲解调优的基础目的，以及相关监控工具和常用参数。调优是一项非常危险的工作，因为涉及调优的系统大多数在生产环境中，一定要明确调优的目的，以及制定调优可接受的范围。

4.2 经典理论（LAW）

4.2.1 为什么要理解队列理论

有没有这样一种感觉，当你面对调优的时候，那些错综复杂的数据让你找不到任何方向？而且你会发现需要非常专业的知识才能进行分析，有时候更是难以理解这些内容到底和什么关联，为什么交织在一起就会影响系统？调优真的如此之难？有没有简易的方法？

其实方法是有的，如果有一个公式或理论可以指引调优思路，那么你会觉得调优也是有一定轨迹可寻的。

在调优过程中最有指导意义的理论：队列理论（Queuing Theory）。

4.2.2 队列理论的核心思想

队列理论在 1961 年由数学家 John Little 以数学的形式表现出来，可以实现性能管理，以及对性能调优建立量化的衡量与操作标准。

公式如下：

$L=A\times W$（队列长度 = 到达率×等待时间）。

$L=$ 队列长度（Queue Length），等待处理的请求数。

$A=$ 到达率（Arrival Rate），若以秒为单位，则是每秒有多少请求到达。

$W=$ 等待时间（Wait Time），处理一个请求所需要的时间，等同于延迟、响应时间或驻留时间。

其实这个公式很好理解，比如定义一个观察时间为 1 分钟，如果 1 分钟之内请求非常多，高于系统的正常处理能力，那么队列就会增长，引用公式可以理解为 $L\uparrow=A\uparrow\times W$，反之则为 $L\downarrow=A\downarrow\times W$。如果 W 为恒定的处理时间，那么 L 就取决于 A，也就是请求数（到达率）。

然而，到达率是可以控制的吗？这就好比超市的收银员，他能控制顾客什么时候来买物品吗？显然是不可能的，能控制的只有 L 和 W，所以 L 和 W 将会是我们下面调优的重点。

我们可以尝试使用这个公式作为理论依据，然后进行分析，以工程学的方法来进行“性能管理”“量化系统未来性能”“验证测量值和软件数据的正确性”等操作。

1. 队列长度（*L*）

在讲解队列之前，首先讨论一下排队，是长队列好，还是短队列好？从系统角度分析，长短队列可以总结如下（队列存在于内存中）：

短队列：内存压力小，不利于请求合并处理，会频繁产生请求，尤其是读写数据的时候效率低下。

长队列：有利于请求合并处理，使请求效率更高，但是内存压力非常大。

了解利弊之后，思考这样一个问题：除了队列的长短，调节队列的时候到底是读优先，还是写优先？这个问题就涉及队列的另外一个知识点——队列优先级。

队列实际上是有“优先级”概念的，系统中到处都有优先级限制，谁优先级高，谁就优先处理，低的队列去排队等待，优先级高的队列还可以插队。假设队列分为“读”和“写”两个队列，应该怎么调节读和写队列的优先级呢？

其实计算机在运作的时候，多数都是在读数据，所以读队列的优先级肯定要高于写队列，但也不能一直占用资源去执行读操作，否则写操作就会“饥饿”，产生大量的写等待。为了维持这种平衡，队列使用了“队列算法”进行维持和调度，这个算法既要支持队列的调度，也要“照顾”队列内请求的优先级，同时将队列头部能合并的请求进行合并，一次处理掉，提升处理效率，所以读到一定时间就要“照顾”一下写队列。

由于队列是可以调节的，所以可以使用 root 用户来查找并修改（不建议修改，可以通过其他方式进行调整）：

```
# find /proc /sys -type f -writable -ls
# find /proc /sys -type f -readable \! -writable -ls
```

什么影响队列长度？其实这个问题的关键点在公式 $L = A \times W$ 中，L 的大小取决于 A 和 W，但能控制的只有 W 和 L（因为 A（到达率）是无法掌控的）。因为 $L = A \times W$ 是一个平衡的公式，所以无论哪个值改变结果都将会产生变化。举一个增加和减少队列的实例：

超市的收银员相当于处理系统，顾客相当于请求（A），通过不同的变化来理解队列长度问题，那么现在开始运营：

- 假设到达率为 20 个顾客/分钟，每个顾客的处理时间是 2 分钟（W），则公式为 40 req = 20 req/m ×2m，队列长度为 40。

➢ 提升处理速度（时间变为 1 分钟）：20 req = 20 req/m×1m，队列长度为 20，提升了 W，将缩短队列长度。

➢ 降低处理速度（时间变为 4 分钟）：80 req = 20 req/m ×4m，队列长度变为 80，降低了 W，将增加队列长度。

通过这个实例可以让我们理解等待时间和队列的长度有密切的关系，如果其中一个值发生变化，那么另一个值也会产生相应的变化。

然而队列的长短对系统性能是有直接影响的，例如缩短队列可能降低队列对内存的压力和负载，也可能使读取的数据无法排序而造成后续写性能的下降；如果队列加长也有好处，尤其针对硬盘的操作，可以在长队列的情况下对队列数据进行排序并优化。

2. 等待时间（W）

影响队列长度（L）的实际因素是 A 和 W，但是 A（到达率）又没有办法掌控，那么队列的长度就取决于 W 的处理时间，所以 W 将成为我们调优的关键点。

如上所述，W 的处理时间在系统中怎么体现呢？如何观察这些时间？

首先将 W 进行分解，一个请求从最初入站到请求结束的时间为 W 的时间总和。一个请求一旦入站，由于不可能立即处理，所以就会有一个“队列时间”，然后被处理。处理过程需要时间，就会有一个“服务时间”，最后是处理结束。根据以上分析，W 的时间=队列时间+服务时间。

原来 $L = A \times W$，现在公式变成什么样了？

$L = A\times$ [队列时间（Queue Time）+ 服务时间（Service Time）]

这个分解让我们有了一个调节 W 的方向，可以理解为“减少排队时间”和“减少服务时间”，同等状态下 W 的时间就会减少，W 减少 L 就会下降！

服务时间（Service Time）将是我们调节的重点，但服务时间就是应用的处理时间，我们又怎么知道应用处理这个请求到底花了多少时间呢？

其实处理时间可以使用 time 命令来进行统计，其中包括用户时间（User Time）和系统时间（Sys Time），但用户时间加上系统时间往往不等于实际完成的时间（Real Time），因为其中会有一些时间是属于排队时间的。

```
real   0m0.032s //实际完成时间
user   0m0.002s //用户时间
sys    0m0.027s //系统时间
```

现在的公式已经从：

$L = A\times$[队列时间（Queue Time）+ 服务时间（Service Time）]

变为：

$L = A \times$（Queue Time + User Time + Sys Time ）

因为：Service Time = User Time + Sys Time。

Service Time 已经提取成为 User Time+Sys Time 了，现在我们需要掌握的是，如何通过 Service Time 分解出来的两个 Time 时间来判断问题。

在系统中，任何进程在系统执行的时候都有用户时间（User Time）和系统时间（Sys Time），一般 User Time 是真正在 CPU 上工作的时间，而系统时间是花在 Kernel 处理上的时间（Sys Time）。如果一个进程花费大量的系统时间，则证明进程的效率比较低，可能是将大量时间花费在中断和 I/O 上。原则是尽量将系统时间缩短，如果一个程序高效地使用 User Time，则说明这是一个对 CPU 具有高使用量的程序。

有什么方法来降低 W 吗？其实惯用的方法就是找热点，热点成为瓶颈的可能性最大。分析程序运行最好的工具不外乎 Strace。

Strace 是一个非常简单的工具，它可以跟踪系统调用的执行。可以从头到尾跟踪程序的执行，然后以一行文本输出系统调用的名字、参数和返回值。

3. Strace 用法实例 1（查找 SSH 连接反应缓慢的问题）

问题描述：

用 SSH 连接局域网内其他 Linux 机器，会等待 10～30 秒才有提示输入密码，严重影响工作效率。

解决办法：

在服务端使用 Strace 监控 SSHD 服务，并且将输出内容重定向，然后进行分析。

```
[root@ceph-1 ~]# strace -o sshd1317.strace -fT -p 1317 //服务端监听SSHD服务
```

✧ -o，输出到文件，后接文件名。

✧ -f，跟踪由 Fork 调用所产生的子进程。

✧ -T，显示每一调用所耗的时间。

✧ -p，进程号。

```
[root@ceph-1 ~]# vim sshd1317.strace
2659 socket(AF_INET, SOCK_DGRAM|SOCK_NONBLOCK, IPPROTO_IP) = 4 <0.000014>
2659 connect(4, {sa_family=AF_INET, sin_port=htons(53), sin_addr=inet_addr
("192.168.56.11")}, 16) = 0 <0.000018>
2659 poll([{fd=4, events=POLLOUT}], 1, 0) = 1 ([{fd=4, revents=POLLOUT}])
<0.000009>
```

```
    2659 sendto(4, "C\207\1\0\0\1\0\0\0\0\0\0\003151\00256\003168\003192\
7in-a"..., 45, MSG_NOSIGNAL, NULL, 0) = 45 <0.000217>
    2659 poll([{fd=4, events=POLLIN}], 1, 5000 <unfinished ...>
    2660 read(4, <unfinished ...>
    2659 <... poll resumed> ) = 0 (Timeout) <5.001764>
```

分析关键点内容，即调用 Socket 通信的时候将信息发给了 192.168.57.11，然后调用 Poll，结果超时（Timeout）<5.007096>，一共 3 次循环，导致连接缓慢。原因是 SSH 发送了某些请求到 DNS 服务器，而 DNS 服务器没有响应。

SSH 连接的时候，SSHD 服务向 DNS 服务器进行了 PTR 反解（根据 IP 地址查找域名），所以我们只要到对应的 sshd_conf 配置文件中关闭“USEDNS”即可。

利用 Strace 对 SSHD 连接缓慢的问题进行深入分析，找出真正导致连接响应时间过长的原因。

4. Strace 用法实例 2（分析利用率）

问题描述：对程序执行效率进行分析。

解决办法：可以监控正在执行中的程序，也可以监控程序从开始到结束的全过程。

```
[root@localhost /]# strace -c ls -R >/dev/null
```

-c：统计每次系统调用执行的时间、调用次数及出错的次数等。

```
% time seconds usecs/call calls errors syscall
------ ----------- ----------- --------- --------- ----------------
50.31 0.128319 3 45627 getdents
29.29 0.074705 3 22805 openat
11.58 0.029531 1 22819 close
8.30 0.021161 1 22818 fstat
......
------ ----------- ----------- --------- --------- ----------------
100.00 0.255062 115430 7 total
```

这组数据可以分析 ls 命令执行的时候调用时间的占比，大多数是在调用 getdents 和 openat，符合 ls 的指令逻辑。它耗费了大量时间进行了 45627 次调用以读取目录条目，因为在系统根目录下，加上-R 递归参数，目录结构会变得比较庞大，所以调用 getdents 和 openat 居多是正常的。

Strace 有非常多的参数可以使用，通过这些参数我们可以更透彻地了解程序的运行状态，对调优的帮助更有效。

详细的 Strace 参数可以参考“Man Strace 帮助”。

4.2.3　带宽和吞吐量

针对网络的调节也是有一定技巧的，下面研究带宽和吞吐量对系统的影响，研究之前先看一些术语。

- ✧ 带宽：在恒定时间内通过的固定单位的数据单位总量。
- ✧ 吞吐量：在给定时间内通过的有用的数据量。
- ✧ 开销：传输有用数据时产生的消耗。

理解这些术语之后，继续分析网络层面带来的影响，根据上面的术语，可以罗列公式如下：

带宽 = 吞吐量 + 开销

也就是说，在带宽固定的情况下，协议开销越小，通过的有用数据越多，即完成量越高，所以降低开销即提升了吞吐量，理论上讲吞吐量即完成量。

如何降低开销并提升吞吐量呢？比如网络传输，TCP 首部开销为 20 个字节，UDP 的首部开销小，只有 8 个字节，所以采用 UDP 的效率高。但某些业务场景下我们需要 TCP 的确认和重传机制。而视频类的数据我们可以采用 UDP，丢几个包也无所谓，高精度的业务系统就要采用 TCP，尽可能减少丢包率。

整个系统的吞吐量是由系统中最慢的设备所决定的（参考木桶理论），只需找到最短板，进行深入分析和调优。

不管如何调节，都要保持一个调优的终极目标：

到达率（A）平均值 = 完成量（C）平均值

完成率（Complete Rate）：观察时间内处理成功的请求数量。

到达率 A = 完成量 C，理论上是入站一个请求，就处理完成一个请求，不产生队列和积压。这个终极目标显然是不能实现的。所以需要尽可能地接近这个目标。因为无法控制到达率，而且到达率也不是恒定的，所以调节起来较为困难，但是到达率肯定会有高峰和低峰（业务系统的高峰请求和低峰请求）。假设处理速度恒定，那么就会在低峰期产生处理饥饿，或者在高峰期产生处理队列。按照生产的规模和业务场景类型进行衡量，依据上面这些理论，接近 A=C 即可。

小结

- ✓ 本节都是理论，其实就是运用这些理论去理解调优的方法和思路，但实际上并不是这么简单，因为太多的数据纵横交织，所以可以依据这些理论综合分析数据，制定调优方案。

调节 L：

调整队列适应读操作，并且限制合适的长度。

优化 *A*：

分散到达率，使用负载均衡技术将到达率尽可能地平均分散处理。

采用缓存机制来降低对主要资源的直接访问。

采用开销更小的协议来提高效率。

优化 *W*：

采用更小服务时间的设备，即更快地响应处理设备。

每个资源请求给予更小的请求时间。

4.3 硬件

足够了解硬件将在调优过程中拥有更大的优势，所以了解硬件的构造和工作原理，以及各个硬件的常用调节参数和极限值，可以让你的调优视野更加宽阔。

4.3.1 CPU

CPU 是一台计算机的运算核心和控制核心。它的功能主要是解释计算机指令，以及处理计算机软件中的数据。

CPU 性能的好坏直接影响系统的使用效率，所以我们需要认识 CPU，充分了解 CPU 的工作原理及其可调节的方法。

1. 查看并认识 CPU

```
[root@bogon ~]## grep CPU /proc/cpuinfo
[root@bogon ~]## lscpu
[root@bogon ~]# grep CPU /proc/cpuinfo
model name  : Intel(R) Core(TM) i5-7300U CPU @ 2.60GHz //CPU 型号

[root@bogon ~]# lscpu
Architecture: x86_64 //架构
CPU op-mode(s): 32-bit, 64-bit         //模式
Byte Order: Little Endian
CPU(s): 2                //数量
On-line CPU(s) list: 0,1               //在线工作列表
Thread(s) per core: 1               // 核心超线程数
```

```
    Core(s) per socket: 2                  // 物理 CPU 核心数
    Socket(s): 1                   // 物理 CPU 数量
    NUMA node(s): 1
    Vendor ID: GenuineIntel
    CPU family: 6
    Model: 142
    Model name: Intel(R) Core(TM) i5-7300U CPU @ 2.60GHz
    Stepping: 9
    CPU MHz: 2711.998
    BogoMIPS: 5423.99
    Hypervisor vendor: KVM
    Virtualization type: full
    L1d cache: 32K // 1 级数据缓存
    L1i cache: 32K                 // 1 级指令缓存
    L2 cache: 256K                // 2 级缓存
    L3 cache: 3072K               // 3 级缓存
    NUMA node0 CPU(s): 0,1
    Flags: fpu vme de pse tsc msr pae mce cx8 apic sep mtrr pge mca cmov pat pse36
clflush mmx fxsr sse sse2 ht syscall nx rdtscp lm constant_tsc rep_good nopl
xtopology nonstop_tsc pni pclmulqdq ssse3 cx16 pcid sse4_1 sse4_2 x2apic movbe
popcnt aes xsave avx rdrand hypervisor lahf_lm abm 3dnowprefetch fsgsbase avx2
invpcid rdseed clflushopt
    Flags: LM:64 为指令集
```

几核几线程就是指有多少个“Core per Socket”、多少个“Thread per Core”，当后者比前者多时，说明启用了超线程技术。

2. 常用的 CPU 通信手段有哪几种

（1）Desktop & Laptop。

前端总线——Front Side Bus（FSB），是 CPU 连接到北桥芯片的总线。FSB 是 CPU 与主板北桥芯片或内存控制器之间的数据通道，频率高低会影响 CPU 对内存的访问速度。

（2）PC-Server。

Inter（QPI）：Intel 的 Quick Path Interconnect 技术，通常称为“CSI”，Common System Interface 公共系统界面，用来实现芯片之间的直接互联，不再通过 FSB 连接到北桥。

AMD（Hyper Transport）：Hyper Transport 技术是一种高速、低延时、点对点的连接，它能提高设备的集成电路之间的通信速度。

在同系列的情况下，选择 CPU 的主频率越高性能越好，但是散热越大耗电越高。

4.3.2 内存（Memory）

内存是计算机中重要的部件之一，它是与 CPU 进行沟通的桥梁。计算机中所有程序的运行都是在内存中进行的，因此内存的性能对计算机的影响非常大。内存类似一个短期记事本，运行时的数据在这里记录，运行过后数据就到磁盘了。

1. 认识内存

```
[root@bogon ~]# free -m
total used free shared buff/cache available
Mem: 990 171 518 13 301 624
Swap: 2047 0 2047
total: 系统的总内存
used: 应用程序已经使用的内存
free: 当前还没有被使用的内存
shared: 共享链接库使用的内存
buff/cache: 系统的 Page Cache 和 Buffer 使用的内存
available: 应用程序还可以申请到的内存
```

（1）系统当前使用的内存是：used + buff/cache，used 中包含 shared。

（2）total = used + buff/cache + free = 171 +301 + 518 = 990 。

（3）available（624） <= free + buff/cache（518 + 301 = 819），为什么是小于呢？因为系统的一些 Page 或 Cache 是不能回收的。

2. 内存关注点

（1）新技术强于老技术，DDR4 要强于 DDR3。

容量： DDR4 大于 DDR3。

速度： DDR3 的最高速度为 2133MT/s，小于 DDR4 的数据传输率（最低速度为 2133MT/s）。

能耗： DDR3 的电压是 1.5V，DDR4 的电压是 1.2V，DDR4 的能耗小于 DDR3。

（2）内存中的 ECC 是什么？

ECC： 动态内存故障可以用 ECC 内存校验来解决，发现内存某一位失效，及时予以纠正，但是速度会降低。ECC 只针对一位纠正，发现多位错误就将系统挂起。

（3）如果都是 DDR4，那么依据什么选择内存？

例如：DDR4 2133 和 DDR4 2400，依据运行频率选择内存。

4.3.3 存储

存储是根据不同的应用环境，通过采取安全、合理、有效的方式将数据保存到某些介质上并能够保证有效的访问的媒介，其实就是“长期记事本”，所有的数据都存储在这里。

存储分类如图 4-1 所示。

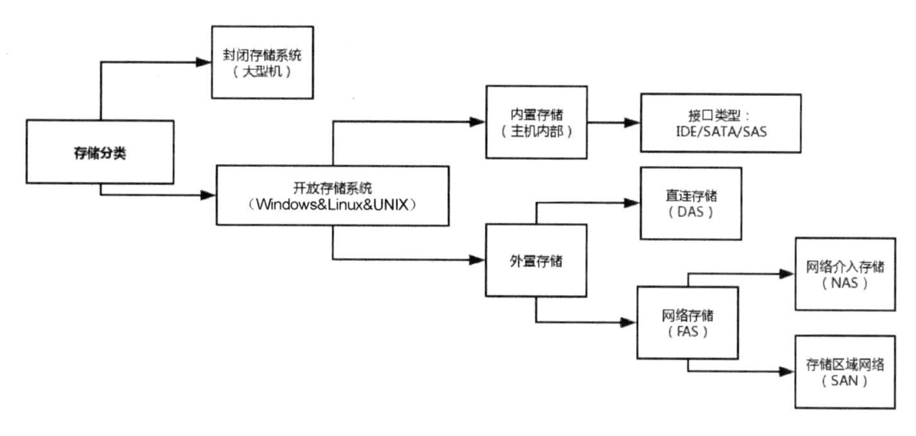

图 4-1

1. 机械磁盘

寻道时间：指收到系统指令后，磁头从开始移动到找到数据所在磁道的平均时间（越小越好）。

转数：转数使用 RPM 表示，是 Revolutions Perminute 的缩写，是转/每分钟。RPM 值越大，内部传输率就越快，访问时间就越短，硬盘的整体性能也就越好。

容量：实际可用的存储空间，按需选择。

硬盘的缓存：硬盘控制器上的一块内存芯片，具有极快的存取速度，它是硬盘内部存储和外界接口之间的缓冲器。缓存越大，效率越高；速度越快，价格越高。

接口：IDE/SATA/SAS，不同接口的传输速度不同，尽可能选择速度较高的。

传输速度：指硬盘读写数据的速度，单位为 MB/s。

2. 固态磁盘（非常安静，散热小，不怕震动，但是很贵）

芯片工艺：

SLC = Single-Level Cell ，即 1bit/cell，速度快，寿命长，价格超贵。

MLC = Multi-Level Cell，即 2bit/cell，速度一般，寿命一般，价格一般。

TLC = Trinary-Level Cell，即 3bit/cell，速度慢，寿命短，价格便宜。

性能比：SLC > MLC > TLC ，Cell 即 SSD 的一个存储单元。

品牌：选择 SSD 磁盘的时候，建议选择知名生产厂家的品牌产品。

读写速度：大多数 SSD 产品都会标明读写速度，建议根据需求综合考虑最大读写速度和平均读写速度，这个数值越大，性能越优秀。

接口：SATA/M.2/PCI-E/mSTAT，一定要选择对应的接口。

容量：依据需求购买。

4.3.4 网络

网卡的各参数如下。

品牌：尽可能选择大品牌的网卡，做工和售后都有保障。

速度：每秒传输二进制信息的位数，单位为位/秒，记作 bps 或 b/s。

接口：RJ45/标准 8 位模块化接口，即双绞线接口、光纤接口/连接光纤线缆的物理接口。

总线类型：IPCI-E、PCI-X、USB。

芯片：主控制芯片是网卡的核心元件，一块网卡性能的好坏，主要是看这块芯片的质量，尽可能选择大厂家的品牌。

全双工：网卡在发送数据的同时也能够接收数据。

虚拟化支持：如果做虚拟化网卡使用，一定要关注所选择的网卡是否支持虚拟化功能。

Offload：原本网络数据包在协议栈中进行的 IP 分片、TCP 分段、重组、Checksum 校验等操作，转移到网卡硬件中进行，降低系统 CPU 的消耗，提高处理性能。

4.3.5 在 Linux 上查看信息

1. dmesg

dmesg 命令用于打印 Linux 系统开机时的启动信息，保存在/var/log/dmesg 的文件里，启动之后一次写入不再改变。

dmesg -c，清除开机信息，但/var/log/dmesg 文件中仍然有这些信息。

demsg 信息太多，建议使用 grep/less/more 进行查看。

2. dmidecode

使用 dmidecode 命令可以在 Linux 系统下获取有关硬件方面的信息。

查询主机基本信息、服务器生产商和 Serial Number 等信息：

```
[root@localhost ~]# dmidecode -t 1
```

查询 CPU 详细信息：

```
[root@localhost ~]# dmidecode -t 4
```

查看最大支持内存数：

```
[root@localhost ~]# dmidecode|grep -P 'Maximum\s+Capacity'
```

可以根据 dmidecode 的 type 类型来查询，也可以根据关键字来过滤，通过 man dmidecode 命令进行查找，关键字为 Type Information，即可看到所有支持查询的 type 类型。

3. lspci

用于显示当前主机的所有 PCI 总线信息，以及所有已连接的 PCI 设备信息。

4. lsusb

用于显示本机的 USB 设备列表，以及 USB 设备的详细信息。

5. ethtool

用于获取以太网卡的配置信息，或者修改这些配置。

6. powertop

需要安装 powertop 的软件包，用于显示系统耗电使用情况。

小结

- ✓ 本节只针对硬件进行简单的介绍，在选择硬件的时候可以根据以上提供的信息进行选配，利用命令查询主机硬件信息并记录，完成简单的硬件信息收集和预估性能上限。

4.4　Process & CPU

进程和调度是整个调优的关键，如果既掌握优先级的调整，又了解进程的特征类型，那么对调优是非常有帮助的，运用 CPU 的特性将进程捆绑，提高 Cache 的命中率，减少 C/S 切换次数，将明显提升处理效率。

4.4.1 特征化的进程

在调优的概念中，通常将进程按其特征分成 I/O 类型和 CPU 类型。I/O 类型的进程会使用更多的时间来等待 I/O 子系统中的数据。CPU 类型的进程会使用更多时间来等待处理器的处理，也可以按照应用程序响应时间的类型或者吞吐量来进行区分。

在进行调优之前需要先明确被调优的对象是消耗 CPU、内存多的，还是 I/O 占用高的？最少要有一个初步的方向。

4.4.2 Linux 进程状态

Linux 进程状态如表 4-1 所示。

表 4-1

进程状态	释义
TASK_RUNNABLE	准备执行或正在退出的进程，在该状态时才会被放到运行队列
TASK_INTERRUPTIBLE	进程在等待，比如 I/O 操作的完成
TASK_UNINTERRUPTIBLE	进程在等待，但忽略收到的信号
TASK_STOPPED	进程被挂起或者暂停
TASK_ZOMBIE	僵尸进程，一个进程被“杀死”了，但是父进程未调用系统对其回收，该进程就称为僵尸进程

僵尸进程实际上是进程已经被“杀死”，资源已经被释放，但因为某些原因父进程并未调用系统回收这个进程体结构。如果父进程被杀死，而子进程还存在，那么 init 会成为这个子进程的父进程。

4.4.3 进程在运行之前的准备工作

进程运行前的准备工作如下：

（1）在工作开始之前，数据必须存在 CPU 的缓存中。

（2）若读取的数据在缓存中，则称为缓存命中。

（3）若不在缓存中则称为缓存 Miss。

（4）对于 Miss 的数据，系统内核会从内存中读取数据到缓存，这个过程称为填充缓存线，而将缓存中的数据填充到内存，包括 write-through 和 write-back。

（5）开启 write-through，当缓存中的一些缓存线更新时，与之相关的主内存位置也会被更新。

（6）开启 write-back，在缓存线被释放之前对其进行更改不会被立刻写入内存中，直到缓存线被“deallocated”。

（7）Linux 内核会清除在所有内存页面上的控制位，所以默认情况下所有的内存访问都是通过 write-back 方式来缓存的。

write-through 和 write-back 方式如图 4-2 所示。

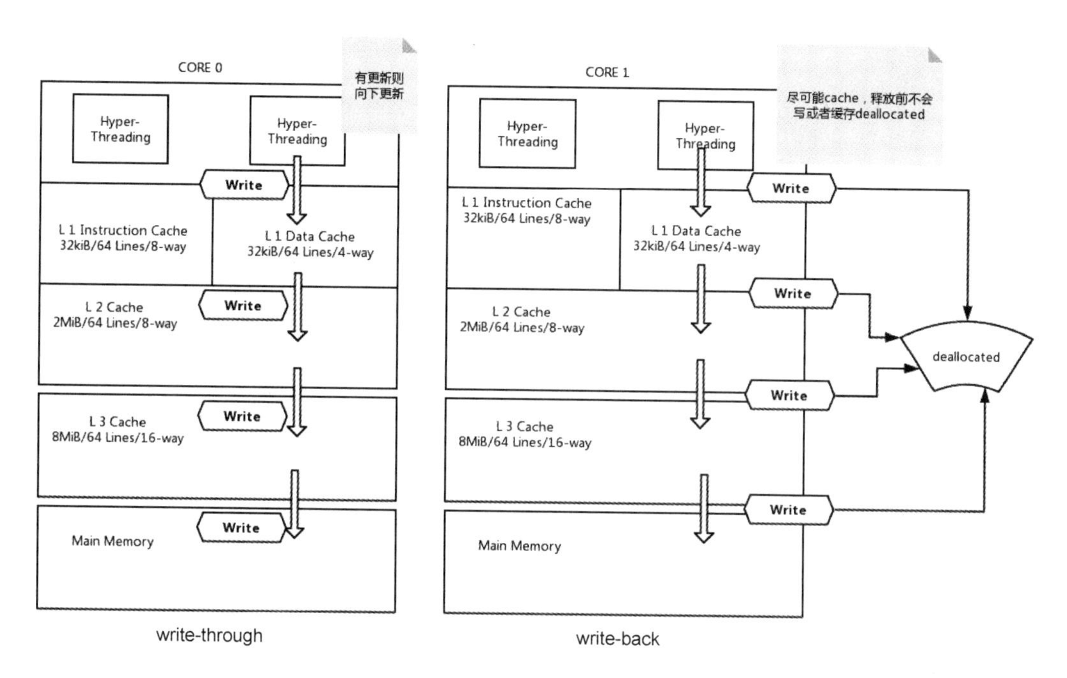

图 4-2

CPU 缓存内的存储空间一般以“线”的形式体现和存在。每个线都用来缓存一个指定的内存片。在多处理器的系统上，如果进程更新内存中的缓存线，那么其他处理器也会做同样的动作，这种情况称为 Cache Snooping。

4.4.4　CPU 的缓存类型

不同类型的 CPU 缓存会影响服务时间，CPU 的缓存类型主要分为以下 3 种：

1. 直接映射

最廉价的缓存，其缓存线和内存是一一对应的（缓存线有多少就对应多少内存，相对来讲数量有局限性）。

2. 全关联

最昂贵的一种缓存，通过电路图执行，映射到内存的任意位置（尽可能多地全量映射，所以数量多、速度快）。

3. 部分关联

折中方案，俗称 *N* 路部分关联缓存，*N* 是 2 的倍数。部分关联缓存可以使内存位置被读取到缓存的 *N* 个线中。

可以通过命令 x86info-c 查看缓存信息，一般缓存信息会在 dmesg 文件中出现。

4.4.5 调度

调度这个词并不陌生，系统中存在很多调度，这里只讲进程的调度。多任务实际上是在单个 CPU 下，将 CPU 划分时间片来轮询使用，看起来像多任务，所以多核的多线程 CPU，在多任务处理效能上表现得更加优秀，同一时间只有一个进程占用 CPU。

在 Linux 2.6 内核上每一颗 CPU 核心会有 2 个队列——活跃队列（Active）和超期队列（Expired）。起初 Expired 队列为空，进程需要运行的时候进入 Active 队列排队，在 Active 队列中用尽时间片的时候，会重新计算一个优先级并进入 Expired 队列。

在 Active 队列中的进程被标记为 TASK_RUNNABLE，在 Active 队列中的第一个进程会先在 CPU 上运行，队列按照优先级来存储，直到进程占先的时候才会运行。当 Active 队列为空的时候，内核会将 Expired 和 Active 队列进行互换。

在 CentOS 6 和 CentOS 7 出现以后引入了 CFS 调度算法（Completely Fair Scheduler，完全公平调度算法），CFS 调度器使用红黑树算法，CFS 搜索的时候用的是 O(1)，插入的时候用的是 O(n)。这样做是为了照顾效能比较差的进程，通常效能比较差的进程特征点为"高优先级、低工作效率"，另外只要进程等待的时间足够长，进程就会被运行，因为同时引入了 Virtual Time。一旦进程被 CPU 执行，Virtual Time 时间就会减少。

4.4.6 优先级

在 Linux 系统中进程的优先级有 140 个，其中 0 为最高，而 139 为最低；优先级 0 和实时优先级 99 相同，而优先级 1 和实时优先级 98 相同，依此类推。一般进程在启动的时候，如果没有对其优先级进行任何修改，那么一开始就会被指定优先级为 120。

在 Top 命令中，PR 字段会显示该进程的优先级（减去 100）。

在进程建立的时候，每一个进程都会在一定时间内带有其父进程的调度算法和优先级。每个进程都可以按照一定的策略和优先级被调度。

4.4.7　优先级和队列的分类

静态优先级 1～99： SCHED_FIFO 和 SCHED_RR。

静态优先级 0（动态 100～139）： SCHED_OTHER 和 SCHED_BATCH。

SCHED_FIFO： 这是最简单的策略，采用标准的占先规则，先进先出（FIFO=First In First Out）。

SCHED_RR： 与 SCHED_FIFO 一样，但增加了时间片，优先级越高（数字越小并接近 1），拥有的时间片越长。如果时间片超时则会占先，并重新插入优先级队列之后。

SCHED_OTHER： 计算一个新的进程占先的内部优先级，范围为 100~139。

SCHED_BATCH： 批量操作。例如数据整理、压缩。比较倾向于不被抢断。

SCHED_IDLE： 空闲。只有空闲的时候执行。

4.4.8　SCHED_OTHER

调度算法 SCHED_OTHER 会使进程拥有动态的优先级，其优先级完全取决于 Kernel 和用户对其所进行的调整。

开始的时候进程的优先级由 Nice 值(通常为 0)决定，同时该值可以通过命令 Nice 和 Renice 来指定。内部默认进程的优先级是 120，因此一个进程在开启的时候会将其优先级增加 19，这样那个进程的优先级就是 139。

交互式的任务将花费时间等待 I/O 响应，因此调度器将检查每一个进程等待 I/O 的时间并计算出一个平均睡眠时间。如果平均睡眠时间比较高，则证明进程将插入活跃队列，否则会将优先级减 5 并将其移动到过期队列以进行优化。

4.4.9　对列调度器的调整策略

针对 SCHED_FIFO，使用 chrt –f [1-99] /path/to/prog arguments。

针对 SCHED_RR，使用 chrt –r [1-99] /path/to/prog arguments。

针对 SCHED_OTHER，使用 nice 和 renice 来调整。

4.4.10 内核时钟

在 x86 架构的服务器上，硬件时钟通常有如下 4 种：

（1）实时时钟 RTC：其信息在/proc/driver/rtc 中，主要用于在系统关机的时候维持时间和日期信息，并可在开启的时候利用该时间设置系统时间。

（2）时间戳时钟：寄存器，主要功能是提供高层计数器，用于和 RTC 一起计算时间和日期信息。

（3）高级可编程中断控制器 APIC：包括本地 CPU 计时器，该计时器用于跟踪运行在 CPU 上的进程，并使该进程从本地 CPU 到多 CPU 的过程中产生中断。

（4）可编程中断计数器 PIC：处理器与外设之间的中断处理桥梁。

在 x86 架构的系统上，Linux 使用 PIC 作为处理中断的计数器，在固定的周期内产生中断。

4.4.11 SystemTap

SystemTap 是对 Linux 内核进行监控和跟踪的工具，利用 Kprobe 提供的 API 来实现动态监控和跟踪运行中的 Linux 内核。

Kprobe 提供了 3 种形式：

（1）Kprobe：能够在指定代码执行前和执行后进行探测，无法获得变量信息。

（2）Jprobe，访问对应的函数参数。

（3）Kretprobe，探测函数返回值。

将一个类似 awk 的脚本编译到内核模块中。通常情况下是在开发环境中编译和制作脚本，然后封装成模块，在生产环境中使用（一定要注意版本号）。

在 http://debuginfo.centos.org/7/x86_64/下载对应的 Debuginfo 软件包，或者使用 YUM 源的 Debuginfo 直接进行安装。

4.4.12 SystemTap Scripts

整个 Linux 的 Kernel 都是基于函数调用的，由于函数有 Return 的功能，所以返回的时候会被捕获到。

经常使用的探测点都可以被 SystemTap 的脚本探测到，与 I/O 调度器、网络、NFS、内存管理、处理器、SCSI 和信号子系统相关的探测器系统已经提供，脚本编写的范例可以参考/usr/share/doc/systemtap-*/examples。

4.4.13　实验 1——进程优先级对比

对比一个进程在两个不同优先级情况下执行某个程序的时间。

（1）建立脚本 renice.sh。

```
[root@localhost ~]# cat renice.sh
#!/bin/bash
if [ $# -ne 1 ] ; then
echo "insufficient arguments" >&2 ; exit 1
fi
STARTVAL=$1
COUNT=$STARTVAL
ENDVAL=$[ $STARTVAL + 100000 ]
while [ $COUNT -le $ENDVAL ] ; do
echo $COUNT
COUNT=$[ $COUNT + 1 ]
Done
read JUNK
```

（2）建立另外一个脚本 renice2.sh。

```
[root@localhost ~]# cat renice2.sh
#!/bin/bash
xterm -geometry 40x20+50+20 -title "Nice +10" \
-e nice -n +10 ~/renice.sh 1 &
xterm -geometry 40x20+500+20 -title "Nice -10" \
-e nice -n -10 ~/renice.sh 100001 &
```

（3）执行脚本 renice2.sh，观察哪一个进程先结束，并且观察当高优先级的进程结束时，低优先级的进程有什么样的变化。

4.4.14　实验 2——安装 SystemTap

（1）SystemTap 的安装需要使用与当前内核版本一致的 kernel-debuginfo、kernel-debuginfo-common 和 kernel-devel 包。

（2）添加 Debuginfo 的仓库。

```
[root@localhost ~]# cat /etc/yum.repos.d/debuginfo.repo
[debuginfo]
name=debuginfo
baseurl=http://debuginfo.centos.org/$releasever/$basearch/
gpgcheck=0
enabled=1
[root@localhost ~]# yum -y install kernel-debuginfo kernel-debuginfo-common
kernel-devel
```

Debuginfo 的版本和 Uname 的 Kernel 版本必须一致！

```
[root@localhost ~]# yum -y install systemtap
```

（3）通过执行下面的命令确保 SystemTap 正常工作，该命令会建立一个包含所有 kernel.function 的文本。

```
[root@localhost ~]# stap -p2 -e 'probe kernel.function("*") {}' | sort -u
> kernel_function
```

-p 用于指定过程是其中的第几个，完成该过程之后就停下来。

-e 表示不想输入一个文件而直接带脚本。

```
[root@localhost ~]# less -FiX kernel_function
```

（4）编写脚本。

```
[root@localhost ~]# cat csmon.stp
probe kernel.function("schedule").return {
printf("Scheduler invoked")
}
```

（5）执行 stap 命令，可以发现由于 schedule()这个 Function 普遍存在，所以在屏幕上会有大量的标记输出。

```
[root@localhost ~]# stap csmon.stp
```

（6）将脚本更改一下，例如改成如下内容，那么 SystemTap 只有在 Context Switch 达到 10000 的时候才会计数并在 Console 上显示信息。

```
[root@localhost ~]# cat csmon1.stp
global count
probe kernel.function("schedule").return {
count++
if ((count%1000)==0) {
printf(".\n")
}
if (count==10000) {
printf("reached 10000 context switches!\n")
```

```
count=0
}}
```

（7）可以将脚本改成如下内容，表示每 5s 输出一个 Report，显示出哪个进程执行 Context Switch 最频繁，并且所有结果由高到低排序。

```
[root@localhost ~]# cat csmon2.stp
global processes
function print_top () {
cnt=0
foreach ([name] in processes-) {
printf("%-20s\t\t%5d\n",name, processes[name])
if (cnt++ == 20)
break
}
printf("--------------------------------------\n\n")
delete processes
}
probe kernel.function("schedule").return {
processes[execname()]++
}
probe timer.ms(5000) {
print_top ()
}
```

显示的结果如下：

```
[root@localhost ~]# stap csmon2.stp
rcu_sched                 101
xfsaild/dm-0               99
kworker/0:1                62
vmtoolsd                   59
stapio                     33
ksoftirqd/0                 7
in:imjournal                5
kworker/u256:27             5
tuned                       4
chronyd                     1
kworker/0:1H                1
systemd-udevd               1
--------------------------------------
```

（8）可以像下面这样修改脚本，以 10s 作为固定频率显示 30 个进程的 Content Switch，并由高到低排序。

```
[root@localhost ~]# cat csmon3.stp
global processes
function print_top() {
cnt=0
foreach ([name] in processes-) {
printf("%-20s\t\t%5d\n",name, processes[name])
if (cnt++ == 30)
break
}
printf("--------------------------------------------\n\n")
delete processes
}
probe kernel.function("schedule").return {
processes[execname()]++
}
probe timer.ms(10000) {
print_top()
}
```

显示的结果如下：

```
[root@localhost ~]# stap csmon3.stp
rcu_sched               247
xfsaild/dm-0            199
kworker/0:1             127
vmtoolsd                103
stapio                   68
kworker/u256:27          58
ksoftirqd/0              22
in:imjournal             11
tuned                     9
kworker/0:1H              2
systemd-udevd             1
gmain                     1
watchdog/0                1
systemd-journal           1
--------------------------------------------
```

（9）下面的脚本配合 SystemTap 将列出产生最多 sys_open 调用的进程，而且会将所有结果从高到低排序。这个脚本将有助于查看哪个进程频繁地打开文件。

```
[root@localhost ~]# cat csmon4.stp
global processes
function print_top () {
cnt=0
log ("Process\t\t\t\tCount")
foreach ([name] in processes-) {
printf("%-20s\t\t%5d\n",name, processes[name])
if (cnt++ == 20)
break
}
delete processes
}
probe kernel.function("sys_open").return {
processes[execname()]++
}
probe timer.ms(5000) {
print_top ()
}
```

显示的结果如下：

```
[root@localhost ~]# stap csmon4.stp
Process             Count
systemd-journal         2
systemd                 1
systemd-udevd           1
Process             Count
Process             Count
vmtoolsd                5
Process             Count
Process             Count
vmtoolsd               20
```

小结

- ✓ 通过本章的学习可以了解到进程在内核中的调度方法，通过调整优先级可以控制进程对系统资源的使用。
- ✓ CPU 的缓存模式有助于理解进程在 CPU 上的运行原理，如频繁切换 CPU 运行，将会导致 CPU 缓存反复清空和加载，从而使进程效率低下。对此，我们可以将进程和 CPU 进行绑定，以减少 CS（Context Switch，上下文切换）切换。
- ✓ SystemTap 可以对内核进行监控和跟踪，并根据获得的数据进行深入分析，改进程序编码，提升处理效能。

4.5 Memory 调优

内存的调优在整个 Linux 系统调优中占据非常重要的地位，可以调节的参数也非常多，但绝大多数参数都和编码有直接关系，对运维人员来说有难度，因为很难把握调优的尺度。

4.5.1 虚拟地址和物理地址

从久远的 286 时代开始，虚拟地址空间和物理地址空间的概念就被引入，在 386 时代得到了完全的发展。

应用程序能访问的都是虚拟内存地址，Kernel 能够访问物理地址，虚拟内存地址到物理内存地址的转换工作由一个叫作 MMU 的部分来完成，这个翻译过程是有损耗的。为了尽可能地解决这个问题，CPU 会内嵌 Buffer 来将其缓存。查看某个进程的虚拟内存：

```
# cat /proc/<pid>/statm
# pmap <pid>
```

由于转换的过程代价非常大，比如 MMU 分页的过程代价就非常大，所以通过引入 TLB 缓存来降低 MMU 转换的代价。第一次访问经过 MMU，而第二次及后续访问可以通过 TLB 缓存来提高速度，所以将所有的 Page Table Entry（PTE）通过 TLB（页表项）进行缓存。

通过下面的命令可以查看 page size：

```
# getconf -a | grep SIZE
```

一个程序使用的是虚拟地址，通过 CPU 的 MMU 和 Buffer 中的 TLB 来完成虚拟地址到物理地址之间的映射，如图 4-3 所示。

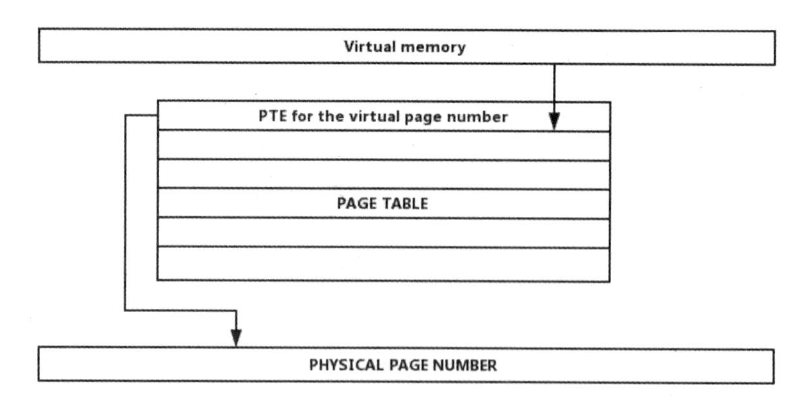

图 4-3

在计算机上，内存被划分为页帧，每一个内存的页帧包含一个页的数据。当应用程序需要访问某个位置的内存时，线性地址必须被转换成内存中相应的页帧。如果所需要的页在内存中不存在，则 Kernel 必须找到该页并将其读取到页帧中。在 x86 架构上，默认的 Page 大小是 4KB。

4.5.2 内存的分配

Linux 所有的进程都是从 init 进程派生（Fork）出来的，被派生之后不会立即将父进程的内存复制一份，而是和父进程共用一块内存地址空间。一旦父进程或子进程有写内存的需求时，就会使用 COW（Copy On Write）技术将内存复制一份。这样做是为了让内存最大限度地延迟分配出来。针对多线程的进程优势明显，将变化的部分放到其他地址空间，速度快、开销小。

Kernel 分配内存的策略是尽可能地给予——“只要向 Kernel 申请就会被承诺给予，但这仅仅是一个承诺，因为分配的都是虚拟内存，只有到真正使用的时候 Kernel 才会分配物理内存”。这也存在另一个问题，当所有承诺出去的债务需要一起兑现的时候，就会出现超限使用内存所带来的问题（资不抵债），所以原则上 Kernel 会尽可能推迟物理内存的分配。

当进程使用完内存的时候，Kernel 会对其进行回收，而且回收内存也可以调优，比如是有策略的回收，还是立即回收？

4.5.3 Page Walk 和大页

虚拟内存到物理内存的转换关系存储在页表里面，俗称 Page Table，如果要做物理内存的查询，那么会由一个叫作 Page Walk 的动作来完成，这个动作完全由硬件支持，但是动作很慢，于是使用 TLB 把虚拟内存到物理内存的映射关系缓存起来。

TLB 的工作流程如图 4-4 所示：

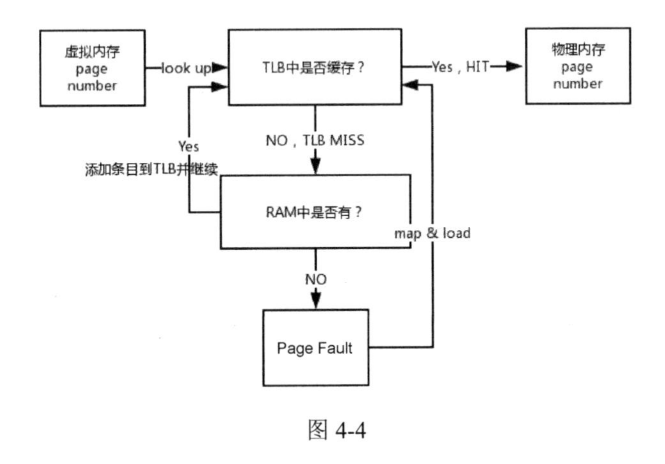

图 4-4

（1）查询的数据是否在 TLB 缓存中？如果存在，则 Hit 命中，将直接提供内存映射关系。

（2）如果数据不在 TLB 中，则未命中，直接查询内存中是否存在该部分数据。如果命中，那么将本次查询的映射关系添加到 TLB 中。

（3）如果内存中也查不到该数据，那么会产生 Page Fault。如果需要的内存数据已经被交换到 Swap 中，这个时候代价更大，需要从硬盘的 Swap 分区将数据交换出来。

如何能够更好地使用 TLB 呢？从另一个角度想，通常一条 TLB 数据对应一页内存（4K），如果改进方法，将一条 TLB 数据对应到更大的内存页上，是否会提高效率呢？

Linux 中有一种特殊的内存，我们称之为“大页内存”，大页内存是由页面连续的内存区域组成的，可以让一条 TLB 条目对应更大的内存页，从而获得更多的数据。

大页内存和正常内存的对比如图 4-5 所示。

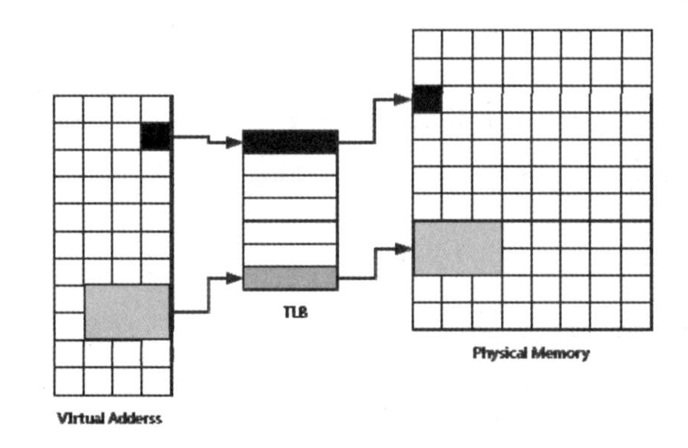

图 4-5

使用大页内存和正常内存时的 TLB 条目对比：

4 KB 页面对应 TLB1 条目，TLB1 条目对应 4 KB 物理内存；2 MB 页面对应 TLB1 条目，TLB1 条目对应 2 MB 物理内存。

这样数据的连贯性将会在使用效率上有所提升，并且可以最大化地节省 TLB 条目。

如果想要使用大页内存，那么下面的内容一定要了解：

（1）物理内存必须是连续的，大页内存不支持拼接，所以一般在开机启动时就设置启用大页内存，因为这时没有运行任何程序，内存是“干净”的，连续内存非常多。

（2）支持伪装系统：mount -t hugetlbfs none /mountpoint。

（3）函数调用中有 shmat 和 shmget 可以自动调用大页信息。

有两种使用大页内存的方法：

（1）修改/etc/sysctl.conf，参数：vm.nr_hugepages=integer。

（2）启动系统的内核参数：huges=integer，预存大页的大小。

使用 cat /proc/meminfo 可以查询当前系统的大页信息。

从 CentOS 6.2 开始，Linux 系统为了加速内核的处理效率，内核自身已经开始使用大页内存，后台的 THP（Transparent Huge Page）已经说明了一切，THP 在后台悄悄地运行，会自动拼装大页，有大约 10%的性能提升，通过“grep Huge /proc/meminfo”命令可以查看相关信息。Kernel 进程的 Khugepaged 可以把运行的普通页面换成大页。

大页内存目前只工作在匿名内存中，匿名 Page 是和文件不相关的剩余内存单元，可能是程序的数据区、数字、动态分配的内存，也可能是 mmap 对象（非文件）、进程间通信的内存，统称为匿名 Page，匿名 Page 的大小是非常可观的。一般通过“/proc/meminfo”命令查看，并且匿名 Page 可以被交换。匿名 Page = RSS － Shared。

大页内存虽然很便利，但在某些情况下，某些应用还是建议关闭 THP，因为会引起性能下降，比如 Oracle 和 MongoDB 等数据库类的应用，这与应用的自身有关系。

```
[root@localhost ~]# cat /sys/kernel/mm/transparent_hugepage/defrag
 [always] madvise never
 [root@localhost ~]# cat /sys/kernel/mm/transparent_hugepage/enabled
 [always] madvise never
```

以上是开启状态，可以在 rc.local 中设置关闭：

```
if
test -f /sys/kernel/mm/transparent_hugepage/enabled; then
echo never > /sys/kernel/mm/transparent_hugepage/enabled
fi

if
test -f /sys/kernel/mm/transparent_hugepage/defrag; then
echo never > /sys/kernel/mm/transparent_hugepage/defrag
fi
```

4.5.4　Memory Cache

在 Linux 的 Kernel 中 Cache 也是普遍存在的概念。这些 Cache 都和内存有关，但主要的目的就是尽量减少 Kernel 与磁盘的交互。较为重要的是 Page Cache，Page Cache 在磁盘 I/O 中起核心作用，因为 Page Cache 是和数据内容有关的 Cache，会大幅提升数据读取效率。

当调整内存的时候，需要考虑：什么时候丢弃 Cache，什么时候不丢弃 Cache？即什么时候回收内存？如果不回收内存，那么会给内存造成很大压力；如果频繁回收内存，则 Cache 得不到最大的发挥，还没使用就被回收了，因此需要找到平衡点。通常会面临下面的两个选择：

（1）将大量的 I/O 分成小片，这样对系统的吞吐量没有明显的感觉。

（2）将巨大的 I/O 瞬间执行完毕，合并读写请求会更加优秀，但会让用户感觉明显的延迟。

在 Linux 系统的内存中很大一部分都是在用 Page Cache，Page Cache 主要是在文件 I/O 的时候产生的，所以 Page Cache 中的数据都是和文件相关的。

匿名 Page 和 Page Cache 大量占用内存，但 Page Cache 直接和文件相关，不允许被交换；而匿名 Page 是和文件无关的，是可以被交换的。

怎么区分 Page Cache 和 Buffer Cache？

Page Cache 都是与文件内容相关的 Cache，是不需要交换的。因为 Page Cache 本身就是从磁盘上缓存过来的，再交换回磁盘，没有任何意义，还不如释放。

Buffer Cache 是针对磁盘块的缓存，文件系统的元数据都会缓存到 Buffer Cache 中。

例如：使用 dd 命令和 cp 命令进行测试，如果用 cp 命令拷贝文件，那么 Page Cache 增加，如果执行命令“dd if=/dev/zero”，那么 Buffer Cache 增加。显而易见，cp 命令的作用是拷贝文件内容所以和 Page Cache 有关，而 dd 的对象是/dev/zero，和磁盘块有关，并且其内容也和文件内容无关，所以 Buffer Cache 会增加。

如何强制回收 Page Cache 和 Buffer Cache？

```
echo n > /proc/sys/vm/drop_caches  // n 可以是下列选项的 1、2、3
1: block data page cache
2: meta data buffer cache
3: block and meta data
```

4.5.5 vmcommit

前面章节中，提出“内存超限”的概念，因为申请的内存不会被立即在物理内存上划分出去，只有真正使用的时候 Kernel 才会从虚拟内存转换到物理内存（尽可能地延迟分配，服务更多应用），正是这个策略让超限使用内存成为现实，同时也带来“兑现”隐患。

Kernel 通过上述分配行为，可以实现 overcommit 机制，即内存超限使用。通常内存总量=物理内存 + 交换分区，一旦超限使用，兑现承诺内存时如果超过实际的承受量，就会产生 out of memory，并产生 oom-killer 而随机杀进程。

其实在系统中，申请内存的时候也有不同的对待方式。内核态申请会直接处理，而用户态进程申请仅仅是给出虚拟内存（做出承诺），只有真正使用的那一刻才会给分配，这种设计可以称之为“按需分配”。

1. 调节 vmcommit

系统中能不能使用超限内存，能使用多少，可以通过/proc/sys/vm/overcommit_memory 参数进行设置和限定。可以使用的参数如下：

- 0：默认值，允许超限，但是会有控制，严重的超限申请将被拒绝。
- 1：允许超限。
- 2：禁止超限，swap+ram*系数，系数指的是 vm.overcommit_ratio。

这里有一个地方需要注意，当 vm.overcommit_memory = 2 时，vm.overcommit_ratio 参数就会生效，默认值为 50，这个数值就是 overcommit 的百分比参数。

2. OOM

Linux 的内核为了提高内存的使用效率，采用超限分配内存的方法，当内存不足以支撑当前运行的系统时，内核就会触发 OOM 机制，随机地杀死一些进程，并回收其内存，最大限度地确保系统正常运行。

在系统内存不足时，如何保证主要应用不被误杀呢？通过/proc/pid/oom_score 的数值来了解某个进程是多么不愿意被杀死，数值越小越不愿意被杀死。反之，越大则越容易被杀死。不过，很遗憾，这个数值无法直接设置。可以通过修改/proc/pid/oom_adj 来干扰 oom_score，取值范围是−17 到+15，但是这个更改需要在进程被杀之前设置。

实验性动作：

通过 echo f > /proc/sysrq-trigger 来调用 oom-killer，在内存充足的情况下，并不会真正杀进程。通过 tail -f /var/log/messages 进行观察，可以通过设置 vm.panic_on_oom=1，使得产生 oom 不生效。

4.5.6　SysV IPC

在内存的世界中，除了可以直观地使用量比，还有一部分是隐形的内存消耗，比如进程通信中的信号令、消息队列、共享内存，可以使用 ipcs 命令查询共享内存的使用状态，使用−l 参数查看系统限制。

这些内存消耗是必须的，有时候也会进行调整用于对应用程序的匹配，在/proc/sys/kernel/目录下进行调节：

（1）kernel.sem：一个信号数组最多存储 250 个信号令（default = 250）；信号令的总数是 32000 个（default = 32000）；每调取一个信号令最多可以允许多少个操作（default = 32）；信号令数组的个数（default = 128）。

（2）kernel.msgmnb：default = 16384。一个单独的消息队列最多可以存储 16384 字节。

（3）kernel.msgmni：default = 16，最多可以有 16 个消息队列。

（4）kernel.msgmax：default = 8192，每个消息的最大值。

（5）kernel.shmmni：default = 4096，可以分配多少个共享内存段。

（6）kernel.shmall：控制共享内存页数，Linux 共享内存页大小为 4KB，共享内存段的大小都是共享内存页大小的整数倍。一个共享内存段的大小最大是 16GB，需要共享的内存页数是 16GB/4KB=16777216KB/4KB=4194304。

（7）kernel.shmmax：是核心参数中最重要的参数之一，用于定义单个共享内存段的最大值，shmmax 设置应该足够大。

4.5.7 几种页面的状态和类型

Linux 系统中，内存页面的状态会随着数据的读取、写入不断产生状态变化，内存页面状态如表 4-2 所示。

表 4-2

状　态	释　义
Free	可以立即被分配使用的页
Clean	页中的内容已经被写入磁盘，或者从磁盘读取之后一直没有改变，或者页面可以被分配，即进程使用完已经被彻底丢弃的页
Dirty	该页内容已经更改，但是还没有写入磁盘，脏页不能直接分配使用
Active	该面正在被进程使用

通过 U 盘使用内存页面的方式来深入了解一下这些页的状态转变：

（1）将 U 盘挂载到系统中，在进行一些读写操作之后再执行 umount 命令卸载 U 盘，此时会有很多脏页在系统中，所以会执行 sync 动作，将 dirty 变成 clean。

（2）为了保存数据不丢失，需要将所有 dirty 页面“sync”到硬盘中。在进行“flush”之后，页面就被“free”出来给其他进程。

（3）但这里一定要注意这样的问题，瞬间“flush”大量的 dirty 页从内存到硬盘，系统会因为 I/O 紧张而感觉到明显的迟钝。

（4）flush 是 Kernel 的线程，不需要干预。Dirty 页面较多的时候，flush 的线程数会增加，反之就会减少。

CentOS 7 中使用“ps -ef | grep flush”命令找到 kdmflush，当所有全局系统进程的 dirty 页面

数量达到系统总内存的一定比例时，就会触发 pdflush/flush/kdmflush 等待后台回写进程运行。

以上过程涉及的参数如表 4-3 所示。

表 4-3

参　数	释　义
vm.dirty_background_ratio	当脏页达到什么比例的时候，系统就开始考虑将内存中的 Dirty Page 往硬盘中进行 kdmflush，但不是立即进行 flush，默认为 10%
vm.dirty_expire_centisecs	该数值除以 100 后得到秒（s），即脏页存在 30s 之后才允许进行 kdmflush
vm.dirty_writeback_centisecs	该数值除以 100 后得到秒（s），默认每隔 5s，kdmflush 就会激活一次
vm.dirty_ratio	如果某个进程突然进行暴力 I/O，脏页超过物理内存某个百分比的时候立即进行 flush，由于此时涉及抢线的情况，所以会感觉系统明显变慢，默认值为 20%
vm.dirty_background_bytes	控制内存占用的阈值
vm.dirty_bytes	控制内存最多占用的阈值

上述参数在/proc/sys/vm/目录下，也可以通过/etc/sysctl.conf 配置文件持久化。

4.5.8　Swap 分区

在 Linux 系统中，除 RAM 的内存外，经常会划分一个磁盘分区作为对内存的补充，该分区在 RAM 内存不足的时候用来充当内存使用，称之为 Swap 分区。

Linux 系统会把当前不使用的进程设置成“等待状态”或“睡眠状态”，而睡眠状态的进程则会进入 Swap 分区，尽可能地腾出内存空间给“活跃状态”的进程使用，这些被置为“等待”或“睡眠”的进程如果需要再次被调用，则会被置为“活跃状态”，但是这种频繁的调入和调出会有极大的延迟，因为 RAM 和磁盘 Swap 有着巨大的速度差异。

所以，如果内存足够大，应当告诉 Linux 尽可能不使用 Swap 分区，通过修改/proc/sys/vm/swappiness 的数值来进行调节。

swappiness=0：表示最大限度地使用物理内存，然后才是 swap 空间。

swappiness＝100：表示积极地使用 swap 分区，并且把内存上的数据及时调入 swap 空间。

默认值是 60，100−60=40，即当 RAM 使用到 40%的时候就会使用 swap 分区空间，还请依据自身系统的负载情况进行设定。

小结

✓ 平时一定要注意采集内存的相关数据，设置必要的监控，及时绘图发现内存使用率的走向，内存使用率持续升高可不是一件好事。

✓ 如果怀疑有内存泄露的情况发生，可以通过 valgrind --tool=memcheck cat /proc/PID/maps 命令来进行分析，内存泄露的大多数原因最终归于应用程序申请内存之后没有及时释放。

✓ 如果整个 swap 被占用 50%左右，就会认为内存不足，需要进行调整或增加内存，这个 50%的数值并不试用于所有，不同的系统有不同的标准，交易系统可以更低一些，因为交易系统对实时性要求比较高，所以不希望任何数据进入交换分区。如果作为非关键业务或内部服务，这个数值可以适当放宽。

4.6 Network

Network 是主机与外界通信的进出口，网络环境关系着主机与外界的通信质量，在较差的网络环境下，可以通过网络调优最大限度地改善通信质量，让通信较为顺畅一些。

4.6.1 数据的发送和接收

在 Linux 系统的内部结构中除网络设备外一切皆为文件，网络发送是写 socket 文件，网络接收是读 socket 文件。

1. 输出/写入

发送数据，实际就是用户将数据写入 socket 文件中，Kernel 将用户数据封装成 PDU，将 PDU 放在所期待网络设备的传送队列中，每个网卡的驱动在收到 PDU 之后就会开始往队列中读取数据并按照队列顺序发送。

2. 接收/读取

接收数据，实际就是对 socket 数据的读取，但是这里有一个关键点，那就是“中断”。

在第二层网络，网卡每收到一个数据帧，就将数据拷贝到内存中（这个过程是从 DMA 到 Buffer，不需要经过 CPU），然后网卡要求 CPU 产生一个硬中断，当 Kernel 收到消息时会处理中断并调用一个软中断。软中断会通过 irqhandler 将包交到 IP 地址的缓冲池中，若包的目标是自己则直接接收，否则需要转发。

大家试想一下这个处理过程，在不断收到数据包的时候，每个数据包都要硬中断一次，然后 Kernel 要调用软中断，这个过程随着网络接收数据包的增加而增加，呈正比例增长。读者有没有想过，如果很多非法的数据包发送过来，CPU 是不是都忙于处理这些中断？这个原理实际就是 DOS 的攻击原理。

可以尝试调优网络的接收 Buffer，一般 Buffer 就是队列长度。如果队列短可能会丢包，如果队列长则可能会延迟增大。

4.6.2 Socket Buffer

上面介绍了在 Linux 系统下的网络收发模式，无论是发送还是接收都有可能通过调节 Socket Buffer 来改善通信质量。但是在调用 Socket Buffer 之前，应该先理解如何计算 Buffer 的大小。

Buffer 大小 = 带宽 × 到达时间（例如：ping 的 time 值）

上面的公式计算的只是一个平均值，光有平均值是不够的，还需要一个最大值和最小值，因为网络访问有高峰期，也有低峰期，所以需要限定高峰期 Buffer、平均值 Buffer 和低峰期 Buffer。

（1）当网络连接达到峰值的时候，就是 Buffer 的最小值。

（2）当网络连接达到最小的时候，就是 Buffer 的最大值。

即通过该公式算出来，在系统状况健康的时候给每个连接分配较多的 Buffer。

4 个 sysctl 的开关用于调整接收和发送 Buffer 的值：

（1）net.core.rmem_max 接收 Buffer 的最大值，单位为 byte。

（2）net.core.wmem_max 发送 Buffer 的最大值，单位为 byte。

（3）如果没有特意指定，则使用默认值：

net.core.rmem_default 和 net.core.wmem_default。

但是 TCP 比较特殊，TCP 拥有单独的机制来自动调整 Buffer 大小，因此 TCP 不会使用这两个带 default 的参数。

4.6.3 调整 UDP Buffer 的大小

针对 UDP 协议，通过下面的参数修改 Buffer 值：

```
net.core.rmem_max=212992
net.core.wmem_max=212992
net.core.rmem_default=212992
net.core.wmem_default=212992
```

UDP 协议控制 Buffer 的时候需要控制网络的 Core 的读写 Buffer，所以相对比较简单，但是 TCP 就比较复杂了，TCP 调整的时候也要调整 Core Buffer。

4.6.4 调整 TCP Buffer 的大小

为什么 TCP 拿出来单说，因为 TCP 有滑动窗口和重传机制等，所以 TCP 是一个有状态的协议，调节相对复杂。而 UDP 只要根据公式的计算结果调节对应的参数即可，TCP 调优的时候考虑的因素会更多，首先需要利用 BDP 公式来计算 Core 的大小，然后调整后面的 3 个参数：

```
net.ipv4.tcp_mem = 21846    29129    43692      //总数
net.ipv4.tcp_rmem = 4096    87380    6291456    //读 Buffer
net.ipv4.tcp_wmem = 4096    16384    4194304    //写 Buffer
                   最小值   中间值    最大值
```

众所周知的 TCP 协议中有一个重要功能“滑动窗口”。segment 的大小在 socket 建立的时候就已经协商好了，而且发送方必须在接收方没有 ACK 返回的时候进行重传。而发送方也必须按照最后发送的数据及重传的数据量来确定窗口的大小。一般一个 ACK 能够用于确认多个 segment，如果需要重传没有 ACK 确认的数据，可能会将多个数据合并为一个大的 segment。这个功能由系统上的一个参数来控制：net.ipv4.tcp_window_scaling=1，如果将其设置为 0，则窗口大小被设置为 64KB。而在 CentOS 7 系统上，该参数的值为 1。

1. 调整 TCP socket 的建立

```
net.ipv4.tcp_syn_retries
```

每次试图连接其他机器时重试的次数，超过该次数则连接失败。

```
net.ipv4.tcp_max_syn_backlog
```

未收到客户端确认信息的连接请求最大值。

```
net.ipv4.tcp_tw_recycle
```

快速回收 TIME-WAIT 套接字，默认值为 1，不建议修改。

2. 调整 TCP socket keepalive

```
net.ipv4.tcp_keepalive_time = 7200  //默认的连接生存期
net.ipv4.tcp_keepalive_intvl = 75   //每隔 75s 发探测包
net.ipv4.tcp_keepalive_probes = 9   //发探测包的个数
```

4.6.5 参考实验

1. TCP/UDP Buffer（队列调整）

默认情况下，收发数据包，Kernel 会自动调节 Buffer 大小，默认占到内存的极限，而且是全局生效。

参数 net.ipv4.tcp_mem 和 net.ipv4.udp_mem 拥有 min、pressure、max3 个选项的值，单位是 page（页）。这两个参数通常不需要修改，因为开机的时候就已经接近系统内存极限，但是一旦压力值达到 pressure 的时候 Kernel 就会进行干预，调节到 min 值，因为怕连接不断增加，内存耗尽，但是不管 Kernel 如何调节，都不可能超过 max 值。

经验之谈：如果计算机主要做网络负载使用，可以设置 min 值为总量内存的 4 分之 3，pressure 值为总量内存的 5 分之 4，max 值为总量内存的 6 分之 5。

另外，每个进程，每个连接，收发各占一个 Buffer，当大并发上来以后将非常消耗内存。

2. Udp Socket Buffer

```
net.ipv4.udp_rmem_min (bytes)
net.ipv4.udp_wmem_min (bytes)
net.core.rmem_default(bytes) //收包的默认 Buffer 大小
net.core.wmem_default(bytes) //发包的默认 Buffer 大小
net.core.rmem_max(bytes) //收包的极限值 Buffer 大小
net.core.wmem_max(bytes) //发包的极限值 Buffer 大小
```

3. TCP Socket Buffer（TCP 要先调节总开关）

```
net.core.rmem_max(bytes)
net.core.wmem_max(bytes) //总值，这里要先放大，再调节
net.ipv4.tcp_rmem(bytes)
net.ipv4.tcp_wmem(bytes) //(min default max)
```

那么到底要设置多大的 Buffer 才合适呢？Buffer 设置太大，速度会下降，利用率差，反应慢。Buffer 设置太小，会产生丢包、溢出等问题，所以需要参考 4.6.2 节的计算公式来进行计算给出合适的值。

4. 实验 1：TCP Buffer 和滑动窗口

（1）A 主机“ping”B 主机，延时很小，速度很快，可以查看默认的发包机制。

```
[root@A ~]# ping B
PING B (172.16.26.131) 56(84) bytes of data.
64 bytes from B (172.16.26.131): icmp_seq=1 ttl=64 time=0.326 ms
64 bytes from B (172.16.26.131): icmp_seq=2 ttl=64 time=0.295 ms
64 bytes from B (172.16.26.131): icmp_seq=3 ttl=64 time=0.292 ms
[root@A ~]# tc qdisc show
qdisc pfifo_fast 0: dev eno16777736 root refcnt 2 bands 3 priomap ......
qdisc pfifo_fast 0: dev eno33554960 root refcnt 2 bands 3 priomap ......
```

pfifo_fast 是默认的策略，pfifo_fast 是系统的标准 QDISC，有 3 个波段，分别是 band0、band1、 band2。band0 最高，band2 最低，如果 band0 有数据包就不会处理 band1 波段，band1 和 band2 波段也是一样的，每个波段都采用 FIFO（First In First Out）模式。

（2）B 主机创建文件到/var/www/html/下，A 主机进行下载，正常状态下网络速度如下。

```
[root@B ~]# dd if=/dev/zero of=/var/www/html/file.img bs=1M count=5
[root@A ~]# time wget http://B/file.img
2018-12-05 03:56:18 (205 MB/s) - 已保存 "file.img.1" [5242880/5242880])
real     0m0.033s
user     0m0.000s
sys 0m0.023s
```

可以看到，时间很短就完成了。

（3）模拟网络变慢，延迟 2s。

```
[root@A ~]# tc qdisc add dev eno33554960 root netem delay 2s
[root@A ~]# ping B
PING B (172.16.26.131) 56(84) bytes of data.
64 bytes from B (172.16.26.131): icmp_seq=1 ttl=64 time=2000 ms
64 bytes from B (172.16.26.131): icmp_seq=2 ttl=64 time=2000 ms
64 bytes from B (172.16.26.131): icmp_seq=3 ttl=64 time=2000 ms
```

（4）A 主机在网络不健康的情况下进行下载，查看网络速度。

```
[root@A ~]# time wget http://B/file.img
2018-12-05 04:02:12 (197 KB/s) - 已保存 "file.img.2" [5242880/5242880])
real     0m30.019s
user     0m0.009s
sys 0m0.043s
```

很慢！很慢!! 对比 real 时间，不是一个数量级的。

（5）每个包的延迟为 2s，BDP 计算公式如下：

```
Lpipe = Bandwidth × DelayRTT = A × W
100Mbits/s/8 × 2s = 26214400 bytes
```

（6）依据计算结果，调整 Buffer，查看效果。

```
[root@A ~]## echo '26214400 26214400 26214400' > /proc/sys/net/ipv4/tcp_rmem
[root@A ~]## echo 26214400 > /proc/sys/net/core/rmem_max
[root@A ~]# time wget http://B/file.img
2018-12-05 04:36:35 (256 KB/s) - 已保存 "file.img.5" [5242880/5242880])
real     0m24.013s
user     0m0.004s
sys 0m0.045s
```

结果是有所提升，比之前好一点。

（7）尝试设置接收 Buffer 大小，观察效果，调整在 A 主机上的接收缓冲区大小为原来的 10 倍。

```
[root@A ~]# echo '262144000 262144000 262144000' > /proc/sys/net/ipv4/
tcp_rmem
[root@A ~]# echo 262144000 > /proc/sys/net/core/rmem_max
[root@A ~]# time wget http://B/file.img
2018-12-05 04:27:47 (256 KB/s) - 已保存 "file.img.3" [5242880/5242880])
real    0m24.012s
user    0m0.001s
sys 0m0.046s
```

增加更多的 Buffer 空间不会对下载速度有明显的改善，而且在传输中的碎片可能使得情况更糟。

（8）在 A 主机上关闭窗口调整功能。

```
[root@A ~]# echo 0 > /proc/sys/net/ipv4/tcp_window_scaling
```

然后继续执行下载命令：

```
[root@A ~]# time wget http://B/file.img
2018-12-05 04:43:19 (30.8 KB/s) - 已保存 " file.img.6 " [5242880/5242880])
real    2m50.059s
user    0m0.003s
sys 0m0.062s
```

发现下载速度变慢很多。因为关闭窗口自动分割将接收缓存变成 64KiB 大小，所以发送方发送的数据段大小也被限制为 64KiB。

重新打开自动窗口分割：

```
[root@A ~]## echo 1 > /proc/sys/net/ipv4/tcp_window_scaling
```

在 A 主机上将窗口的 Scaling Factor 设置为 14（最大值）。

```
[root@A ~]## sysctl -w net.ipv4.tcp_adv_win_scale=14
[root@A ~]# time wget http://B/file.img
2018-12-05 04:45:56 (256 KB/s) - 已保存 "file.img.7" [5242880/5242880])
real    0m24.012s
user    0m0.007s
sys 0m0.055s
```

该参数的默认值为 1。尽管有很多参数可以对网络进行调整，但是使用默认值是一个最好的建议。不要忘记 TCP 滑动窗口，如果开放滑动窗口，会让我们使用超过 64KB 以上的 Buffer，如果关闭该窗口就相当于被锁死到 64KB。

5. 实验 2：网络连接和内存使用

（1）在 A 主机上，检查当前 net.core.rmem_max 和 tcp.ipv4.tcp_rmem 的设置。

```
[root@A ~]# sysctl -a | grep rmem
net.core.rmem_default = 212992
net.core.rmem_max = 212992
net.ipv4.tcp_rmem = 4096    87380   6291456
net.ipv4.udp_rmem_min = 4096
```

（2）现在我们将强制发送连接，每个连接都设置 512KiB 的 Buffer 大小。

```
[root@A ~]# sysctl -w net.core.rmem_max=524288
[root@A ~]# sysctl -w net.ipv4.tcp_rmem="524288 524288 524288"
```

（3）同时开启两个终端窗口，一个窗口用于监控内存的使用，另一个窗口用于监控 Apache 进程的变化。

```
[root@B ~]# watch -n1 'cat /proc/meminfo'
[root@B ~]# watch -n1 'ps -ef | grep httpd | wc -l'
```

确保 B 主机上开启 HTTPD 进程，并在 A 主机上使用压测软件“ab”对其进行压力测试。目的是观察一个系统在处于很重的网络负载情况下对内存的使用。

```
[root@A ~]# ab -n 10000 http://B/
```

同样，可以将压力依次模拟到 10 用户、100 用户、1000 用户的并发访问，观察内存变化：

```
[root@A ~]# ab -n 10000 -c 10 http://B/
[root@A ~]# ab -n 10000 -c 1000 http://B/
```

随着连接数的增加，Free 内存逐步减少。

小结

- ✓ 网络调优有很多种方式，上面介绍的也都是基本的调优方法，我们要理解这些设置对网络造成的影响，如果没有特殊的需求，建议使用系统默认配置即可。
- ✓ 网络的 Bond 方法还请参考其前面章节，Bond 可以看成增加带宽的方式，也可以当作容灾备份的主要手段。
- ✓ 网络传输是需要开销的，在 MTU=1500 的情况下，TCP 是 3.5%的开销，UDP 是 1.9%的开销，所以在网络稳定的情况下 UDP 的效率要高于 TCP。但是 TCP 是可靠传输，在数据传输保障上高于 UDP，所以 TCP 和 UDP 的取舍就要看实际情况了。比如，流媒体可以选用 UDP，看电影丢几个包不会出现什么严重问题，如果是用于交易数据，建议选择 TCP，因为需要保障数据的完整性和交易的正确性。
- ✓ Jumbo Frame，需要连同交换机共同设置，例如：MTU=9000，增加传输利用率。

4.7 磁盘调度& FileSystem

磁盘是现在计算机中最慢的设备，并且是计算机中所有数据的来源，无论读取还是写入，都离不开磁盘设备的参与，由于磁盘的机械天性，决定了很多问题和瓶颈的产生，所以磁盘是调优的关键环节。

4.7.1 磁盘与 I/O

磁盘最主要的缺点是“慢”，尤其是机械盘，现今计算机组成的部件中，除了磁盘还在原始的机械状态，其余的部件都已经实现芯片化。当然，除了机械磁盘，也可以选择速度优越的固态盘，但是固态盘价格比较昂贵，并且有寿命限制，通常将固态盘用于缓存设备，很少会用在大范围的数据存储。而生产环境使用最多的还是机械磁盘（SATA 或者 SAS），所以对机械磁盘的调节方法是有必要深入学习的。

1. 调优的思路

按照读多、写少的思路，优化读取的请求是关键，但也要考虑写请求的存在，防止写饥饿，同时需要分析服务类型、应用动作、读写量占比、顺序和随机等可以影响 I/O 的因素。

2. Linux 如何访问磁盘

Linux 应用访问磁盘关系如图 4-6 所示：

由上至下分析，最顶端的应用程序发起的读、写等操作对象全部都在内存中，通过系统的 I/O 调度策略向下写入磁盘设备，下层是驱动程序和硬件资源，由上至下逐层调用。

重点理解两个关键点，一个是内存中的对象是什么，另一个是 I/O 的调度。

（1）首先理解内存中有两种 Cache：Page Cache & Buffer Cache。参考 4.6 节的 Page Cache 和 Buffer Cache。

（2）选择一个 I/O 调度算法，在 I/O 调度条件满足的情况下，一次性将请求发送到磁盘驱动，然后由磁盘驱动去做读写磁盘的动作，下一节将详细讲解 I/O 调度算法。

3. 如何提高缓冲区效率

增加队列长度，在进行写入操作之前使队列能够容纳更多读方面的请求，增加队列之间的延迟，使队列能够具有更多的时间容纳更多的请求。

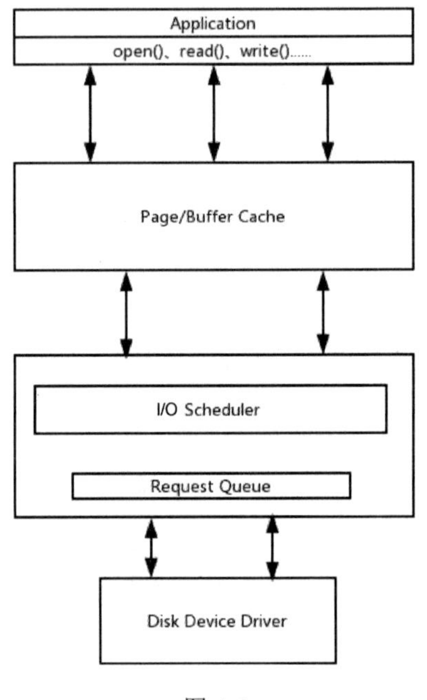

图 4-6

在对数据的访问中读取是最关键的，通常内核会自动按照自己的方式对读取访问进行优化。在随机访问中，Kernel 也会假设要读取的数据是连续的，并按照这样的顺序进行数据预读。通过对应用程序的预读 Kernel 可以将程序所需要的数据页面缓存到内存中，这样 Kernel 可以快速找到应用程序所需要的数据。这种做法可以减小磁盘控制器的负载，从而减少响应时间。

当然，这种预读的方法对于随机访问和经常要重新读取同一块数据的应用程序而言是没用的。所以如果 Kernel 发现读取的数据是这种类型就会自动关闭预读功能。

调整缓冲区的方法：

控制预读队列的长度：

```
# cat /sys/block/sda/queue/nr_requests
128
```

数值加大，队列变长，内存压力会上升，可以合并读写操作，队列提交速度变慢，但能增加读写量。

预读数据量大小：

```
# cat /sys/block/sda/queue/read_ahead_kb
128
```

这个参数对顺序读非常有用，可以理解为：一次读取 128k 的内容，但是如果文件特别大，128k 是不是太小了？所以通常将这个值改为 512 ，以便有效地减少读的次数。

4.7.2 Elevator 算法

Elevator 算法也称为电梯算法，该算法会对读写请求队列进行调整，按照优先级高低的顺序进行读取和写入。

1. I/O 调度算法

CFQ：对所有进程平均分配 I/O 带宽，适合大众化的各种负载。

deadline：优化读写队列时间，当达到超时限度的时候请求必须被执行，deadline 算法保证对于既定的 I/O 请求提供最小的延迟时间，从这一点来看，该算法对于 DSS 应用应该会是很适合的。

noop：什么都不做，不用考虑谁先谁后，适用于固态磁盘，适合于虚拟机。算法对等待时间和性能方面都做了折中，只是通过简单的排列来获得 CPU 周期。

特点：每个磁盘可以有不同算法，互不干扰。

2. 算法和队列

磁盘队列长度：/sys/block/sda/queue/nr_requests。

调度算法：/sys/block/sda/queue/scheduler。

```
noop [deadline] cfq      //（CentOS 7 默认是 deadline）
```

3. Deadline

调整 Deadline 调度算法：

```
#echo deadline > /sys/block/sda/queue/scheduler
```

在 Deadline 的 I/O 调度算法中，每一个请求都被指派一个过期时间。当过期时间一到，调度器会将请求移到磁盘上。为了减少额外的寻道时间，调度算法会优先处理在附近的请求。

常用调节参数包括如下两个：

（1）read_expire - 毫秒，读请求过期时间。

（2）write_expire - 毫秒，写请求过期时间。

用 Deadline 算法保证对于既定的 I/O 请求有最小的延迟时间，它使用轮询的调度器，简洁小巧，提供了最小的读取延迟和尚佳的吞吐量，特别适合于读取次数较多的环境（比如数据库之类）。

4. noop 调整

调整 noop 调度算法：echo noop > /sys/block/sda/queue/scheduler。

该算法基本没有需要调整的参数，I/O 请求被分配到队列，调度由硬件进行。

所有的 I/O 请求都用 FIFO 队列形式处理。CPU 无需操心队列和调度问题。当然对于复杂一点的应用类型使用这个调度器，管理员自己就会非常操心。

5. CFQ 调整

调整 CFQ 调度算法：echo cfq > /sys/block/sda/queue/scheduler。

该算法的目的是对所有的进程平均分配 I/O 资源。

常用可调的参数有一个：

quantum - 在每一个周期放入调度队列的请求总数

对所有因素做了折中以尽量获得公平性，使用 QoS 策略为所有任务分配等量的 I/O 带宽，避免进程被饿死，并实现了较低的延迟，可以认为是前面两种方法的折中，适用于有大量进程的多用户系统。

4.7.3 VFS–虚拟文件系统

VFS 工作流程如图 4-7 所示：

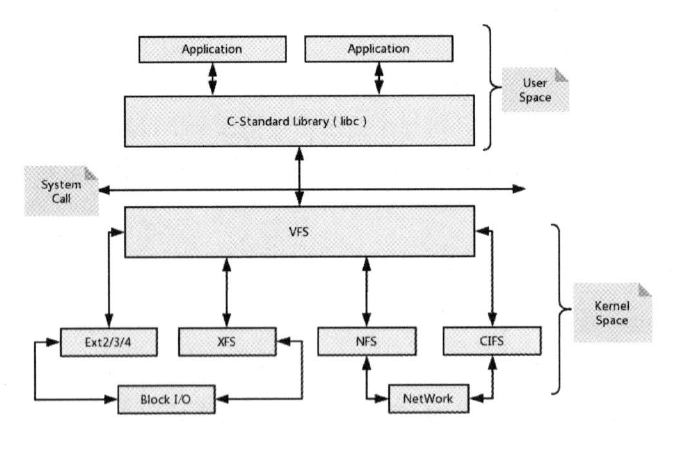

图 4-7

Linux 系统上的文件操作都要基于 VFS，即虚拟文件系统。VFS 为应用程序访问磁盘文件系统提供了统一的标准接口，隐藏了文件系统到设备驱动的具体细节。对于上层应用开发者来讲，只要调取通用的vfs层面的接口即可，无需过多关注下层的文件系统。试想，如果没有VFS的存在，可能需要将同一个应用适配到不同的文件系统中。

查看当前系统支持的文件系统类型：cat /proc/filesystems。

1. FileSystem

理解VFS的作用之后，应该针对不同的应用选择不同的文件系统，CentOS主推XFS和EXT4。

2. XFS介绍

XFS是一个64位文件系统，最大支持8EB减1字节的单个文件。

XFS文件系统在大数据量和大文件的生产环境中表现非常优秀，所以XFS是OpenStack的不二选择。

3. XFS文件系统三大区域

资料区（Data Section）：包含Inode、Block、Superblock等数据。

日志区（Log Section）：用来记录文件系统的变化。

实时运作区（Realtime Section）：创建文件时，XFS在该区域利用Extent区块（Extent大小为4KB～1GB，不推荐调整，对性能有实际影响，如需调整建议多做测试）将文件放置在区块中，然后写入Data Section的Inode和Block中。

4. XFS调整Journal位置

（1）卸载文件系统。

（2）格式化日志磁盘。

```
# mkfs.xfs -l logdev=/dev/sdk1,size=65536b -f /dev/sdm1
```

（3）进行挂载使用。

```
# mount -o logdev=/dev/sdk1 /dev/sdb1 /mnt
```

（4）查看。

```
# xfs_info /dev/sdb1
```

5. EXT4

EXT4是EXT3的下一代系统，属于日志型文件系统。支持文件系统容量高达1EB，文件容量为15TB。

EXT4继承了先辈们的优良传统，在生产环境中一直稳定运行，并且用户数居高不下，如果不是文件大得离谱，建议使用EXT4作为生产主力系统。

6. EXT4 的 3 种日志模式

（1）data=ordered：先写磁盘数据，再提交元数据到 Journal，这种做法保证了任何元数据的更改都可以缓存到 Journal 中。

（2）data=writeback：元数据和数据更改没有顺序，一般在元数据被 Journal 之后数据才写入磁盘。这种做法有时会导致文件中可能产生一些旧文件的数据。

（3）data=journal: 数据块和元数据都被提交到 Journal 中，这种做法会导致访问时间成倍增长。但是却可以将大量的随机写进行合并，提高 I/O 效率。

3 种不同的挂载方式：

```
# mount -o data=ordered
# mount -o data=journal
# mount -o data=writeback
```

7. 调整 Journal 位置

了解日志的类型和挂载使用以后，可以根据不同需求，调节日志模式，将调优发挥到极致，可以参考 XFS 的模式，将日志单独分配到 SSD 上。

（1）卸载文件系统。

（2）确认文件系统的块大小及 Journal 位置：`dumpe2fs /dev/sda1 | less`。

（3）将文件系统内部的 Journal 从当前文件系统中删除：`tune2fs -O ^has_journal /dev/sda1`。

（4）建立一个外部的 Journal 设备：`mke2fs -O journal_dev -b block-size /dev/sdb1`。

（5）使文件系统超级块使用外部 Journal 设备：`tune2fs -j -J device=/dev/sdb1 /dev/sda1`。

8. 其他的 mount 选项

（1）关闭访问时间更新：mount –o noatime。

Linux 系统中，每一次对文件进行读写操作都会更新该文件的时间戳，并写入 Journal 中，在特别繁忙的文件系统上，将会产生大量的写操作，严重影响 EXT4 的性能，所以对于一些只读的 Web 页面，一般都会将该功能关闭，以提升性能。可以通过 stat 命令进行查看：stat/root/install.log。

（2）Journal 提交时间：mount –o commit=15，单位为 s。

多长时间之后 Journal 向磁盘提交一次数据，也就是每次 Journal 的时间。默认情况下是 5s，增加时间表示一次性提交到 Journal 的数据量将会更大，将提高文件系统的性能。但是也有可能在文件系统冲突的时候造成更多数据的丢失。

小结

✓ 以上是针对磁盘的一些基础调优，根据生产的实际环境设置磁盘相应的算法将会事半功倍，选择调度算法之前一定要搞清楚 I/O 更倾向于哪种算法。

✓ 文件系统对于文件的存储速度和数据完整性起到至关重要的作用，一定要慎重选择文件系统，分析当前业务场景所需，再根据实际情况进行调优。

4.8　Tuned

Tuned，一个可以让我们随时随地进行调优的工具。以服务形式存在，在不同的时间段结合自动化任务提供不同的调优变更。

（1）安装 Tuned。

```
[root@localhost ~]# yum install tuned
```

（2）启动 Tuned 服务。

```
[root@localhost ~]# systemctl enable tuned.service
[root@localhost ~]# systemctl status tuned.service
```

（3）列出 Tuned 调节内容。

```
    [root@localhost ~]# tuned-adm list
    Available profiles:
    - balanced - General non-specialized tuned profile
    - desktop - Optimize for the desktop use-case
    - latency-performance - Optimize for deterministic performance at the cost
of increased power consumption
    - network-latency - Optimize for deterministic performance at the cost of
increased power consumption, focused on low latency network performance
    - network-throughput - Optimize for streaming network throughput, generally
only necessary on older CPUs or 40G+ networks
    - powersave - Optimize for low power consumption
    - throughput-performance - Broadly applicable tuning that provides excellent
performance across a variety of common server workloads
    - virtual-guest - Optimize for running inside a virtual guest
    - virtual-host - Optimize for running KVM guests
    Current active profile: virtual-guest
```

tuned-adm 提供的文件分为如下几类：

① 存储和网络的低延迟。

② 存储和网络的高吞吐量。

③ 虚拟计算机性能。

④ 虚拟主机性能。

CentOS 7 内置的调优方案，可进行自定义配置，请参考“/usr/lib/tuned”下的配置文件。

（4）tuned-adm 的使用。

如果想要更改当前的调优模式，可以在确定应用调优模型和系统模型之后，对比以上配置，使用如下命令进行激活：

① 活跃模式下，切换配置文件：

```
[root@localhost tuned]# tuned-adm profile desktop
```

停止 Tuned 调优：

```
[root@localhost tuned]# tuned-adm off
```

② 停止模式下，需要先选择 Profile 文件：

```
[root@localhost tuned]# tuned-adm profile desktop
[root@localhost tuned]# tuned-adm active
```

（5）自定义配置文件进行调优。

当系统内置的调优方案无法满足调优需求时，可以尝试自定义调优方案，步骤如下：

拷贝调优配置文件，在原有基础上进行修改：

```
[root@localhost ~]# cp -R /usr/lib/tuned/balanced /etc/tuned/myserver
```

查看新建的 Profile 结构数：

```
[root@localhost ~]# tree /etc/tuned/myserver
/etc/tuned/myserver
└── tuned.conf
0 directories, 1 file
```

修改 tuned.conf 文件：

```
[root@localhost ~]# vim /etc/tuned/myserver/tuned.conf
[main] //信息汇总介绍
summary=myserver tuned file
[cpu] //CPU 设置
governor=conservative
energy_perf_bias=normal
[audio] //声音设置，如不需要可以取消
timeout=10
```

```
[video] //video 设置，如不需要可以取消
radeon_powersave=auto
[disk] //磁盘参数设置
# Comma separated list of devices, all devices if commented out.
# devices=sda
alpm=medium_power
elevator=deadline
[my_sysctl] //设置 sysctl 参数
type=sysctl
fs.file-max=655350
```

更多参数还请参考其他配置文件或 man 5 tuned.conf，或者参考“/usr/share/doc/tuned-2.5.1/”目录下的文件。

（6）使该 Profile 生效。

```
[root@localhost ~]# tuned-adm profile myserver
```

（7）验证调优效果。

```
[root@localhost ~]# tuned-adm active
Current active profile: myserver
[root@localhost ~]# sysctl  -a |grep 'fs.file-max'
fs.file-max = 655350
[root@localhost ~]# cat /sys/block/sda/queue/scheduler
noop [deadline] cfq
```

所有调优全部生效，调优成功。

小结

Tuned 调优工具给调优工作带来了极大的便利性，模板化的配置和统一的调优策略归集可以最大限度地降低调优的复杂度。

5 chapter

第 5 章 Linux 系统安全

5.1 Linux 安全介绍

任何系统都存在安全性问题，所以系统安全成为非常热门的话题。这些安全性问题会导致系统被入侵、数据被窃取或数据丢失等状况发生。本章讲解 Linux 系统安全的基础知识，运用实例让读者了解系统是如何被攻击和入侵的。

1. Linux 系统安全吗

Linux 系统在 2000 年左右被称为非常安全的系统，那时候 Windows 的漏洞满天飞，受攻击的系统大多是 Windows 桌面或 Windows Server。其实只要做个对比就会发现，Windows 的市场份额远大于 Linux，可以理解为用得多，问题就多。当时的 Linux 只有简陋的桌面，而且非常难用，最主要的是企业生产环境大部分由 AIX、UNIX、Windows Server 组成，所以 Linux 这样的小众软件，问题就少些。不是没有漏洞，而是没有进行挖掘，不挖掘的原因和价值收益有直接关系。

随着 X86 和 Linux 主流发行版的崛起，企业生产环境悄悄发生了改变，原本的 AIX/UNIX/Windows Server 逐步被 Linux 系统取代，而各大热门技术也都依托于 Linux 系统孕育而生，云计算、区块链、安卓、容器云等热门技术都是基于 Linux 系统衍生的。随着使用量和市场份额及生产地位的不断提升，Linux 系统也逐步进入 Windows 的昔日境况。

另外，由于“黑色”产业链的逐步扩张，使得越来越多的“黑产”技术人员对 Linux 系统的高标价和高收入产生了兴趣，这也直接加速了 Linux 系统漏洞的挖掘和攻击手段的演进。

企业安全：对于企业而言，如果生产系统的正常运营就是企业的生存之道，那么系统安全和数据安全就是企业的生死线，无论市场前景有多好，一旦安全防线被攻破，最终只能以失败收场。

个人安全：对于个人而言，隐私和财产安全是重点，随着计算机和网络的普及，攻击个人信息的方式也变得多样化，比如网络钓鱼、信息欺诈、恶意程序等。所以，个人信息安全目前也是热门话题。

2. 攻防一体

进攻和防守本为一体，想要更好地防守，就要了解进攻的手段。

攻击阶段可以划分为 3 个大阶段：

（1）信息收集阶段：此阶段攻击者会先隐藏自己的信息，防止被反追踪，而后对所要入侵或攻击的主机进行探测。可以通过社会工程学做信息收集，也可以通过扫描软件进行扫描，确认系统版本、开放端口、对外提供服务软件版本等信息，通过收集到的信息来选择对应的攻击方式。

（2）攻击实施阶段：这个阶段最具技术含量，通过前面的信息收集，可以选择利用系统、软件、网络、Web 等漏洞进行攻击。对于“脚本小子”而言，最重要的是找到漏洞，选择相应的攻击软件；对于高手而言，主要是挖掘漏洞，通过漏洞的反编译等技术自制开发攻击工具或入侵软件。

攻击成功后，通常会在系统植入木马，并且不止一个，这是为了巩固对系统的控制。木马植入成功后会自启动并在其他应用程序内植入复活程序，一旦木马被清除，复活程序可以再次激活木马。总之，攻击者为了巩固访问控制的权限，会想尽一切办法来反清除。

（3）收尾离场阶段：木马和后门被植入成功后，会清除相关操作记录及系统日志信息，防止被发现和追踪。

攻击手段按阶段性分类如图 5-1 所示。

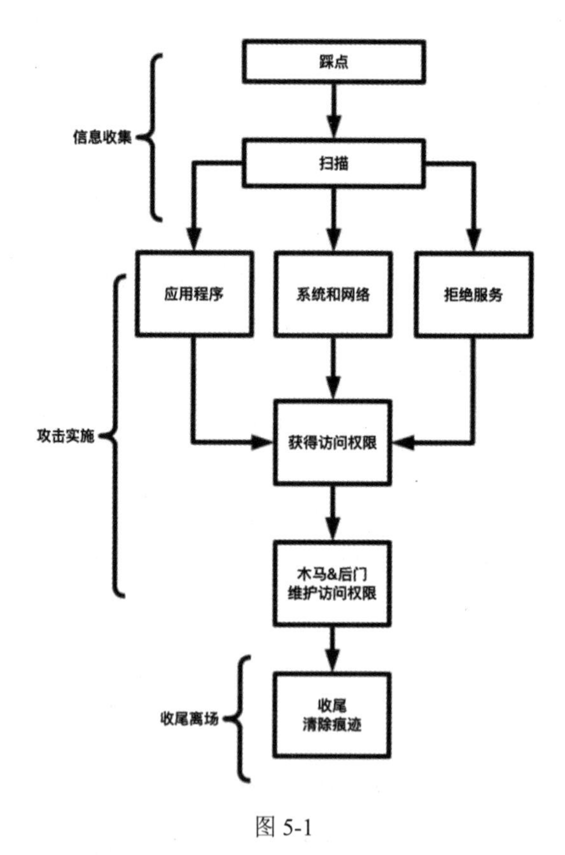

图 5-1

简易攻击流程如图 5-2 所示。

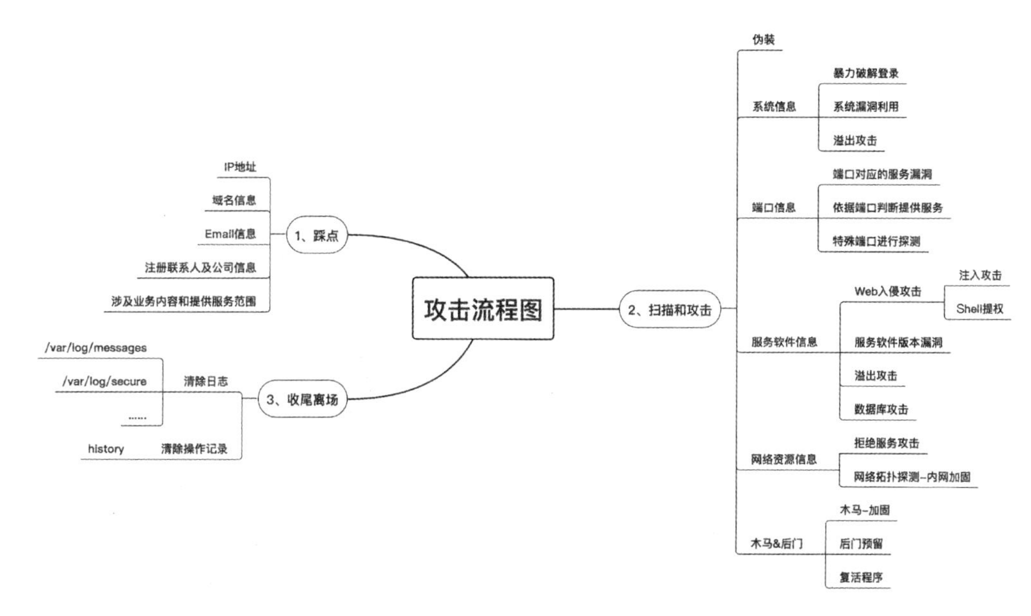

图 5-2

图 5-2 仅为预想的攻击流程，在实际过程中可以按照 3 个阶段通过脑图的方法结合实际信息，逐步进行攻击方式的拓展和方法完善。

小结

✓ Linux 系统的市场份额逐步增长和系统源码的开放性导致漏洞频繁爆出，更是被“黑产”技术人员紧紧盯上。

✓ 通过上述的漏洞入侵诠释了攻击者的常规进攻手段，所谓知己知彼、百战不殆，既然了解了进攻手法，那么就需要想办法构建能与攻击者对抗的防御壁垒。

5.2　Linux 安全加固

系统被攻击或入侵之后，随之而来的就是数据被窃取或丢失，并且会以该主机为跳板向生产区域的其他主机发动进攻，需要反思的是，我们如何才能有效地构建防御壁垒及清除木马？

1. 木马和后门清除技巧

清除木马和后门不是一件容易的事，可以通过如下几个方面入手，判断是否存在木马，以及是否被留有后门。

（1）可疑进程：木马运行需要启动进程，所以系统一旦发现可疑进程一定要进行排查和追溯。但是有一个盲区，怎么才能发现可疑进程呢？通常对于系统的监控会有两种，一种是性能指标的实时监控，另一种是固定周期的巡检监控。在固定巡检监控的脚本中，将进程、磁盘、主要文件、重要日志过滤、网络连接等内容列入巡检范围，通过本次巡检的进程数对比上次巡检的进程数来判断是否有可疑进程。

（2）网络连接：生产环境的系统大多提供比较单一的服务，业务应用由固定端口开放，在巡检的过程中如果发现陌生端口开放，则需要排查端口对应的进程。如果是随机端口连接到陌生的 IP 地址，则需要对这个陌生的 IP 地址进行追溯和排查，因为木马除了开放端口等待连接，还可以从内部发起反连接到外面的 Server 端。

（3）系统异常状态：通过对 CPU 使用率、I/O、网络流量等方面的监控判断系统是否存在异常，比如 CPU 使用持续升高，可以通过相关命令进行排查，找到追使 CPU 使用率升高的对应进程是哪个，并对进程进行分析。

上述发现木马的技巧都需要读者进行缜密的观察和定期巡检，然后从中发现端倪。可以这样理解：木马要工作就会产生进程，要通信就会有网络连接和流量波动，要操作数据就会有 I/O 波动，任何动作都会使 CPU 使用率上升。

发现木马以后找到对应文件进行查杀，这是基本准则，但是事实却很残酷，删除了木马，重新启动，木马依然会被复活。一般通过在关键的位置预留复活脚本来检测系统是否还在控制中、木马是否存活。如果不存活，则会再次下载木马，然后自动运行。这太可怕了，所以一些关键文件的内容也要进行排查，防止被植入复活脚本。

Linux 需要关注启动文件 rc.local、Crontab、Service、bashrc 等，这种文件实在太多了，攻击者可以将复活脚本写在任何一个可能被调用的文件中，如果单纯靠手工、靠经验排查，这个任务基本不能够完成。

2. 文件监控对比

Linux 系统中一切皆文件，正是这种情况下，系统被植入木马和预留了复活脚本的可能性大大增加，从而使管理员对整个系统排查的难度增大。有没有简便的方法可以判断哪些文件被修改过？什么时间修改过？被修改了哪些内容呢？

Aide 是 Linux 系统上的文件系统完整性的检测工具，其核心技术是对所规定的目标文件产生一个数字签名并保存起来。如果目标文件被检查出有修改过，则可判断是否是计划内的改动，若是非法修改则说明系统被入侵了。

在生产环境中，系统正式投产之前，会使用 Aide 对 Linux 文件系统进行镜像备份，再通过定期巡检对比文件的变化，用于排查系统是否被入侵或非法修改。

（1）安装 Aide。

```
[root@localhost ~]# yum -y install aide
```

（2）配置 Aide。

```
[root@localhost ~]# cp /etc/aide.conf /etc/aide.conf.bak
[root@localhost ~]# vi /etc/aide.conf
//配置文件
@@define LOGDIR /var/log/aide    //设置环境变量

database=file:@@{DBDIR}/aide.db.gz      //老签名文件位置
database_out=file:@@{DBDIR}/aide.db.new.gz   //新签名文件位置
gzip_dbout=yes                                  //是否压缩保存

report_url=file:@@{LOGDIR}/aide.log             //对比结果日志位置
report_url=stdout                               //对比结果标准输出

FIPSR = p+i+n+u+g+s+m+c+acl+selinux+xattrs+sha256
//各个字母代表不同含义，如权限、所有者、SELinux 等

CONTENT_EX = sha256+ftype+p+u+g+n+acl+selinux+xattrs   //记录组合
/boot/   CONTENT_EX
// boot 是目录，CONTENT_EX 是记录组合，可以理解为对 boot 目录记录哪些内容

!/etc/.*~       //“！“表示忽略不记录
//其实默认配置文件已经比较全面了，但实例还是新加入了文件夹监控

/data/  FIPSR    //新增监控目标
```

（3）Aide 快照。

```
//创建测试文件
[root@localhost ~]# mkdir /data/
[root@localhost ~]# cd /data/ ; echo “test” > file
//进行快照
[root@localhost data]# aide -i
AIDE, version 0.15.1
### AIDE database at /var/lib/aide/aide.db.new.gz initialized.
```

（4）备份快照。

```
[root@localhost data]# mv /var/lib/aide/aide.db.new.gz\
 /var/lib/aide/aide.db.gz
```

（5）对比状态。

```
[root@localhost data]# aide --check
AIDE, version 0.15.1
```

```
### All files match AIDE database. Looks okay!
[root@localhost data]# echo 12345 >> /data/file
AIDE 0.15.1 found differences between database and filesystem!!
Start timestamp: 2019-07-04 23:31:32

Summary:
  Total number of files:    47059
  Added files:          0
  Removed files:        0
  Changed files:        1


---------------------------------------------------
Changed files:
---------------------------------------------------

changed: /data/file

---------------------------------------------------
Detailed information about changes:
---------------------------------------------------



File: /data/file
 Size     : 11                           , 17
 Mtime    : 2019-07-04 23:27:49          , 2019-07-04 23:31:28
 Ctime    : 2019-07-04 23:27:49          , 2019-07-04 23:31:28
 SHA256   : Zu/ujxLSOuW4ne8x13kaOu+F4ji316u+ , YjLmQ5YtY8H/523V/iZ8mFiSDEgtqbq8
//通过结果可以看到/data/file被修改，有明确的修改时间
```

（6）确认。

需要管理员对内容进行确认，如果是合法修改的则重新进行签名，为下次比对做基础；如果是非法修改的则需要进行排查，判断是否被入侵。

```
[root@localhost data]# aide -i
[root@localhost data]# mv /var/lib/aide/aide.db.new.gz\
 /var/lib/aide/aide.db.gz
```

3. Linux 系统加固

对 Linux 系统进行安全加固可以从以下几个方面入手。

（1）文件监控层面：可以使用 Aide 工具进行文件监控，这是最好的选择。

（2）Crontab 任务监控：通过巡检脚本定期采集 Crontab 任务，分析每条任务。

（3）进程数量监控和对比：通过巡检脚本采集对比进程数量，发现进程差异要及时反馈，并给出进程的详细信息，根据 PID 号查询网络连接的异常。

（4）账户文件：对/etc/passwd、/etc/shadow 进行监控，关注用户数量及用户 UID 的变化。

（5）安全日志分析与监控：对/var/log/secure 进行监控和备份，定期分析，SSH 是否有被暴力破解攻击，连接进来的账户是否在审计范围之内。

（6）Sudo 监控：定期备份/etc/sudoers 和监控，发现是否有特殊的用户写入此文件。

（7）profile/bashrc 等文件：定期关注和监控，发现有非法写入的情况时，及时进行排查。

（8）弱口令防范：要求密码强度满足 8～14 位，由字母大小写+特殊符号+数字组成。

（9）/tmp 目录的监控：/tmp 目录是木马和后门首选，如果有文件变化就要及时排查。

（10）安全扫描软件：通过 OpenVAS 进行扫描，确认系统漏洞并及时进行修复。

小结

✓ 木马清除的技巧还需要读者根据实际情况进行判断和多多锻炼，上述给出的加固建议也仅仅是常用指标，读者根据生产运行情况可逐步完善添加。

✓ Aide 软件必不可少，建议在生产环境中进行安装和配置，虽然是文件层面的监控和对比，但是排查的范围和对比的方式却是扫除木马和后门的利器。

✓ 实时的性能监控和定期的巡检一样都不能少。

5.3　OpenVAS 的部署和使用

OpenVAS 是一套开源的漏洞扫描安全防护系统，可以远程检测系统和应用程序漏洞及安全隐患问题。通常会部署在研发测试和生产区域，对主机系统和应用进行定期扫描，生成安全检测报告，供管理员进行安全评估。

1. 部署容器化 OpenVAS

通常情况下我们会在投产之前对系统进行安全扫描和安全评估时使用 OpenVAS，也会定期对生产区域进行安全扫描。

（1）安装 Docker。

```
[root@openvas ~]# yum -y install docker-io
[root@openvas ~]# serivce docker restart
```

（2）查找 OpenVAS 9 版本镜像。

```
[root@openvas ~]# docker search openvas  //建议 pull 星级较高的
```

（3）下载 OpenVAS 9 版本镜像。

```
[root@openvas ~]# docker pull mikesplain/openvas:9
```

（4）启动 OpenVAS 镜像。

```
[root@openvas ~]# mkdir /data;chmod 777 /data
[root@openvas ~]# docker run --cpuset-cpus=1 -m 1024M -d -p 443:443 -p 9090:9090 -v /data:/var/lib/openvas/mgr/ -e PUBLIC_HOSTNAME=192.168.56.3 --name openvas mikesplain/openvas:9
//OpenVAS 使用 443 端口，所以启动容器的时候做端口映射，将容器 443 端口映射到主机上
//OpenVAS 工作起来比较耗资源，所以要限制 OpenVAS 的资源使用，不影响其他容器正常运行
//挂载/data 到容器内，将数据库置于宿主机
//PUBLIC_HOSTNAME 为宿主机 IP 地址，设置 PUBLIC_HOSTNAME 可以使用局域网其他主机来访
//问容器内的 OpenVAS
```

（5）更新 OpenVAS。

```
[root@openvas ~]# docker exec -it openvas bash   //进入 OpenVAS 容器
root@ac7d67161abe:/# greenbone-nvt-sync
root@ac7d67161abe:/# openvasmd --rebuild --progress
root@ac7d67161abe:/# greenbone-certdata-sync
root@ac7d67161abe:/# greenbone-scapdata-sync openvasmd --update --verbose --progress
//上述更新和重新构建 OpenVAS 规则库的步骤，可以通过 Crontab 自动化来更新
```

（6）重新启动 OpenVAS。

```
root@ac7d67161abe:/# /etc/init.d/openvas-manager restart
root@ac7d67161abe:/# /etc/init.d/openvas-scanner restart
```

2. OpenVAS 基础使用

（1）访问宿主机 https://IP，登录 OpenVAS，默认账户为 admin，密码为 admin，登录界面如图 5-3 所示。

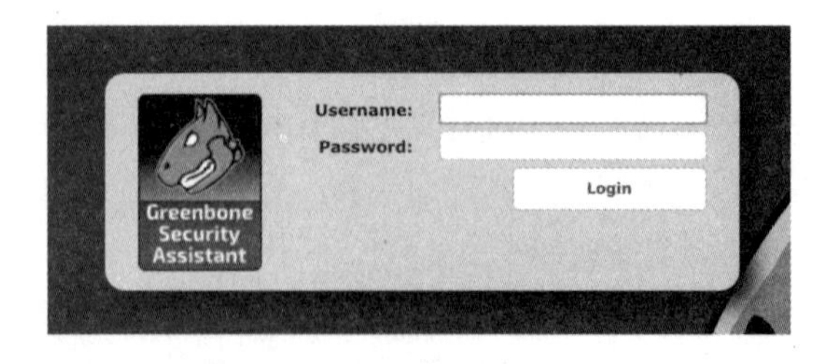

图 5-3

登录成功后，主选项如图 5-4 所示。

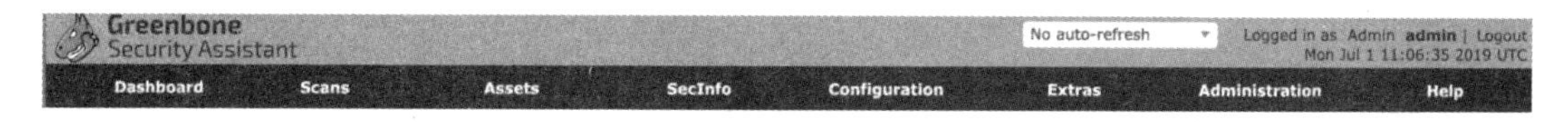

图 5-4

Dashboard：仪表板；Scan：扫描管理；Asset：资产管理；SecInfo ：安全信息管理；Configuration：配置；Extras：附加设置；Administration：账号管理；Help：帮助。

（2）基础设置如图 5-5 所示。

Dashboard　Scans　Assets　SecInfo　Configuration　Extras　Administration　Help

My Settings

Name	Value
Timezone	UTC
Password	********
User Interface Language	Browser Language
Rows Per Page	10
Max Rows Per Page (immutable)	1000
Details Export File Name	%T-%U
List Export File Name	%T-%D
Report Export File Name	%T-%U
Severity Class	NVD Vulnerability Severity Ratings
Dynamic Severity	No
Default Severity	10.0
Default Alert	

图 5-5

在 Extras 选项卡中单击 My Settings，进入基础设置选项，通过左上角小扳手进行个性化设置。

（3）使用向导模式进行设置，如图 5-6 所示。

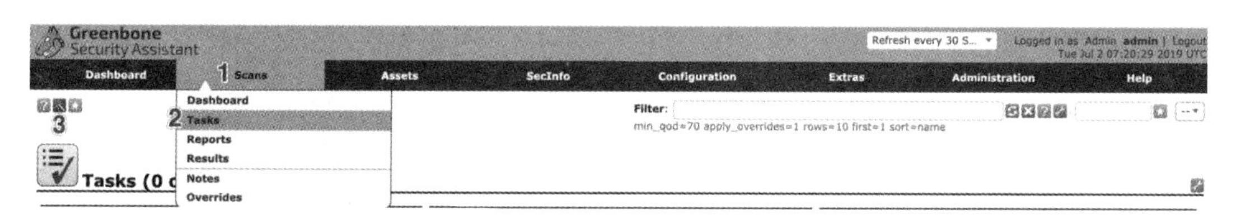

图 5-6

在 Scans 选项卡中选择 Tasks 选项，在左上角标号 3 的位置进入向导模式，选择 Advanced Task Wizard 高级向导模式，界面如图 5-7 所示。

填写任务名称，选择 OpenVAS 提供的扫描策略，指定需要检测的主机 IP 地址，可以即刻开始执行任务，也可以设置调度周期，默认扫描策略如表 5-1 所示。

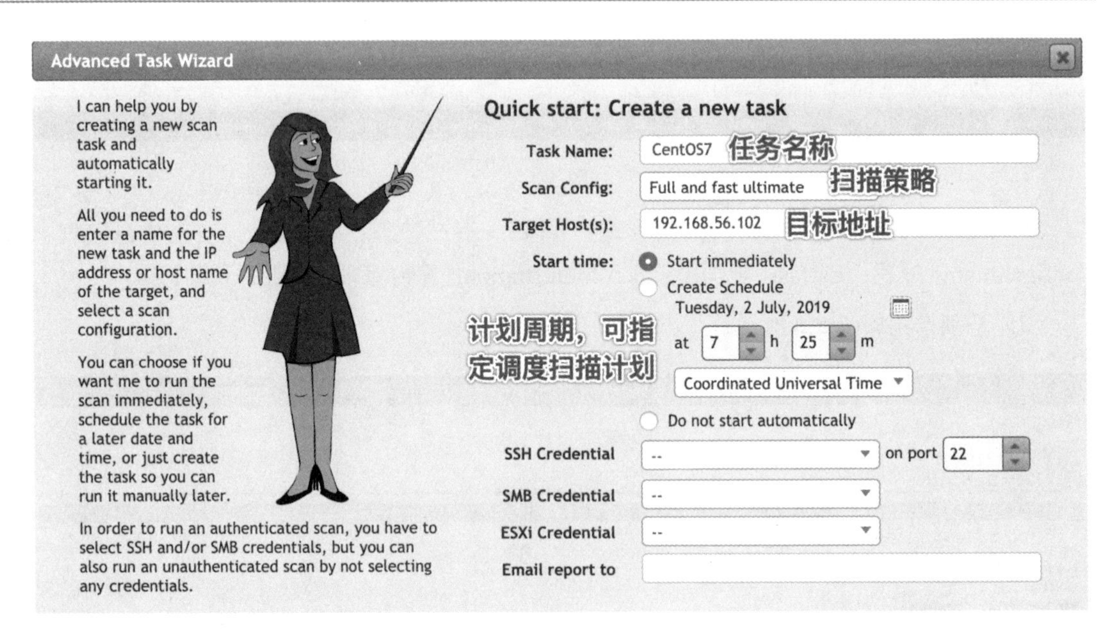

图 5-7

表 5-1

策 略 名 称	策 略 说 明
Discover	对目标主机只进行探测和发现
Empty	没有任何策略
Full and Fast	全面快速地扫描（快）
Full and Fast Ulitimate	全面扫描并使用暴力测试规则（慢）
Full and Very Deep	全面的深度扫描（较慢）
Full and Very Deep Ultimate	全面的深度扫描并使用暴力测试规则（最慢）
Host Discovery	主机发现
System Discovery	识别目标系统

（4）扫描结果。

扫描完成后，结果如图 5-8 所示。

Name	Status	Reports Total	Reports Last	Severity	Trend	Actions
CentOS7 (Automatically generated by wizard)	Done	1 (2)	Jul 2 2019	4.3 (Medium)		

图 5-8

选择箭头所指 Done 选项，可以查看扫描结果，选择相关扫描结果可以查看详细信息，如

图 5-9 所示。

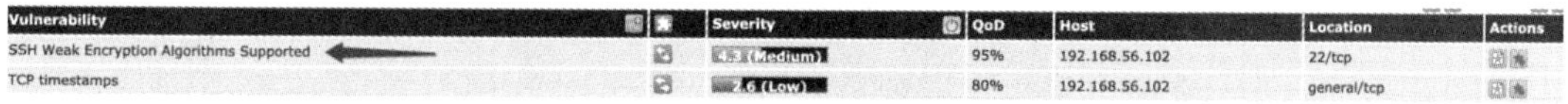

Vulnerability		Severity	QoD	Host	Location	Actions
SSH Weak Encryption Algorithms Supported		4.3 (Medium)	95%	192.168.56.102	22/tcp	
TCP timestamps		2.6 (Low)	80%	192.168.56.102	general/tcp	

图 5-9

至此，向导模式下创建快捷的扫描任务已经完成，重点在于选择扫描策略和规则。

3. OpenVAS 进阶使用

（1）查看规则库。

在 SecInfo 选项卡中选择查看相关规则库信息，也可以选择 All SecInfo 查看全部信息，可以查阅规则是否及时进行更新和相关规则的详细信息。如果长时间没更新，则参考上述部署阶段的更新指令进行数据更新，如图 5-10 所示。

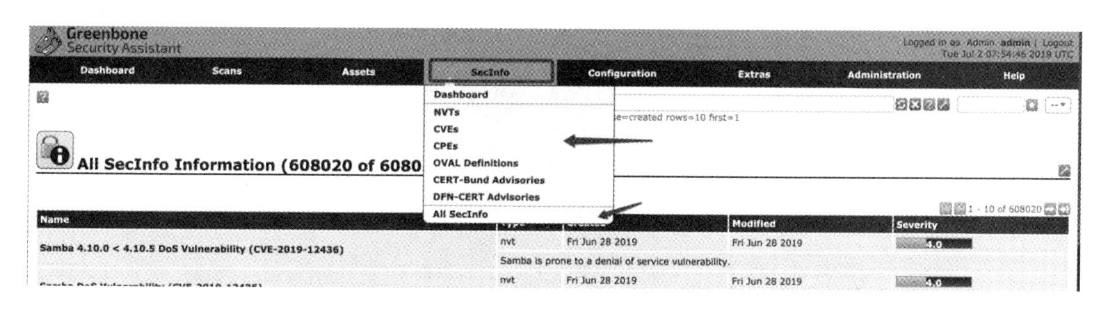

图 5-10

（2）自定义扫描策略。

在 Configuration 选项下的 Scan configs 项目中，单击 New Scan Configuration 新建扫描策略，New Scan Configuration 的位置如图 5-11 中 3 标记处所示。

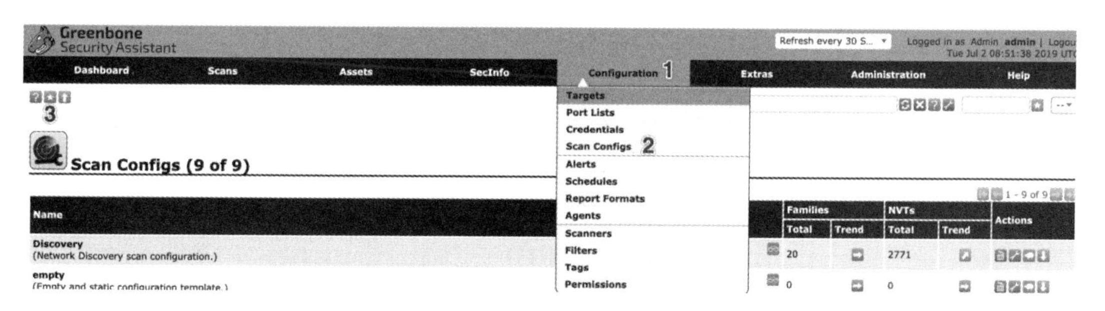

图 5-11

填写策略的名称及描述信息，并选择初始化的 NVTs 规则和更新方式，如图 5-12 所示。

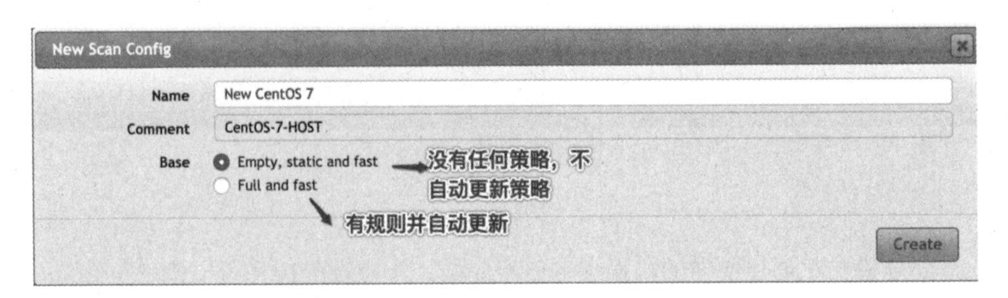

图 5-12

在 Edit Scan Config 中配置需要的类型，每个类型代表一种漏洞类型，该类型下会集成多种 NVTS。选择所需使用的策略选项，如图 5-13 所示。

Edit Scan Config

Name New CentOS 7

Comment CentOS-7-HOST

Edit Network Vulnerability Test Families

NVTs更新机制　勾选所需NVTs

Family	NVTs selected	Trend	Select all NVTs	Actions
AIX Local Security Checks	0 of 1			
Amazon Linux Local Security Checks	0 of 748			
Brute force attacks	0 of 9			
Buffer overflow	0 of 563		☑	
CISCO	0 of 647			
CentOS Local Security Checks	0 of 2571		☑	
Citrix Xenserver Local Security Checks	0 of 30		☑	

图 5-13

注意斜着的箭头（DYNAMIC）和横着的箭头（STATIC），选择 DYNAMIC 在 OpenVAS 发布新的 NVTS 时，策略会自动添加新的 NVTS，然而选择 STATIC 时 OpenVAS 发布新的 NVTS，则不会被添加到策略里，在选择完毕后单击 Save 保存，主界面多出一个 New Linux config 策略。

创建完成后，在 Scan Config 选项下将会增加一个新的扫描策略。

（3）设置扫描目标。

在 Configuration 选项卡中单击 Targets 选项，单击左上角小星星处，新建扫描目标，界面如图 5-14 所示。

在新建扫描目标页面中，输入被扫描主机的相关信息，如图 5-15 所示。

（4）设置扫描任务。

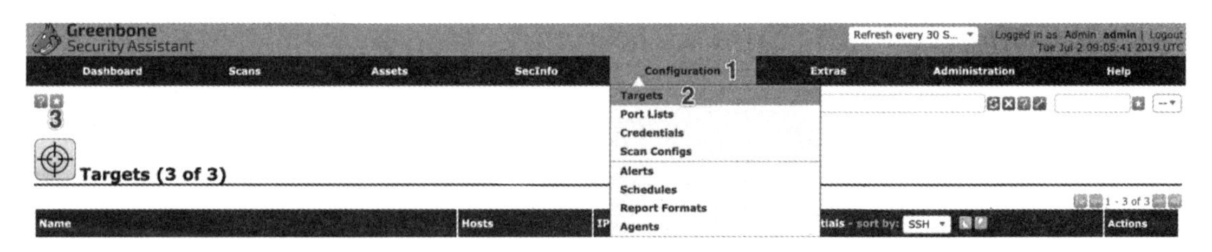

图 5-14

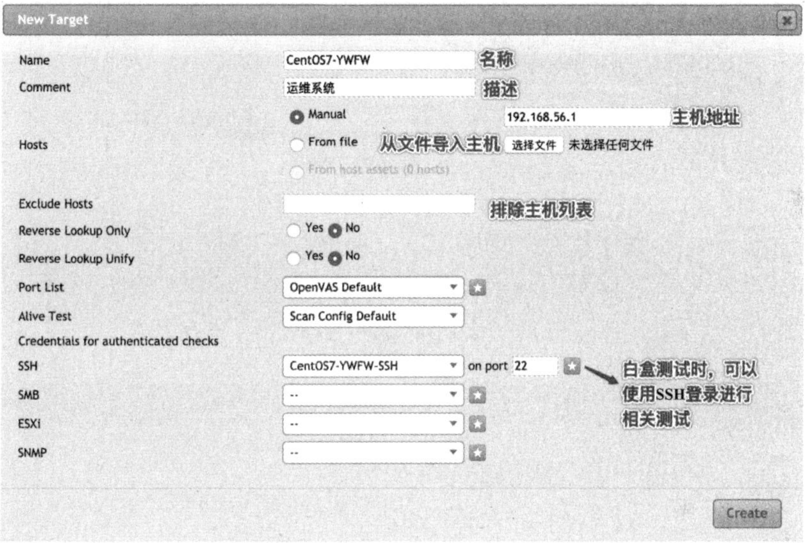

New Target
Name　CentOS7-YWFW　名称
Comment　运维系统　描述
Hosts　Manual　192.168.56.1　主机地址
From file　从文件导入主机　选择文件　未选择任何文件
From host assets (0 hosts)
Exclude Hosts　排除主机列表
Reverse Lookup Only　Yes　No
Reverse Lookup Unify　Yes　No
Port List　OpenVAS Default
Alive Test　Scan Config Default
Credentials for authenticated checks
SSH　CentOS7-YWFW-SSH　on port 22　白盒测试时，可以使用SSH登录进行相关测试
SMB　--
ESXi　--
SNMP　--
Create

图 5-15

在 Scans 选项卡中单击 Tasks，进入扫描任务设置界面，如图 5-16 所示。在左上角小星星处可以设置主机扫描和容器扫描任务，如图 5-17 所示。

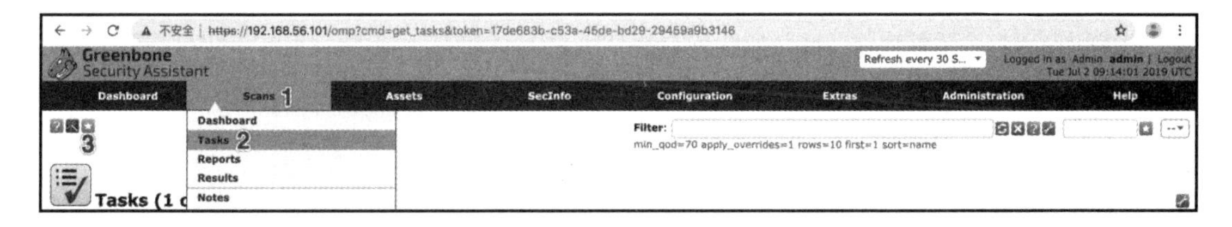

图 5-16

（5）扫描并生成报告，创建完成后，开始扫描，如图 5-18 所示。

扫描结束后，报告查看和向导模式是一样的操作，不再赘述。

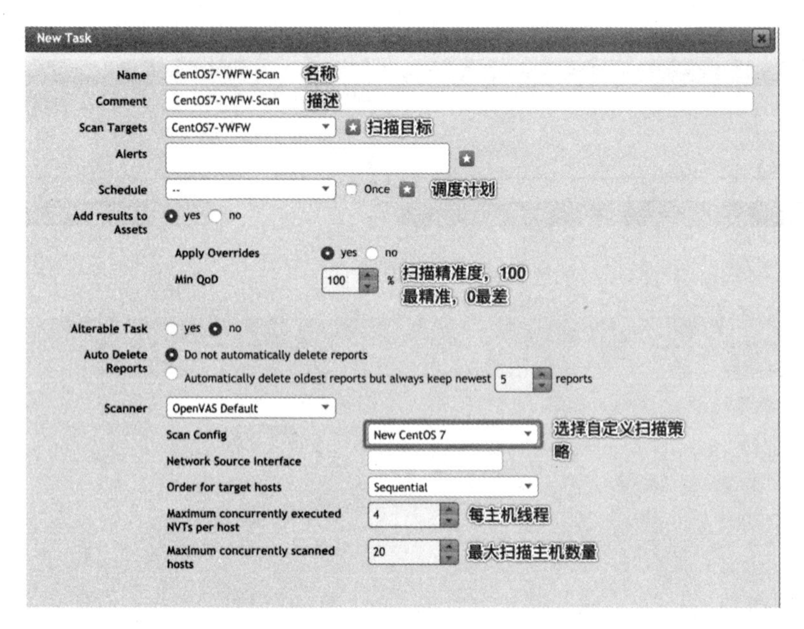

图 5-17

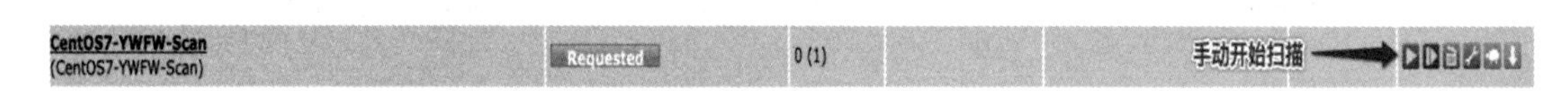

图 5-18

小结

✓ 利用安全扫描软件对系统进行安全评估是非常明智的选择，建议在投产前期充分进行系统安全评估，进行升级和 Bug 修复。在运营期要定期进行系统的安全评估，如果评估系统出现问题，一定要慎重处理。在打补丁修复 Bug 前，一定要在测试环境或准生产环境下进行充分的测试和评估后再操作。

✓ OpenVAS 是开源软件，对比商业安全评估软件其优势在于成本，相关的 NVTs 更新可能不够及时，但是在考虑成本的情况下，不失为一个好的选择。

第 6 章 Linux 实用规范

6.1 系统安装规范

为了保证生产环境中 Linux 系统的正常运营，确保运维工作的有效性、规范性及可扩展性，通常会制定关于 Linux 系统的相关规范，此部分规范通常包含“Linux 系统安装规范”“Linux 系统问题处理规范”“Linux 系统上线检查规范”等，下文将为读者逐步介绍系统安装规范的范例及重点约束内容。

Linux 系统安装规范是减少系统管理复杂度及实现批量管理的有效途径，通常企业中会制定标准安装规范，基于标准安装规范之上再制定相关的应用软件安装及配置规范。

1. 安装规范

（1）选择操作系统版本。

对于新上线的系统，必须要安装 CentOS 7.x 最新的操作系统版本及补丁。

（2）操作系统命名规范。

主机名命名规范：对于生产系统，主机名命名规则为系统名+用途+数字。其中系统名为应用系统中文拼音首字母，如业务前置的名称为 ywqzap1。应用系统如果分地域则应添加拼音缩写（如北京为 bj）。用途包括数据库服务器（db）、应用服务器（ap）、Web 服务器（wb）。如应用与数据库共用，则不需加用途。主机名的所有字母为小写，数字从 1 开始递增。主机名长度为 4～8 个字符，不足 4 个字符的系统名不采用首字母缩写，改用应用系统全拼（如档案系统为 dangan）。

主机名命令举例：业务前置应用系统的 1 机主机名为 ywqzap1，2 机主机名为 ywqzap2。

对于非生产系统，主机名命名规则为环境+系统+用途，如同类机有多台可以在末尾用数字加以区别。环境命名规则：zsc 代表准生产环境，bx 代表并行环境，px 代表培训环境，kf 代表开发环境，st 代表 SIT 环境，dr 代表灾备环境（如果系统的灾备环境主机名必须与生产一致，则可不遵守此规则）。

（3）用户设置规范。

锁定包含但不限于以下系统默认账户：

Bin、daemon、lp、mail、games、wwwrun、ftp、nobody、messagebus、haldaemon、man、news、uucp、at、sshd、postfix、ntp、hacluster、gdm。

标准用户设置：

生产系统的主备机之间要保证相同用户和组的 ID 都一致，相同用户的环境变量都一致。

生产系统中以下用户和组建议按照统一规则进行定义，如表 6-1 所示。

表6-1

用户名	用户ID	组　名	组ID	用户主目录	Shell
Root	0	root	0	/	/bin/bash
Sysviewer	1000	viewer	1000	/home/viewer	/bin/bash
Appviewer	2000	appviewer	2000	/home/appviewer	/bin/bash
应用用户	2001～3000	应用组	2001～3000	应用程序根目录	根据应用需要

（4）密码设置规范。

密码复杂度要遵循公司的相关规定，密码应大于8位，包含大小写字母、数字、特殊字符，设立密码后应立即更新到密码管理系统中。

（5）重要配置文件备份。

当需要对系统配置文件进行配置时，可先对其进行备份。备份一般配置文件时，建议配备名称为*.conf.20190614.bak，根据备份日期进行命名。对网卡配置文件ifcfg-eth0进行备份时，备份名称应为20190614bak.ifcfg-eth0，因为系统在读取网卡配置文件时，会读取以ifcfg开头的配置文件，否则会形成配置冲突。

2. 安装规划

（1）网络设置。

生产系统的网卡都需要使用bond模式配置，以bond0来命名，在相关的配置文件（/etc/sysconfig/network/ifcfg-bond0）中将以如表6-2所示的参数设置为推荐值。

表6-2

参　数	推荐值
BOOTPROTO	Static
STARTMODE	Auto
USERCONTROL	No
BONDING_MASTER	Yes
BONDING_MODULE_OPTS	miimon=100 mode=1 use_carrier=0

IP地址通过相应的网络管理员获取并进行配置。

（2）防火墙和SELinux配置。

操作系统防火墙默认关闭，关闭SELinux。

（3）远程访问配置。

SSH服务端必须处于开启状态。

（4）软件包选择。

此处根据实际需求进行软件选择，生产环境直接选择 CentOS 7 的 Minimal 模式进行安装即可。

（5）分区规划。

/boot 分区按照默认大小即可，为了提高磁盘使用效率，提高文件系统扩充灵活性，方便调整文件系统大小，建议其他分区使用 LVM，VG 卷组名称使用 rootvg，LV 逻辑卷名称根据挂载分区确定，例如根分区为 lv_root，var 分区为 lv_var。

SWAP 分区可参考如表 6-3 所示的推荐方案。

表 6-3

服务器内存大小	SWAP 大小
小于 4G	至少 2G
4G 到 16G	至少 4G
16G 到 64G	至少 8G
64G 到 256G	至少 16G

其中/boot、swap 应单独分区，其他/var、/usr、/home、/opt 等分区可根据系统运行的具体应用决定是否单独分区。

（6）选择系统安装的语言。

字体选择“简体中文”，键盘输入布局方式选择“美国英语式”键盘。

（7）服务器磁盘分区。

生产系统的根卷（CentOS）应该使用 LVM 方式进行管理，安装在具有 RAID 冗余保护的磁盘上并使用 ext4 类型，并至少按照如表 6-4 所示的标准定义空间大小。

表 6-4

逻 辑 卷	文件系统	空间（GB）
/dev/centos/root	/	5
/dev/centos/lv_var	/var	5
/dev/centos/lv_usr	/usr	10
/dev/centos/lv_tmp	/tmp	5
/dev/centos/lv_opt	/opt	5
/dev/centos/lv_home	/home	5

（8）设定当前时区。

如果应用程序无特殊要求，则时区统一设置成亚洲/中国并配置生产区域 NTP 服务器。

（9）设定登录主机的密码。

该密码为 root 密码，满足密码复杂度的要求。

（10）关闭不必要的服务端口。

关闭包含但不限于以下服务端口：

alsasound、autofs、autoyast、cups、esound、fam、fbset、fetchmail、gpm、isdn、joystick、mdadmd、powersaved、saslauthd、setserial、slpd、smpppd、splash、splash_early、splash_late。

（11）设置登录超时。

修改系统全局环境变量文件/etc/profile，增加 TMOUT 变量，如果 5 分钟内无任何操作，则自动退出登录：TMOUT=300。

（12）管理安全补丁。

安装完成后，应使用生产域内统一服务器进行 update 升级。

（13）设置初始化内核参数。

此处依据公司的不同业务进行不同设置，通常情况下涉及修改的参数如表 6-5 所示。

表 6-5

分　类	参 数 名	推荐参数值
File	fs.file-max	6815744
	soft nproc	系统默认
	hard nproc	系统默认
	soft nofile	102400
	hard nofile	102400
TCP	tcp_syn_retries	5
	tcp_synack_retries	5
	tcp_keepalive_time	7200
	tcp_keepalive_probes	9
	tcp_fin_timeout	60
	tcp_keepalive_intvl	75

（14）安装定制软件。

在生产系统中，通常使用实时监控的 Agent 和 Cmdb 等软件进行系统监控和管理，所以规划部署的时候可以将这部分软件统一规划到标准规范中，进行统一的安装和配置。

小结

✓ Linux 系统安装规范实际上是对系统的初始化设置进行约束，对系统的相关参数及环境变量进行统一设置，所设置的参数大多是经过实际环境测试和长久运营经验的取值。

✓ 上述安装规范通常会封装成自定义光盘或 PXE 的标准安装模式，如果标准产生变动，则安装脚本会同步进行更改。

6.2 问题处理规范

在 Linux 系统环境下进行问题处理时一定要有一套清晰、明确的处理思路，当问题出现时进行快速定位，尽快解决问题。

常用思路如图 6-1 所示。

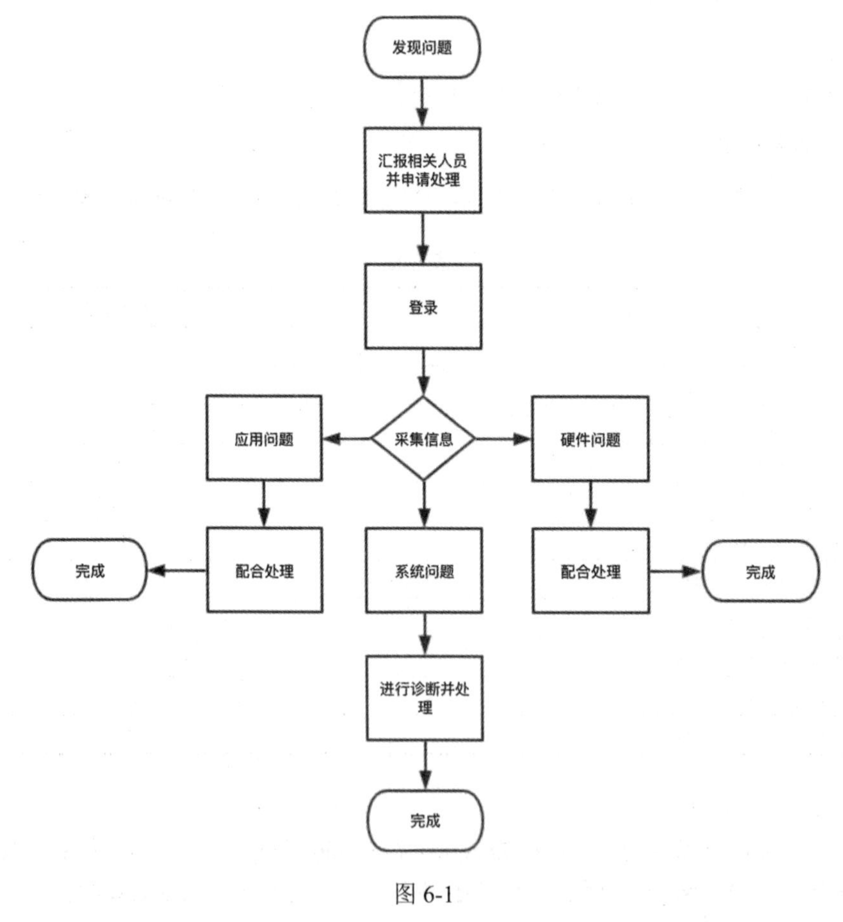

图 6-1

从发现问题到登录信息采集系统，将问题初步分为 3 类。

（1）硬件问题：主要由硬件资源引起，比如内存或磁盘故障等。

（2）系统问题：由于系统参数设置不正确，系统默认安装软件出现 Bug 等问题。

（3）应用问题：比如应用存在内存泄漏，应用程序存在严重 Bug 等。

1. 日志位置及对应含义

一旦系统出现异常，首先需要通过日志来定位问题所在，Linux 系统通常包含下列日志。

（1）/var/log/messages。

messages 日志是核心系统的日志文件。它包含了系统启动时的引导消息，以及系统运行时的其他状态消息。I/O 错误、网络错误和其他系统错误都会记录到这个文件中。

（2）/var/log/dmesg。

dmesg 记录了系统引导时硬件设备和内核模块的初始化信息。

（3）/var/log/boot.log。

记录系统启动过程中系统服务的初始化信息。

（4）/var/log/secure。

牵涉安全认证信息，当登入时（不管登入正确或错误）都会被记录在此档案中，包括系统的 Login 程序、图形接口登入所使用的 GDM 程序、Su、Sudo 等程序，还有联机的 SSH、Telnet 等程序。

（5）/var/log/lastlog。

记录系统上所有的账号最近一次登入系统时的相关信息。该文件是二进制文件，需要使用 lastlog 命令进行查看，根据 UID 排序显示登录名、端口号和上次登录时间。

（6）/var/log/yum.log。

记录系统软件包的安装时间、软件包名称等信息。

2. 相关日志排错实例

上述介绍了日志的位置及对应的释义，但是日志非常庞大，如果用从头看到尾这种方法进行排错，那么分析日志本身就变成了一个浩大的工程，所以分析日志需要一些技巧。

通常通过 3 个日志来分析系统问题，如果是应用问题，则查看分析应用日志，分析日志可以使用关键字进行过滤，比如 Failed、Error、Warning。

（1）Messages 错误（可以抓取关键字：Failed、Error、Warning）。

```
#cat /var/log/messages |grep warning
Mar 25 16:05:09 WX-TIMER-B kernel: EXT4-fs (dm-5): warning: mounting fs with errors, running e2fsck is recommended
```

（2）Dmesg 错误（可以抓取关键字：Failed 和 Error）。

```
#cat /var/log/dmesg |grep Failed
[Hardware Error:]: Machine check events logged
[Fireware Warn]: GHES: Failed to read error status block!
[Fireware Warn]: GHES: Failed to read error status block!
```

3. 处理相关问题指令

通过日志可以定位问题所在，但是往往分析问题需要使用一些指令来查看具体的性能指标，在 Linux 系统中处理问题常用的指令如下：

（1）查看网络 IP 地址。

```
# ifconfig
```

（2）查看路由信息。

```
# route -rn
```

（3）查看网关。

```
# cat /etc/sysconfig/network
```

（4）查看 DNS 信息。

```
# cat /etc /resolv.conf
```

（5）查看 HOST 文件。

```
# cat /etc/hosts
```

（6）查看系统版本。

```
# cat /etc/issue
```

（7）查看内核版本。

```
# uname-a
```

（8）查看服务器型号、序列号。

```
# dmidecode -t system
```

（9）时区检查。

```
# date -R
```

（10）查看 CPU 信息。

```
# dmidecode  |grep CPU
```

（11）查询 CPU 详细信息。

```
# cat /proc/cpuinfo |more
```

（12）查看内存信息。

```
# free -m
```

（13）查看磁盘使用率信息。

```
# df-h
```

（14）查看磁盘 I/O 信息。

```
# iostat -x 2 6
```

（15）查看进程信息。

```
# ps-ef |grep oracle
```

（16）用户检查方法（可以抓取关键字 Was、Itm、Oracle、Tomcat 等分别检索）。

```
# more /etc/passwd |grep was
```

（17）组检查方法（ITM、Oracle 等分别检索）。

```
# more /etc/group|grep was
```

（18）查看 Crontab 任务。

```
# crontab -l
```

（19）查看 YUM 源。

```
# yum list
```

（20）检查安装软件包。

```
# rpm -qa | grep name
```

（21）检查语言环境。

```
# locale -a
```

（22）查看系统 ulimit 信息。

```
# ulimit -a
```

（23）查看系统内核参数值。

```
# sysctl -a
```

小结

✓ Linux 的问题处理是非常复杂的，可以通过分析日志、使用常用指令定位问题、结合经验进行分析等方法给出解决方案。

6.3　上线检查规范

Linux 系统部署完成后，在即将投产使用之前，需要进行投产前的最后检查，防止有遗漏配置造成生产事故，所有检查都通过脚本实现，并形成文档进行存储。

通常投产检查流程如图 6-2 所示。

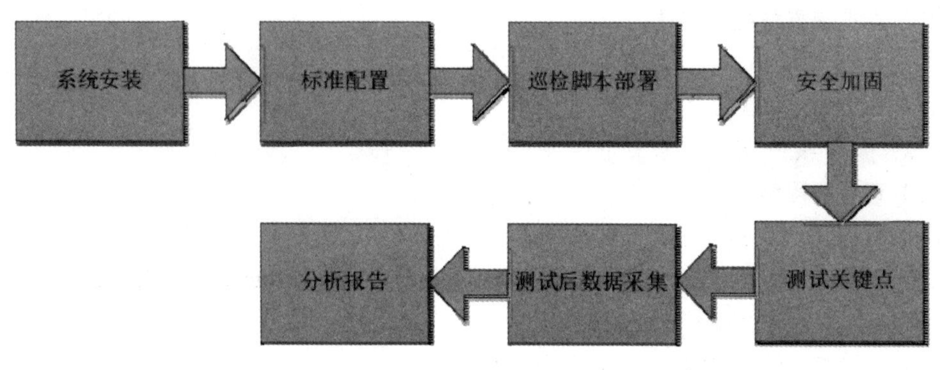

图 6-2

（1）标准配置——需修订的配置项。

- NTP 时钟配置；
- DNS 配置。

如果配置 DNS，则取消 SSH 的 DNS 反解。

- 防火墙配置；
- SELinux 配置；
- 设置标准账户（UID，GID）。

如果 Viewer 为标准普通用户，UID:720，GID:720，Password:xxx。

- 网络 IP 配置；
- 静态路由配置；
- Crontab 任务设置；
- Ulimit 设置。

（2）巡检脚本部署。

巡检脚本根据实际环境进行自定义开发，通常使用 Shell 指令对系统进行检查，采集数据，发送到信息巡检平台，然后统一进行查看，如果有异常将通过邮件或其他方式发送给管理者。

巡检不同于监控，监控是实时存在的一个概念，巡检一般是每日 2 次或 1 次，为管理者提供系统运行概况。如果发现问题，则通过监控系统进行追溯，通常适用于“慢性病”系统。

生产巡检脚本包含如下几个方面：

- 基础硬件信息（Dmidecode）；
- OS 版本及内核信息 （Uname）；
- 系统巡检时的负载（PS、Vmstat、Free、DF 等）；
- 错误日志采集 （Messages、Audit）；
- 应用信息采集；
- 分析（内存、CPU、磁盘增长情况等，偏移阈值即标红记录）；
- 系统参数（Ulimit、Sysctl 等）。

（3）安全加固。

对系统进行打补丁检查和高位漏洞扫描检查，此处通过自定义脚本进行 Update 检查，确保最新补丁被“Patch”。

通过 Linux 安全系统对预投产系统进行扫描，确保不存在高危漏洞，方可投产使用。

（4）测试关键点。

- 双机测试。
  - IP 地址丢失时测试双机切换。
  - 应用服务停止时测试双机切换。
  - 手动切换时双机测试。
  - 集群配置文件一致性检查。
- 负载均衡测试。
  - 流量分配测试。
  - 应用服务停止测试。
  - 集群配置文件一致性检查。
- 重启测试。

在所有主机关闭后再开机测试。

（5）通过巡检脚本进行数据采集。

- 安装信息（分区大小、逻辑卷名称、Swap 分区大小）。
- 配置信息（NTP 时钟、DNS 配置、网络配置、防火墙、SELinux、账户、Crontab 任务）。
- 安全加固（服务关闭、YUM 源删除、umask 设置、ulimit 设置、用户权限）。
- 各环节配置结果及测试结果最终形成分析报告“XXX 项目 Linux 系统上线报告.docx”。

（6）分析报告。

- “XXX 项目 Linux 系统上线报告.docx”要求精确到主机、服务，并分析风险，给出解决方案。
- 分析报告包含对上述各环节的检查结果。

小结

投产之前进行巡检分析是非常重要的，切记不能让系统“带病”上线，否则情况会越来越糟。

第二部分

企业存储解决方案

7 chapter

第 7 章 GlusterFS——分布式存储技术详解

7.1 GlusterFS

7.1.1 GlusterFS 介绍

1. GlusterFS 介绍

GlusterFS 是一个开源的分布式文件系统，具有非常强大的横向扩展能力，可以支持 PB 级存储容量。同时借助 TCP/IP 或 InfiniBandRDMA 网络将物理分布的存储资源聚集在一起，使用单一全局命名空间来管理数据，支持 SMB、CIFS、NFS 等 POSIX 协议。

2. GlusterFS 架构

GlusterFS 架构如图 7-1 所示。

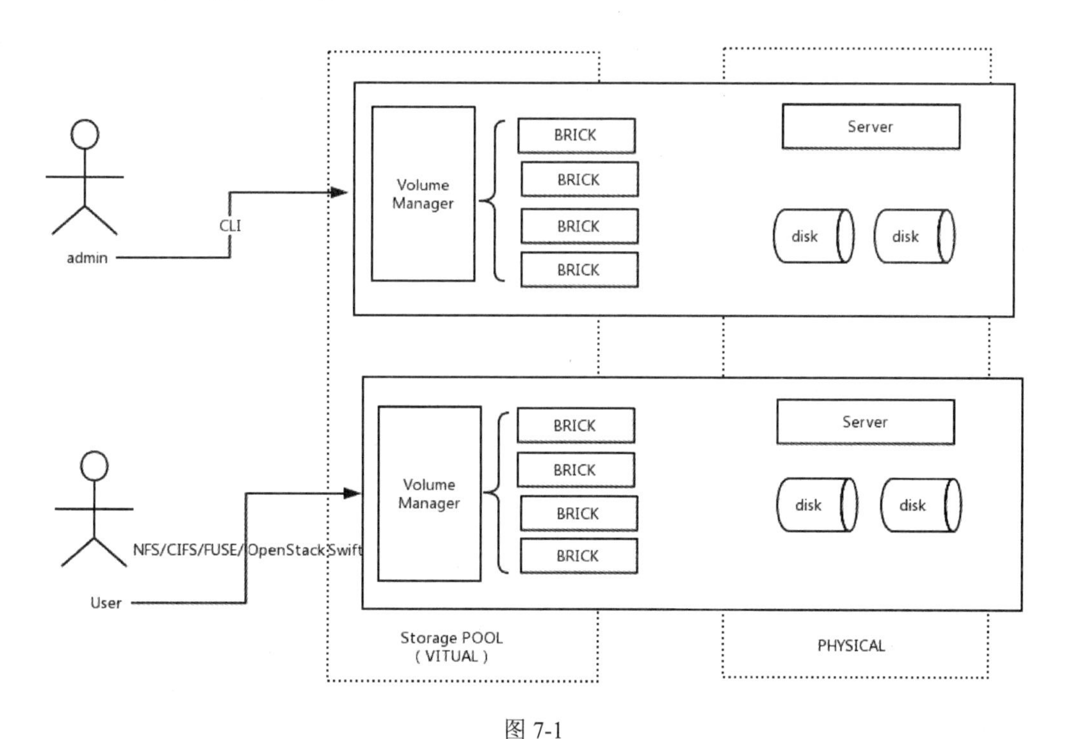

图 7-1

GlusterFS 是一款高弹性、可伸缩、兼备优秀处理能力的分布式文件系统，用户通过挂载或使用 cli 命令行方式对该系统进行管理，也有很多用户自定义开发了基于 Web 页面的管理端，是现在应用范围比较广的分布式系统之一。

3. GlusterFS 的特点

GlusterFS 分布式存储能力如图 7-2 所示

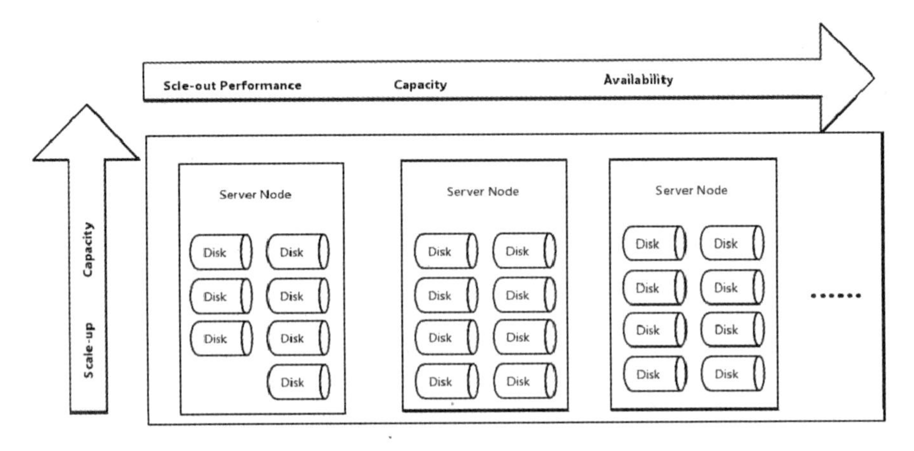

图 7-2

GlusterFS 具有高扩展性和高性能、高可用性、全局统一命名空间、弹性哈希算法、弹性卷管理及基于标准协议的特点。

7.1.2 GlusterFS 常用卷

1. 分布式卷

分布式卷通过哈希算法将数据随机地分布在卷上，如图 7-3 所示。

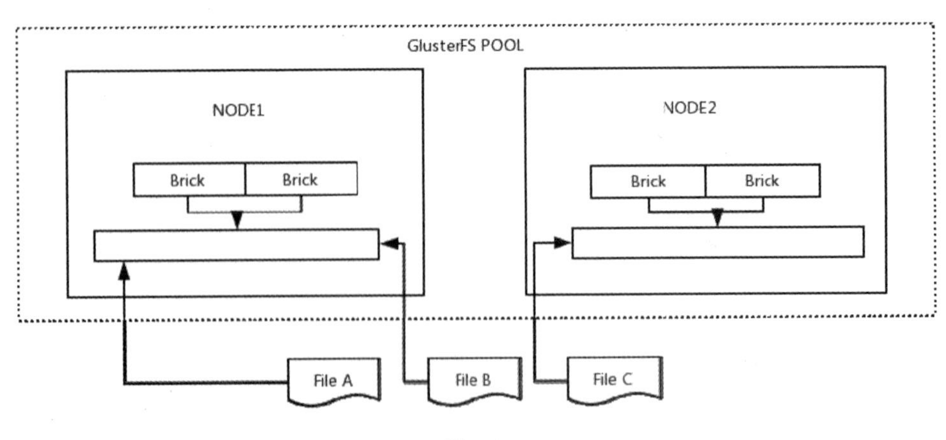

图 7-3

2. 复制式卷

复制式卷类似 raid1，具有高可用性，其 Replica 数需要等于 Volume 中 Brick 所包含的存储服务器数量。

可以简单地理解为 1 个文件同样写多份，在不同的卷上存储，如图 7-4 所示。

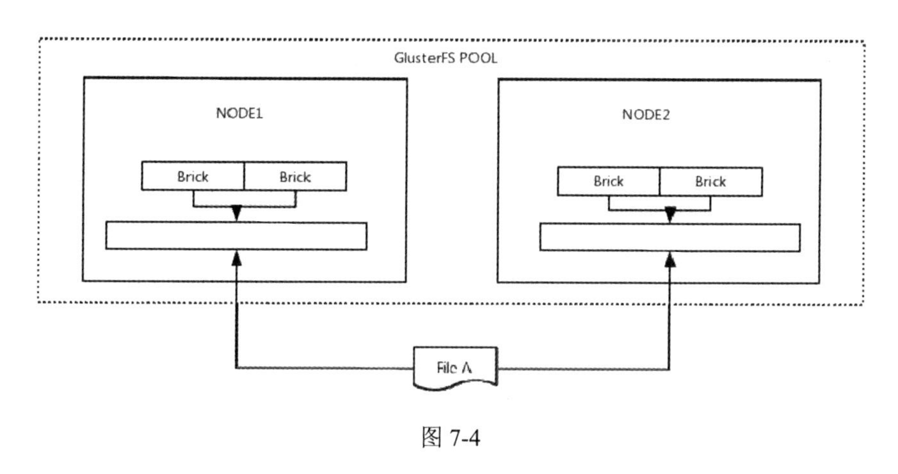

图 7-4

3. 条带式卷

Round Robin 的方式是将数据分块写入 Brick，对大文件友好。可以简单地理解为将一个文件切片存储在不同地方，读取的时候可以同时多点读取，如图 7-5 所示。

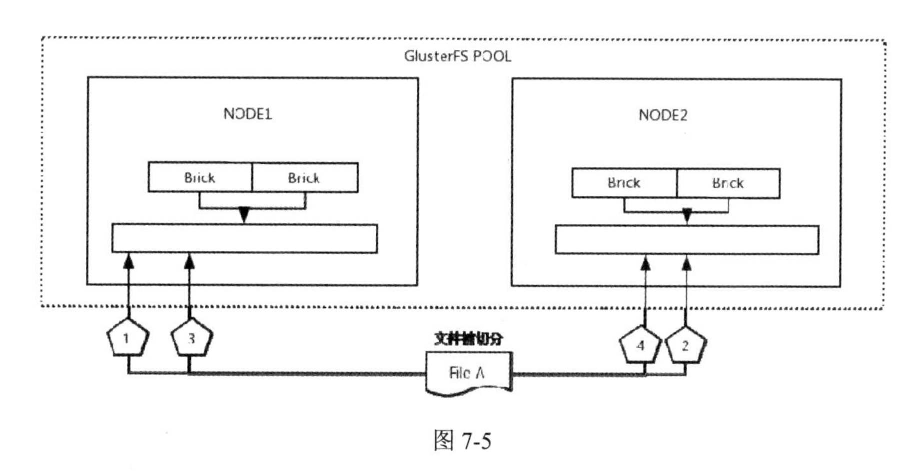

图 7-5

4. 分布式条带卷（复合型）

使用该卷有条件限制：最少 4 台服务器才能创建并使用该卷模式，条带（Stripe）数量必须大于或等于 2 的倍数，该卷具有分布式卷和条带式卷的功能，如图 7-6 所示。

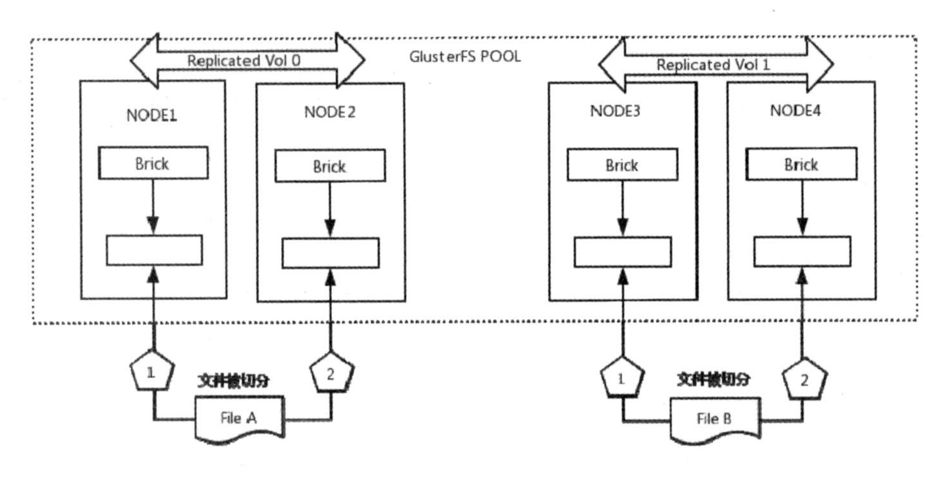

图 7-6

5. 分布式复制卷（复合型）

该卷融合了分布式和复制式的功能，卷中的 Brick 数量必须是 Replica 的倍数，如图 7-7 所示。

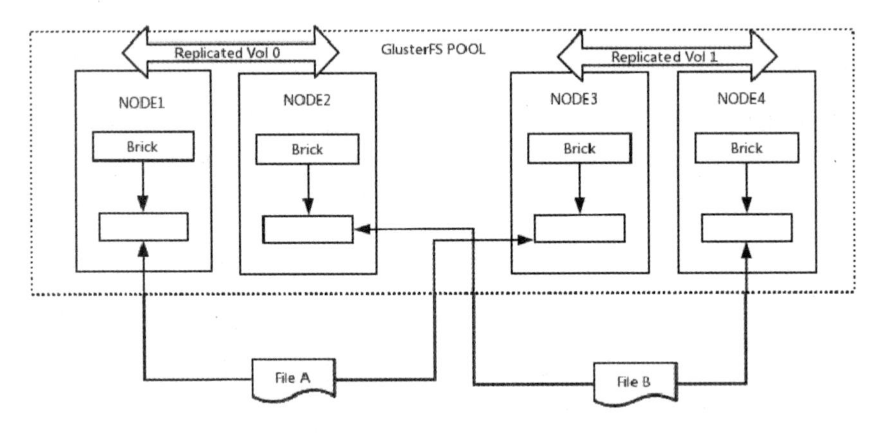

图 7-7

以上介绍的都是常用的卷，还有一些不常用的卷，就不在这里介绍了。

7.1.3 安装 GlusterFS

1. GlusterFS 实例

GlusterFS 实例如图 7-8 所示。

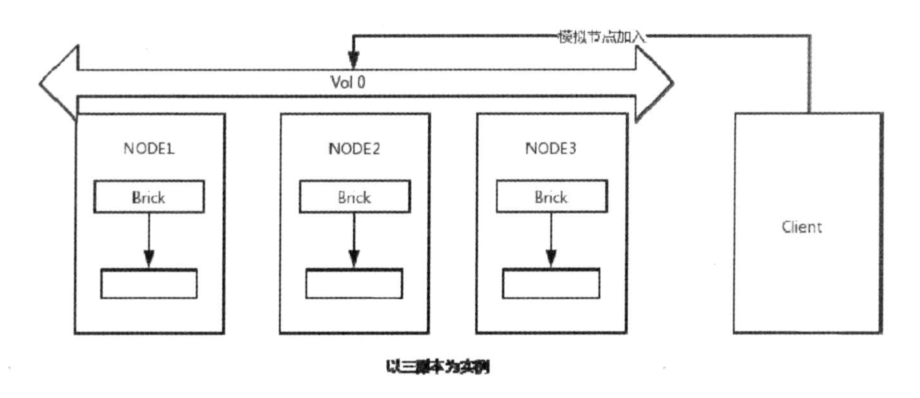

图 7-8

GlusterFS 实例采用生产常用配置，涵盖多种故障测试和恢复的技术点。

2. 试验环境

试验环境如表 7-1 所示。

表 7-1

系统版本	磁盘数量	NIC	IP 地址	hostname	Brick	Cache	备注
CentOS 7.4	4Vdisk	2	192.168.56.104（public） 192.168.57.3（private）	node1	sdb1 sdc1	sdd1	GlusterFS 集群节点 1
CentOS 7.4	4Vdisk	2	192.168.56.105（public） 192.168.57.4（private）	node2	sdb1 sdc1	sdd1	GlusterFS 集群节点 2
CentOS 7.4	4Vdisk	2	192.168.56.102（public） 192.168.57.5（private）	node3	sdb1 sdc1	sdd1	GlusterFS 集群节点 3
CentOS 7.4	2Vdisk	1	192.168.56.103（public）	client			测试客户端

3. 测试内容和环境说明

完成 Gluster 集群的安装和配置，利用 Client 进行测试。

4. 软件安装（以下操作均针对所有节点）

（1）安装准备。

建议普通 PC-Server（多磁盘并且配合 SSD）安装 CentOS 7.2 x86_64。

（2）系统安装。

PC-Server 主机需要安装 CentOS 7.2 系统。选择标准最小安装模式。

（3）系统设置。

① 配置主机名，例如{node1, node2, node3 }。注意：主机名一旦确认就不可修改。

② 配置双网卡 bond 输出（Active-Backup）或“InfiniBand”。

（4）其他配置。

关闭防火墙：

```
#systemctl  stop firewalld
#systemctl  disable firewalld
```

关闭 SELinux（vim /etc/selinux/config，将 enabled 改成 disabled）。

系统优化（rc.local）：

```
echo deadline > /sys/block/sdb/queue/scheduler
echo 65536 > /sys/block/sdb/queue/read_ahead_kb
```

添加 hosts 对应关系：

```
# vim /etc/hosts
192.168.57.3 node1
192.168.57.4 node2
192.168.57.5 node3
192.168.57.6 node4
```

（5）磁盘分区和格式化并挂载。

```
#fdisk /dev/sdb
#fdisk /dev/sdc
```

（6）格式化和挂载。

可以采用 LVM 技术（选用）：

```
#pvcreate - dataalignment  /dev/sdb1
#vgcreate gfs /dev/sdb1 ; vgextend gfs /dev/sdc1
#lvcreate -n lv_gfs -L 3.27T /dev/gfs
```

直接格式化和挂载，后面使用 FlashCache 技术进行加速：

```
#mkfs.xfs -i size=512 -n size=8192 -d su=256k,sw=3 /dev/gfs/lv_gfs
#mount /dev/gfs/lv_gfs  /data
```

建议采用整盘分区的方式（单磁盘单分区），如果缓存层不打算采用 LVM Cache，那么就不要引入 LVM 来增加复杂度，可以选择整盘作为 Brick 使用，缓存使用 FlashCache 技术。

为什么不用 LVM？因为现在单磁盘的容量已经高达 4TB，每个主机可以容纳 12 块，每块盘的数据承载量已经很大，无须增加 LVM 进行逻辑上的融合管理，并且引入 LVM 也会增加架构的复杂度。

5. GlusterFS 的安装

（1）升级操作系统，安装 GlusterFS 软件包。

```
# yum update
# yum install -y centos-release-gluster
# yum install -y glusterfs glusterfs-server glusterfs-fuse glusterfs-rdma
```

（2）安装完成后启动 GlusterFS。

```
# systemctl start glusterd.service
# systemctl enable glusterd.service
```

此处设置为不随机启动，在添加的/etc/rc.local 中启动，后续有详细的步骤。

6. GlusterFS 启动

主要进程如表 7-2 所示。

表 7-2

进　程	描　述
gluster	CLI 模式，对节点操作的指令都由它发送给 glusterd
glusterd	守护进程
glusterfsd	GlusterFS 中服务端最重要的进程，负责配合 VFS 层完成数据请求任务并接收和处理服务端/客户端的指令和数据请求
glusterfs	接收挂载的 fuse 指令

7. 配置 GlusterFS

（1）在 node1 节点上配置，将 node2 和 node3 节点加入 gluster 集群。

```
[root@node1 ~]# gluster peer probe node2
[root@node1 ~]# gluster peer probe node3
```

（2）查看状态。

```
[root@node1 ~]# gluster peer status
//因为 node1 本机在集群中，所以只显示其他两个成员节点
```

（3）创建 GlusterFS 目录（在 3 个节点上都运行）。

```
# mkdir /glusterfs
```

（4）挂载磁盘到对应目录，sdb1 对应 glusterfs，sdc1 对应 gluster1（在 3 个节点上都运行）。

磁盘分区：

```
# mkfs.xfs /dev/sdb1; mkfs.xfs /dev/sdc1
```

挂载磁盘到指定目录：

```
# mount /dev/sdb1 /glusterfs ; mount /dev/sdc1 /glusterfs1
```

（5）创建3个副本卷（无论使用什么卷类型，请记住，如果在生产环境中使用，则一定要和副本卷混合使用，不要单独使用条带式卷和分布式卷。双副本一定要加入仲裁卷以防止脑裂，参考后续脑裂仲裁卷的部分）。

```
[root@node1 ~]# gluster volume create Gluster-mod replica 3 \
                 arbiter 1  node1:/glusterfs\
                 node2:/glusterfs node3:/glusterfs force
 // replica 3, 3个副本; arbiter 1, 1个仲裁卷
```

（6）查看卷信息。

```
[root@node1 /]# gluster vol info
 Volume Name: Gluster-mod
 Type: Replicate
 Volume ID: a46d6dec-8acb-44b5-b00f-f6105a7b2de0
 Status: Created
 Snapshot Count: 0
 Number of Bricks: 1 x (2 + 1) = 3    //含有1个仲裁卷
 Transport-type: tcp
 Bricks:
 Brick1: node1:/glusterfs
 Brick2: node2:/glusterfs
 Brick3: node3:/glusterfs (arbiter)
 ......
```

（7）启动卷。

```
[root@node1 ~]# gluster vol start Gluster-mod
 volume start: Gluster-mod: success
```

8. 客户端挂载验证

（1）创建挂载点。

```
[root@client ~]# mkdir /glustermnt
```

（2）安装gluster-fuse挂载软件包，不推荐使用其他方式挂载。

```
[root@client ~]# yum -y install gluster-fuse
```

（3）挂载使用。

编辑host文件，创建glusterfs集群表：

```
[root@client ~]# vim /etc/hosts
192.168.56.104 node1
192.168.56.105 node2
192.168.56.102 node3
```

```
192.168.56.101 node4
[root@client ~]# mount.glusterfs node1:/Gluster-mod /glustermnt
[root@client ~]# mount |grep node1
node1:/Gluster-mod on /glustermnt type fuse.glusterfs (rw,relatime,user_
id=0,group_id=0,default_permissions,allow_other,max_read=131072)
```

写入数据：

```
[root@client ~]# cp /var/log/messages /glustermnt/
[root@client ~]# ls /glustermnt/
Messages
```

确认写入成功后，到 node1、node2、node3 的挂载点去查看，会发现每个挂载点下面都有这个文件，但是仲裁盘的目录下其大小是 0。

小结

- ✓ 本节主要讲解 GlusterFS 的架构和卷的模式，GlusterFS 的安装和使用相对简单，注意一定要细心，如果需要在生产环境中使用，则一定要提前进行容量和卷模式的规划。
- ✓ 应用：文档、图片、音频、视频、云存储、虚拟化存储、高性能计算（HPC）、日志文件、RFID 数据，对 1MB 以上的文件很合适，对小文件不合适，小文件需要进行相关的调优。

7.2 GlusterFS 技巧

如果生产环境使用了 GlusterFS，则需要管理员掌握相关的维护技巧，比如扩容、更换磁盘、修复主机等，都在日常故障处理范围之内，如果想稳定运行，建议读者仔细研读此篇内容。

7.2.1 GlusterFS 副本卷更换磁盘

（1）模拟故障。

临时利用 sdc1 模拟备用磁盘替换 sdb1，对 sdc 进行分区，并进行 xfs 格式化：

```
[root@node1 glusterfs]# fdisk /dev/sdc
[root@node1 glusterfs]# mkfs.xfs /dev/sdc1
[root@node1 glusterfs]# mount /dev/sdc1 /glusterfs1
```

查看 gluster 状态，模拟故障磁盘：

```
[root@node1 ~]# gluster vol status
Status of volume: Gluster-mod
Gluster process                               TCP Port  RDMA Port  Online  Pid
```

```
-----------------------------------------------------------------------------
Brick node1:/glusterfs                      49153     0         Y       2233
Brick node2:/glusterfs                      49152     0         Y       1702
Brick node3:/glusterfs                      49152     0         Y       1699
Self-heal Daemon on localhost               N/A       N/A       Y       2242
Self-heal Daemon on node2                   N/A       N/A       Y       2107
Self-heal Daemon on node3                   N/A       N/A       Y       2406

"kill" node1 上 glusterfs 的 Brick 进程:
[root@node1 ~]# kill -9 2233
```

再次查看：

```
[root@node1 ~]# gluster vol status
Status of volume: Gluster-mod
Gluster process                             TCP Port  RDMA Port  Online  Pid
-----------------------------------------------------------------------------
Brick node1:/glusterfs                      N/A       N/A        N       N/A
```

（2）替换。

挂载 Gluster-mod 卷，刷新元数据，通知其他节点卷组：

```
[root@client glustermnt]# mkdir test
[root@client glustermnt]# rmdir test
[root@client glustermnt]# setfattr -n trusted.non-existent-key \
                          -v abc /glustermnt
[root@client glustermnt]# setfattr -x trusted.non-existent-key /glustermnt
[root@node3 ~]# getfattr -d -m. -e hex /glusterfs
getfattr: Removing leading '/' from absolute path names
# file: glusterfs
trusted.afr.Gluster-mod-client-0=0x000000000000000200000002
trusted.afr.dirty=0x000000000000000000000000
trusted.gfid=0x00000000000000000000000000000001
trusted.glusterfs.dht=0x000000010000000000000000ffffffff
trusted.glusterfs.volume-id=0x2b6a5e51e201485aacb3ac52f3c3da05
//xattrs 标记
```

替换磁盘（glusterfs 替换成 glusterfs1）：

```
[root@node1 ~]# gluster volume replace-brick Gluster-mod \
                node1:/glusterfs node1:/glusterfs1 commit force
volume replace-brick: success: replace-brick commit force operation
successful
```

状态查看和确认：

```
[root@node1 ~]# gluster volume status
 Status of volume: Gluster-mod
 Gluster process                                  TCP Port  RDMA Port  Online  Pid

--------------------------------------------------------------------------------
 Brick node1:/glusterfs1                           49152     0          Y      3088
//设备已经替换完成

[root@node3 ~]# getfattr -d -m. -e hex /glusterfs
 getfattr: Removing leading '/' from absolute path names
 # file: glusterfs
 trusted.afr.Gluster-mod-client-0=0x000000000000000000000000
//接触 pending 状态

[root@node3 ~]# gluster volume heal Gluster-mod info | grep Number
 Number of entries: 276
 Number of entries: 276
 Number of entries: 276
//数据同步完成，3 个节点的数值必须一样才算同步完成
```

7.2.2 空间扩容

空间扩容是运行维护分布式存储的必备的技能，当空间不足时，就要进行扩容，满足数据增长的需求。

扩容分两种形式，一种是磁盘扩容，另一种是主机扩容。实际效果都是增加存储空间，操作方法也大同小异。

磁盘扩容（接上例，将 3 台主机的 sdc1 扩容到 GlusterFS 集群中）为什么是 3 台主机？其实道理很简单，因为做的是 3 副本复制卷，所以无论扩磁盘增加 Brick，还是扩主机节点，都是 3 的倍数。如果是 2 副本，则是 2 的倍数。

```
[root@node1 ~]# gluster volume add-brick Gluster-mod \
              node1:/glusterfs node2:/glusterfs1\
              node3:/glusterfs1 force
volume add-brick: success

[root@node1 ~]# gluster volume status
Status of volume: Gluster-mod
Gluster process                                  TCP Port  RDMA Port  Online  Pid
```

```
---------------------------------------------------------------------
Brick node1:/glusterfs1                    49152     0         Y       3088
Brick node2:/glusterfs                     49152     0         Y       1702
Brick node3:/glusterfs                     49152     0         Y       1699
Brick node1:/glusterfs                     49154     0         Y       3829
Brick node2:/glusterfs1                    49153     0         Y       3485
Brick node3:/glusterfs1                    49153     0         Y       3868
```

查看卷信息：

```
[root@node1 ~]# gluster volume info
 Volume Name: Gluster-mod
 Type: Distributed-Replicate
 Volume ID: 2b6a5e51-e201-485a-acb3-ac52f3c3da05
 Status: Started
 Snapshot Count: 0
 Number of Bricks: 2 x 3 = 6
```

新资源加入后要记得重新平衡资源，让资源均匀地分布在所有集群节点的 Brick 上：

```
[root@node1 ~]# gluster volume rebalance Gluster-mod  start
[root@node1 ~]# gluster volume rebalance Gluster-mod  status
[root@node1 ~]# gluster vol status
Task Status of Volume Gluster-mod
------------------------------------------------------------------------
Task                  : Rebalance
ID                  : 5209e315-df47-4dd4-83b2-bf5232366d4e
Status              : in progress  //正在工作中，完成后是 Status : completed
```

停止 rebalance：

```
# gluster volume rebalance <VOLNAME> stop
```

主机扩容需要先将节点加入集群，然后按照磁盘扩容的方式完成扩容。

7.2.3 挂载点网络中断

在上述例子中，Client 挂载了 node1:/Gluster-mod，如果 node1 发生断网会出现什么情况呢？利用上述实例模拟断掉 node1 的 Public 网络和 Private 网络，然后进行数据写入。

```
[root@client glustermnt]# touch filetest
//在 node1 上查看，发现没有数据写入。而 node2 和 node3 上分别有数据写入
//说明 node1 为挂载点,即使它不存在了,客户端依旧可以向其他 GlusterFS 集群节点写入数据。此时恢复 node1，会发现数据存在差异，这时集群会自动同步到最新状态
```

如果没有触发，则可以尝试手动触发自愈：

```
[root@node3 ~]# gluster volume heal Gluster-mod
//仅修复所需自愈文件
[root@node3 ~]# gluster volume heal Gluster-mod full
//完全修复，出现异常状态可以尝试该命令
[root@node3 ~]# gluster volume heal Gluster-mod enable
//也可以为该卷组开启自修复
[root@node3 ~]# gluster volume heal Gluster-mod info split-brain
//修复后，查看脑裂状态的文件
```

7.2.4　磁盘隐性错误

如果担心磁盘的隐性错误，则可以在 GlusterFS 中开启 BitRot 检测。

```
[root@node3 ~]# gluster volume bitrot Gluster-mod  enable
```

开启这个检测会很消耗性能，所以可以设置颗粒度，参数分别如下：

```
# gluster volume bitrot <VOLNAME> scrub-throttle lazy   //懒惰的
# gluster volume bitrot <VOLNAME> scrub-throttle normal  //常规模式
# gluster volume bitrot <VOLNAME> scrub-throttle aggressive  //积极的
```

设置检测周期：

```
# gluster volume bitrot <VOLNAME> scrub-frequency daily   //天
# gluster volume bitrot <VOLNAME> scrub-frequency weekly   //周
# gluster volume bitrot <VOLNAME> scrub-frequency biweekly  //双周
# gluster volume bitrot <VOLNAME> scrub-frequency monthly   //月
```

如果它降低了 Glusterfs 的性能，那么可以做临时停止和关闭：

```
# gluster volume bitrot Gluster-mod  scrub pause
# gluster volume bitrot Gluster-mod  scrub resume
```

7.2.5　保留磁盘数据，更换主机（灾难恢复）

生产环境中经常会出现主机故障，但是磁盘数据没有任何问题。此类问题的解决方案有两个选项，一是更换主机配件，修复后继续使用；二是如果主机彻底无法使用，需要把磁盘迁移到其他主机。处理过程如下：

（1）安装新主机的操作系统和相关软件。

（2）恢复原来的节点名称和 IP（同原机器一样）。

（3）查看 UID（新机器）：cat /var/lib/glusterd/glusterd.info。

（4）在其他节点上查看原主机的 UID：cat /var/lib/glusterd/peers/id。

（5）找到原损坏主机的 UID，也可以使用命令“gluster peer status”查看 ID。

（6）将 ID 进行复制，然后更改新主机的 ID 为原主机。

```
ID: vim /var/lib/glusterd/glusterd.info
```

（7）重启 gluster。

（8）添加节点（在要恢复的机器上操作，添加存在的节点）。

```
# gluster volume sync <nodename> all
```

7.2.6 参数调优

设置调优参数之前，首先终止对外提供服务，然后进行设置，再重新开启，具体代码如下。

```
//启用修复
  [root@node2 ~]# gluster volume set Gluster-mod cluster.entry-self-heal on

//元数据修复，用于复制卷模式的文件和目录
  [root@node2 ~]# gluster volume set Gluster-mod \
                  cluster.metadata-self-heal on

//仅用于数据自我修复，仅用于复制卷的文件
  [root@node2 ~]# gluster volume set Gluster-mod cluster.data-self-heal on

//开启修复
  [root@node2 ~]# gluster volume set Gluster-mod cluster.self-heal-daemon on

//指定修复算法，full 是将整个源文件复制一份；diff 是通过算法将不一致的文件块进行复制，
如果不指定则动态选择
  [root@node2 ~]# gluster volume set Gluster-mod \
                  cluster.data-self-heal-algorithm full

//磁盘最小剩余空间
  [root@node2 ~]# gluster volume set Gluster-mod cluster.min-free-disk 20%

//最小空余 inode
  [root@node2 ~]# gluster volume set Gluster-mod cluster.min-free-inodes 10%

//条带卷的 block 读取和写入大小，默认为 128KB
  [root@node2 ~]# gluster volume set Gluster-mod \
                 cluster.stripe-block-size 256KB
```

```
//更改 Brick 日志级别，默认是 info，如果降低级别，则建议在稳定情况下降低级别，会涉及排错信息量的问题
  [root@node2 ~]# gluster volume set Gluster-mod\
                  diagnostics.brick-log-level ERROR

//更改 Client 日志级别
//DEBUG|WARNING|ERROR|CRITICAL|NONE|TRACE|INFO
  [root@node2 ~]# gluster volume set Gluster-mod\
                  diagnostics.client-log-level ERROR

//默认为关闭状态，开启将消耗很大资源，计数、统计相关操作延时
  [root@node2 ~]# gluster volume set Gluster-mod\
                  diagnostics.latency-measurement on

//被缓存的文件最大值，单位为字节，依据内存的大小、存储文件大小而设定，建议读者多测试
  [root@node2 ~]# gluster volume set Gluster-mod\
                  performance.cache-max-file-size 2147483648

//被缓存文件的最小值，单位为字节，依据内存的大小、存储文件大小而定值，建议读者多测试
  [root@node2 ~]# gluster volume set Gluster-mod\
                  performance.cache-min-file-size 2097152

//设置 Cache 的大小。总缓存一定要考虑挂载系统，如果太大则无法挂载，客户端内存不足以支撑
  [root@node2 ~]# gluster volume set Gluster-mod performance.cache-size 
512MB

//数据被缓存的时间，单位为秒（1-60）
  [root@node2 ~]# gluster volume set Gluster-mod\
                 performance.cache-refresh-timeout 1

//I/O 缓存转换器会定期根据文件的修改时间来验证缓存中相应文件的一致性，默认为关闭
  [root@node2 ~]# gluster volume set \
                 Gluster-mod performance.client-io-threads on
```

7.2.7 控制

（1）限制网络访问，仅允许 192.168.56.*网段进行访问。*可以替换为某个主机 IP 地址。

```
[root@node2 ~]# gluster volume set Gluster-mod  auth.allow 192.168.56.*
```

（2）拒绝哪些地址访问。

```
[root@node2 ~]# gluster volume  set Gluster-mod auth.reject 192.168.57.*
```

7.2.8 写操作相关

“后写”是将多个小的写操作整合成为几个大的写操作，并在后台执行。“后写”技术极大提升了写操作的速度。

```
[root@node2 ~]# gluster volume set Gluster-mod performance.write-behind on
```

每个文件写入缓冲区的大小，默认为1MB。

```
[root@node2 ~]# gluster volume set Gluster-mod \
                    performance.write-behind-window-size 8MB
```

开启异步模式，使用该选项将close()和flush()放在后台执行，返回操作成功或失败，加速客户端请求，然后逐步刷新落地。

```
[root@node2 ~]# gluster volume  set  Gluster-mod \
                    performance.flush-behind on
```

7.2.9 读操作相关

预读是指当应用程序忙于处理读入数据时，GlusterFS可以预先读取下一组所需数据，保证高效读取，此外传输时较小的I/O读取会降低磁盘和网络的压力。

```
[root@node2 ~]# gluster volume set Gluster-mod performance.read-ahead on
```

目录预读功能：

```
[root@node2 ~]# gluster volume set Gluster-mod \
                    performance.readdir-ahead on
```

预读页数 1～16，预读取块的最大数。这个最大值仅适用于顺序读取，每个 page 默认是128KB，最大值默认是4。

```
[root@node2 ~]# gluster volume set Gluster-mod \
                    performance.read-ahead-page-count 8
```

I/O Cache对于读大于写的操作非常有用，默认为开启。

```
[root@node2 ~]# gluster volume set Gluster-mod performance.io-cache on
```

小文件加速会有性能损失，建议多测试。

```
[root@node2 ~]# gluster volume set Gluster-mod performance.quick-read on
```

7.2.10　线程控制

设置 I/O 线程数量，线程数量并不是越多越好，要衡量自身硬件的吞吐量，建议设置小于或等于 CPU 的数量，默认值为 16，取值范围为 1～64。

```
[root@node2 ~]# gluster volume set Gluster-mod \
                    performance.io-thread-count 8
```

以上调优参数并不都要使用，一定要利用 io zone 或 fio 进行测试，结合不同的调优参数进行调节。通常建议开启如下参数：

（1）写模式开启：write-behind 和 flush-behind。

（2）开启修复：cluster.self-heal-daemon。

（3）保护磁盘和 inode 不被用尽：cluster.min-free-disk 和 cluster.min-free-inodes。

（4）加大缓存到合适的值：performance.cache-size。

（5）进阶一点可以分析存储文件构成，设置 max 和 min 的缓存文件大小。

（6）再进阶一点可以设置“performance.write-behind-window-size”，数值太大则写得慢，数值太小则写得太频繁，可以依据队列长度和请求频率找到合适的值。

（7）分析访问频率和量，调节 I/O 线程：performance.io-thread-count。

（8）小文件太多，可以开启小文件模式：performance.quick-read。

（9）在顺序文件较多、命中率较高的情况下，或者在大文件较多时，可以开启预读并设置合适的 count：performance.read-ahead、performance.readdir-ahead 和 performance.read-ahead-page-count。

如果需要更进一步的调优，则可以直接调节配置文件，这里有更多的隐藏参数，但是风险也很高。如果不熟悉源码，无法定位哪些选项有哪些值，建议读者还是使用以上调优参数进行配置，文件位于“/var/lib/glusterd/vols/Gluster-mod/”。

7.2.11　脑裂

脑裂简单来说就是两个节点之间的心跳断了，每个主机都各写各的，都认为自己是对的，对方是错的。这种情况下只能手动判断和恢复了，所以 gluster 采用了 quorum 机制尽可能地预防脑裂。

quorum 的值是可以设置的，如果这个数没有达到，则 Brick 就被“kill”了，任何命令都不能运行：

```
[root@node2 ~]# gluster volume set Gluster-mod \
              cluster.server-quorum-type server //默认是 none
[root@node2 ~]# gluster volume set all cluster.server-quorum-ratio 70%
//百分比数值
```

这个设置涉及集群是否工作，例如上面代码中的 70%，如果活跃度低于 70%，则整个集群会停止对外工作（断掉心跳可模拟脑裂）。

GlusterFS 会统计在线服务器的比例，有节点离线或者网络分裂时，系统进行投票，投票的结果依据设定值而定，集群内能够通信的节点间进行相互投票，如果票数超出设定值，则继续工作，如果低于设定值，则不再接受数据写入。如果总共只有 2 个节点，则不要对此选项进行设置。

以上设置主要是对服务器端进行脑裂保护，依靠 glusterd 进程“kill”脑裂的 Brick。

在上述理论的前提下，尝试理解如下情况：

node1、node2、node3 组成 3 副本的 GlusterFS 集群。

如果上述值设定在 50%，意味着 2 个节点 Brick 有效，那么副本卷就可以写入数据。

此时，node1 的 Brick“down”掉了，但 node2 和 node3 依然是 up 状态，客户端可以继续修改文件，因为 node2 票数+node3 票数> 50%。

很巧，node2“down”掉了，而 node1 上线了，这时通过 server quorum 裁决依然有效，客户端可以继续修改文件，因为 node1 票数+node3 票数> 50%。

此时，node1 和 node2 的数据将有不同，node1 和 node2 将产生文件脑裂。

文件脑裂主要表现在同一个集群内，相同的文件的一致性产生问题，通过上述投票可以解决集群脑裂，但是却无法解决文件脑裂的问题。可以尝试引入仲裁盘，客户端仲裁只适用于副本卷，副本卷的个数最好为奇数个，服务器端的个数最好为不小于 3 的奇数，创建方法如下：

```
[root@node1 ~]# gluster volume create Gluster-mod replica 3 arbiter 1\
              node1:/glusterfs node2:/glusterfs node3:/glusterfs force
```

每 3 个 Brick 就有一个仲裁盘，另外 2 个是数据卷，仲裁盘只存储文件/目录名（即树结构）和扩展属性（元数据），但不存储任何数据。也就是说，文件大小将为零字节。

仲裁盘确保 2 块盘写成功并返回确认，以此来保障数据完整性和一致性，如果是双副本则无须仲裁盘。

仲裁盘工作模式如下（3 个 Brick 实例）：

✧ 3 个全部“up”，全部正常，允许写入，没有任何问题。

✧ 2个“up”（1个是仲裁盘），同样可以写入，因为仲裁有效果。

✧ 2 个“up”（没有仲裁盘），写入失败（只要仲裁盘“down”了就无法写入，仲裁盘 up 起来以后会自动修复）。

✧ 1个“up”则无法写入，不满足条件。

✧ 任何情况下，只要有2个 Brick 写失败，即使有一个写成功的 Brick，也会最终写失败。

小结

✓ 本节主要讲解一些常见的分布式存储维护和问题处理方法，实际生产中的问题可能更复杂，一定要注意保障数据安全。

✓ 调优部分还请依据实际的情况进行调节。多测试，以得到最优的值，每次只改动一个参数或一组相关参数进行测试，然后调回参数。

7.3 GlusterFS 高级特性

7.3.1 配额

配额是对用户使用磁盘空间的大小进行限制，在庞大的分布式系统中，如果不限制用户使用空间，一旦某些用户过度使用，将影响系统正常运行。

（1）设置配额。

```
[root@node3 ~]# gluster volume quota Gluster-mod enable
volume quota : success

[root@node3 ~]# gluster volume quota Gluster-mod limit-usage / 20GB
//使用空间限制，限制 Gluster-mod 中 / 最大使用 20GB 存储空间
volume quota : success

[root@node3 ~]# gluster volume quota Gluster-mod limit-usage /quotadir 2GB
//目录限制，限制 Gluster-mod 中的 /quotadir 目录配额为 2GB
volume quota : success

[root@node3 ~]# gluster volume quota Gluster-mod list
Path  Hard-limit  Soft-limit      Used  Available  Soft-limit exceeded?
Hard-limit exceeded?
--------------------------------------------------------------------------
```

```
/          20.0GB    80%(16.0GB)    2.1GB  17.9GB        No              No
/quotadir 2.0GB     80%(1.6GB)      0Bytes   2.0GB       No              No
```

（2）查看选项。

```
[root@node3 ~]# gluster volume set Gluster-mod quota-deem-statfs on
//开启配额查看

[root@node3 ~]# gluster volume set Gluster-mod quota-deem-statfs on
//关闭配额查看
```

（3）内存更新。

GlusterFS 的数据并不是实时同步的，而是先写入缓存，当缓存超时后，再逐步写入系统进行同步，所以在缓存没有超时之前是允许一直写入数据的，这就可能发生某些用户的数据已经达到临界点而用户还在一直写入数据的现象，因为客户的数据都在缓存中，一旦发生超时就会造成写失败，所以需要设置刷新时间来进行适当的检查。

```
[root@node3 ~]# gluster volume set Gluster-mod features.hard-timeout 5
//5 秒刷新

[root@node3 ~]# gluster volume set Gluster-mod features.soft-timeout 5
//5 秒刷新
```

（4）设置提醒时间。

提醒时间——在使用信息达到软限制并写入日志后的提醒频率（默认为一周）。

```
[root@node3 ~]# gluster volume quota Gluster-mod alert-time 2d
//修改为 2 天
```

（5）删除磁盘限制。

```
[root@node3 ~]# gluster volume quota Gluster-mod remove /
[root@node3 ~]# gluster volume quota Gluster-mod remove /quotadir
```

7.3.2 RDMA

RDMA（Remote Direct Memory Access，远程直接数据存取）是为了解决服务端数据处理延迟而产生的，可以理解为直接透传，即直接通过网络把数据传入存储区，不需要内核干预和内存拷贝，节省了上下文切换的开销时间。

目前大致有三类 RDMA 网络，分别是 Infiniband、RoCE、iWARP。

✧ 如果 GlusterFS 集群非常大，则推荐使用 Infiniband。

✧ 在网卡支持的情况下，可以选择 RoCE，这是一个允许在以太网上执行 RDMA 的网络协议。

✧ 在网卡支持的情况下，可以选择 iWARP，这是一个允许在 TCP 上执行 RDMA 的网络协议。

如果生产系统使用了 Infiniband，则可以尝试使用 RDMA 的传输模式，在 GlusterFS 集群中进行如下更改：

```
[root@client ~]# umount /glustermnt
[root@node1 ~]# gluster volume stop Gluster-mod
[root@node1 ~]# gluster volume set Gluster-mod config.transport tcp,rdma
//模拟环境没办法支持 RDMA 所以使用“tcp,rdma”模式
//config.transport 可以是“tcp”模式或者“rdma”模式，如果是支持 RDMA 的环境，则
//可以使用“rdma”单独模式
[root@node1 ~]# gluster volume start Gluster-mod
[root@client ~]# mount -t glusterfs -o transport=tcp  node1:/Gluster-mod
/glustermnt
//模拟环境使用 TCP，可将 TCP 改为“rdma”模式，RDMA 端口使用 24008
```

7.3.3 Trash Translator

Trash Translator 具有回收站的功能，可以帮助用户获取和恢复临时被删除的数据。每个块都会保留一个隐藏的目录.trashcan，它将用于存放被删除的文件。

（1）开启 Trash，默认保存 5MB 之内的数据。

```
[root@node1 ~]# gluster volume set Gluster-mod features.trash on
```

（2）设置回收站保存大小（单位为字节），范例为 500MB。

```
[root@node1 ~]# gluster volume set Gluster-mod features.trash-max-filesize
524288000
```

（3）写入文件，包含 1 个日志文件和一个大于 600MB 的 dd 空文件。

```
[root@client glustermnt]# cd /glustermnt
[root@client glustermnt]# cp /var/log/messages ./
[root@client glustermnt]# dd if=/dev/zero of=./600.img bs=1M count=600
```

（4）删除 2 个文件。

```
[root@client glustermnt]# rm -rf ./*
```

（5）在 Trashcan 中大于 500MB 的文件未被保存。

```
[root@client glustermnt]# ls .trashcan/
```

```
    messages_2018-02-23_032730       //注意时间戳
```

（6）复位该文件。

```
    [root@client glustermnt]# cp .trashcan/messages_2018-02-23_032730 /glustermnt/
messages
```

该功能有利有弊，应结合实际环境使用，如果环境中删除操作比较多，那么尽量不要使用，因为会占用太多空间。如果只是增加操作较多，为了防止误删除，则可以使用该功能。

7.3.4 Profile 监控分析

用于监控 GlusterFS 卷的不同参数，对问题的排除非常有帮助。

（1）开启监控。

```
    [root@node1 ~]# gluster volume profile Gluster-mod start
```

（2）查看监控。

```
    [root@node1 ~]# gluster volume profile Gluster-mod info
    Brick: node1:/glusterfs1
    ------------------------
    Cumulative Stats:
    Block Size:                16b+               128b+              256b+
    No. of Reads:                 0                   0                  0
    No. of Writes:                 1                   2                  7
    ......
```

（3）关闭监控。

```
    [root@node1 ~]# gluster volume profile Gluster-mod stop
```

7.3.5 top

top command 可以查看影响 GLusterFS 性能的系统动作，可以统计 File Open Calls、File Write Calls、Read、Wirte、Directory Open Calls、Directory Real Calls 等动作的计数。

命令行指令如下：

```
    #gluster  volume  top  <VOLNAME>  {open|read|write|opendir|readdir|clear}
[nfs|brick <brick>] [list-cnt <value>]
    #gluster  volume  top  <VOLNAME>  {read-perf|write-perf}  [bs  <size>  count
<count>] [brick <brick>] [list-cnt <value>]
```

（1）查看当前打开的文件数、最大打开的文件数并列出靠前的 Open Calls。

```
    [root@node1 ~]# gluster volume top Gluster-mod open list-cnt 10
```

（2）查看排名靠前的读文件请求 Read Calls。

```
[root@node1 ~]# gluster volume top Gluster-mod read list-cnt 10
```

（3）查看 Brick 的读性能和写性能。

```
[root@node1 ~]# gluster volume top Gluster-mod  \
              read-perf bs 256 count 1  list-cnt 10
[root@node1 ~]# gluster volume top Gluster-mod  \
              write-perf bs 256 count 1  list-cnt 10
```

这些 top 监控有利于管理员分析每个 Brick 的负载能力，以及找到性能瓶颈，有针对性地进行优化，还可以找到热点文件和统计用户相关的动作信息，例如读取多还是写入多？哪些文件是热点？集群 Brick 的服务性能如何等数据。

7.3.6 Statedump 统计信息

Statedump 是一种导出 GlusterFS 运行环境和当前状态信息的机制。

更改导出文件路径：

```
[root@node1 ~]# gluster volume set Gluster-mod server.statedump-path /root/
```

导出数据文件：

```
[root@node1 ~]# gluster volume statedump Gluster-mod
[root@node1 ~]# ls glusterfs1.7293.dump.1519369847 glusterfs.7284.dump.
1519369846 ......
```

7.3.7 灾备（Geo-Replication）

一旦 GlusterFS 数据量庞大且数据非常重要的时候，建立灾备系统是必不可少的一个环节。那么 GlusterFS 要如何做灾备呢？其实 GlusterFS 自身已经提供了灾备的组件，只要配置好备份关系即可。

1. 安装和配置备份

（1）安装灾备组件。

安装 glusterfs-geo-replication.x86_64 软件包支持 Geo-replication：

```
# yum -y install glusterfs-geo-replication
```

需要 2 个 GlusterFS 集群，主集群为复制式卷或分布式卷，用于 IOPS 较高的生产，灾备集群可以使用纠错卷（磁盘利用率高）。实际环境中并不一定是纠错卷，需要结合实际情况从数据的重要性和磁盘利用率及成本等多个角度去考量。

（2）配置访问关系。

主从节点间建立 SSH 免密码登录：

```
# ssh-keygen //所有主机生成 key
# ssh-copy-id root@node2
//复制 key 到所有节点，实现所有节点间的免密码访问，切记是所有节点
//主节点创建会话标记（node1 为主节点，geo 为主节点卷名称，disp-vol 为备节点卷名称）:
[root@node1 /]# gluster volume geo-replication geo root@node3::disp-vol
create
```

命令格式：gluster volume geo-replication \ [@]:: \ create [ssh-port] push-pem|no-verify [force]

（3）查看状态。

```
[root@node1 /]# gluster volume geo-replication status
```

（4）开启同步。

```
[root@node1 /]# gluster volume geo-replication geo root@node3::disp-vol
start
```

（5）其他相关指令。

```
[root@node1 /]# gluster volume geo-replication Usage: volume geo-replication
{create [ssh-port n] [[no-verify]|[push-pem]]|start [force]|stop [force]|pause
[force]|resume [force]|config|status [detail]|delete [reset-sync-time]}
[options...]
```

2. 从备份恢复数据

（1）模拟双副本故障，使用前例中 kill 的方式“杀死”进程，并使用新卷进行替换（一定是“杀死”双副本所有节点的卷输出，模拟 Master 集群的数据丢失）。

```
[root@node1 /]# gluster volume status
Status of volume: geo Gluster process TCP Port RDMA Port Online Pid
Brick node1:/glusterfs 49152 0 Y 12707
Brick node2:/glusterfs 49152 0 Y 10244
// node1 和 node2 分别“kill”Brick 进程 12707 和 10244，这时主节点数据已经全部发生
// 故障了，不可能依靠本地恢复了
[root@node1 /]# kill -9 12707
[root@node2 ~]# kill -9 10244
[root@node1 /]# gluster volume status
Status of volume: geo Gluster process TCP Port RDMA Port Online Pid
Brick node1:/glusterfs N/A N/A N N/A
Brick node2:/glusterfs N/A N/A N N/A
```

（2）主节点的 Brick 故障，这时 Geo-Replication Session 的状态会变为“Faulty”。

```
[root@node1 /]# gluster volume geo-replication geo root@node3::disp-vol status
// 停止"Geo-replication session"，停止所有的主节点 session
[root@node1 /]# gluster volume geo-replication geo root@node3::disp-vol stop
```

其实双副本卷都发生故障了，新建“恢复”和“替换”恢复已经没有区别。

（3）如果是分布式卷故障——先添加卷到 geo，然后移除已经损坏的卷。

```
[root@node1 /]# gluster volume add-brick geo node1:/glusterfs1 node2:/glsuterfs1 force
[root@node1 /]# gluster volume remove-brick geo node1:/glusterfs node2:/glusterfs force
```

（4）从节点恢复数据。

```
[root@node3 /]# mount.glusterfs node3:/disp-vol /mnt
[root@node3 /]# mkdir /geomnt
[root@node3 /]# mount.glusterfs node1:/geo /geomnt/
[root@node3 /]# rsync -PavhS --xattrs --ignore-existing /mnt/ /geomnt/
[root@node3 mnt]# umount /geomnt/
//重新启动 geo-replication
[root@node1 /]# gluster volume geo-replication geo root@node3::disp-vol start
```

（5）其他设置。

启动：

```
gluster volume geo-replication geo root@node3::disp-vol start
```

停止：

```
gluster volume geo-replication geo root@node3::disp-vol stop
```

删除：

```
gluster volume geo-replication geo root@node3::disp-vol delete
```

暂停：

```
gluster volume geo-replication geo root@node3::disp-vol pause
```

继续：

```
gluster volume geo-replication geo root@node3::disp-vol resume
```

（6）查看状态。

```
[root@node1 /]# gluster volume geo-replication geo root@node3::disp-vol status detail
```

```
//全量备份
[root@node1 /]# gluster volume geo-replication geo root@node3::disp-vol config ignore-deletes true
```

小结

✓ 本章技术作为主要的技术点，只有在生产环境中活学活用才能更好地驾驭 GlusterFS 分布式存储系统。

8 chapter

第 8 章 Ceph——分布式存储技术详解

8.1 Ceph 1

8.1.1 Ceph 简介

Ceph 分布式存储可以说是当今开源社区最火爆的开源方案之一，最大的优点是无中心节点。可以提供对象存储、块存储和文件存储，其中块存储已经和 OpenStack 深度结合。

Ceph 的版本分为稳定版和开发版，本文使用 J 版本。

8.1.2 Ceph 的设计思路

任何组件可以自由扩展，不存在单点故障，并且无中心化设计，软件定义存储，适用于 X86 架构，组件必须尽可能拥有自我管理和自我修复的功能。

8.1.3 Ceph 的架构

Ceph 拥有易管理、高可靠、高可用的特性，所以在框架上无论是横向扩展性还是可用、可靠性都是非常优秀的。Ceph 的架构如图 8-1 所示。

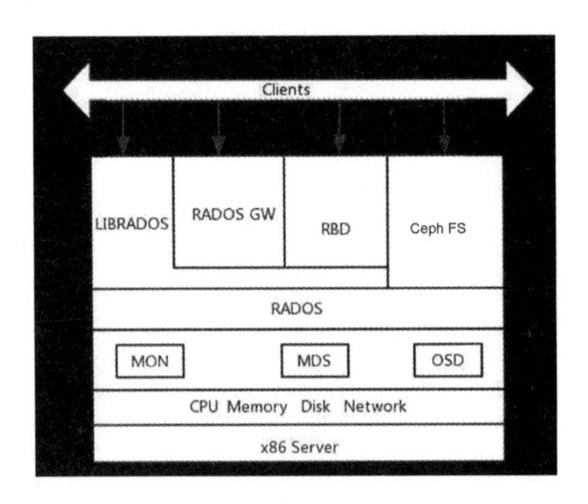

图 8-1

下面介绍图 8-1 中的组件的实际作用：

- RADOS：Ceph 的核心组件之一，提供自我修复特性，为可靠、智能的分布式系统打下了坚实的基础。

- LIBRADOS：允许应用程序直接访问，支持 C/C++、Java 和 Python 等语言。
- RADOS GW：RESTful 协议的网关，兼容 S3 和 Swift，作为对象存储，可以对接网盘之类的应用。
- RBD：通过 Linux 内核客户端和 KVM 驱动，基于 LIBRADOS 之上，提供块设备，OpenStack 采用这种方式为 VM 提供块设备。
- Ceph FS：通过 Linux 内容提供标准的 POSIX 文件系统。

1. 理解 RADOS

技术的精髓尤为关键，图 8-1 中的 RADOS 是 Ceph 非常重要的核心组件之一，实际上 RADOS 可以作为单独的分布式系统存在，所以理解 RADOS 也就理解 Ceph 的架构了。

在图 8-1 中，无论是 S3 和 Swift 的对象存储，还是 RBD 的块存储，或是 POSIX 标准的 CephFS 存储，它们都叠加在 RADOS 之上。而 RADOS 提供了很多特性，例如高可靠、高可扩展、高性能、自动化，等等。

RADOS 更像是 Ceph 的大脑，处理和负责决策、调度等工作，主要功能包括数据的一致性检查、CRUSH 算法实现对象寻找、完成读写和其他数据的功能、借助 Monitor 为集群提供全局配置信息、快照和克隆、对象分层、数据自动恢复及数据均衡。

RADOS 的结构如图 8-2 所示。

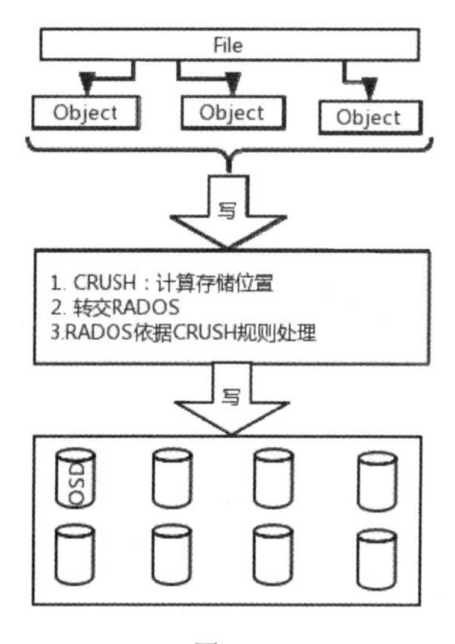

图 8-2

基于 RADOS，使用 Ceph 作为存储架构，一个 Ceph 存储集群包含以下两种类型的进程：

（1）Ceph Monitors：通过集群内的各种 Map 维护集群的健康状态，包括 Monitor Map、OSD

Map、MON Map、PG Map、CRUSH Map，这些都是Ceph集群中非常关键的Map，下面将逐一介绍，如表8-1所示。

表8-1

Map名称	Map释义
Cluster Map	集群全局信息
Monitor Map	包含集群fsid、地址和端口、当前版本信息和更新更改等信息
OSD Map	集群ID、OSD版本信息和修改信息、Pool相关信息、副本数目，以及PGP等信息
CRUSH Map	包含集群存储设备信息，故障域结构和存储数据时定义失败域的规则等信息
MDS Map	存储MDS的状态信息，以及修改时间、数据和元数据pool id、集群MDS数量等信息
PG Map	当前PG版本、时间戳、空间使用比例、PG ID、对象数目、状态、OSD状态等信息

（2）Ceph OSD（Object Storage Daemon）：负责存储数据，Client从Monitor获取Cluster Map后，将实现Client与OSD直接的I/O交互，要尽可能地避免额外开销，对OSD可以做如下理解。

- OSD将数据以Object的方式存储到集群中所有节点的物理磁盘上。
- OSD的每个Object都是以一主多副的形式存在的，并且散布于不同节点。
- OSD进程和Ceph集群中的磁盘是一一对应的。
- OSD可以将日志和数据存储分布于不同设备，例如SSD作为日志，HDD作为数据。

2. 理解CRUSH

试想一下，在庞大的分布式系统中，如何能够避免传统模式下中心节点的故障问题，以及数据分布、扩展瓶颈等问题？

CRUSH处理数据分布的查询方法比较特别，将数据分布的查询由传统的Server模式转成由Client完成，这将最大限度地避免产生热点。并且Ceph采用的是CRUSH这种分布式算法，它只需要一个集群的描述Map和规则就可以根据一个整型的输入数据找到存放数据的设备列表。

CRUSH的结构如图8-3所示。

（1）所有数据都会按照指定的大小（默认为4MB）被切割成若干份，即图8-3中的Object。

（2）因为我们需要清楚地标识每个Object，所以Object定义了自己的OID，即ObjectID。ObjectID和PGID相互对应，即图8-3右上部分PG&OID。

（3）根据PGID，客户端通过CRUSH算法就会得到一个OSD列表，找到符合条件的OSD。

（4）CRUSH将集群中的数据均衡地分布到OSD节点上，如果设备的差异比较大，那么可以通过CRUSH来设置不同的权重，比如SSD和HDD就可以通过设置不同权重来进行数据分布。

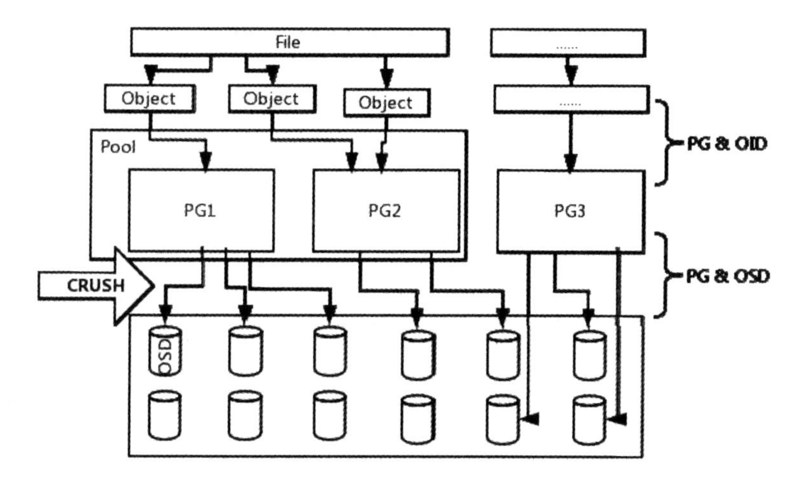

图 8-3

3. CRUSH 原理

Object（数据存储的基本单元）默认为 4MB，由唯一对象标识（ID）、对象数据和对象元数据构成。

CRUSH 的原理图如图 8-4 所示：

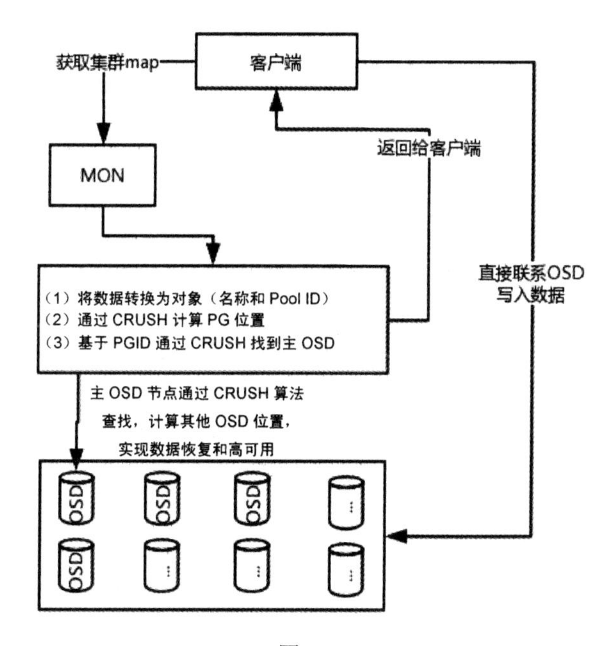

图 8-4

（1）PG（Placement Group）。

- 在 Ceph 中，Object、PG 和 OSD 是相互映射的关系。
- 将 PG 理解为 Object 的集合，同一个 PG 内，所有的 Object 都有相同的放置策略。
- 一个 Object 只能属于一个 PG，但是一个 PG 却可以包含众多 Object。
- 一个 PG 对应于放置在其上的 OSD 列表，然而 OSD 上却可以分布多个 PG。

（2）Pool：一个 Pool 包含多个 PG；尝试理解它为一个存储池，它有“Replicated 类型（副本类型）和 Erasure Code 类型（纠错类型）”两种类型，其实这两种类型是数据在 Ceph 中的冗余方式和分布策略。

（3）PG & Object ID ：OID 和 PGID 是相互对应的关系，可以理解为 OID 是由 Ceph 的条带花切分产生的 Object 序列号+数据 matedata 共同组成的，在 Ceph 的使用过程中，经过函数的计算产生 PGID，并与之对应。

（4）PG & OSD：关键的一步是通过 CRUSH 算法来确定集群中由 PG 到实际数据存储的 OSD 映射关系。然后，通过对 PGID 的计算获得多个 OSD 集合列表，选主 OSD 提取数据，其他备用（OSD 列表有主从之分，只有主数据无法服务时，系统才会提供从数据）。

8.1.4 Ceph 的安装和配置

1. Ceph 实例

GlusterFS 实例架构如图 8-5 所示。

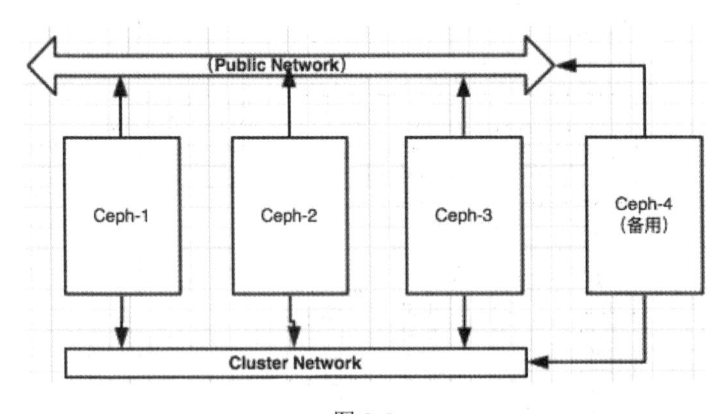

图 8-5

2. 试验环境

试验环境如表 8-2 所示。

表 8-2

系统版本	磁盘数量	网卡数量	IP 地址	主机名称	备　注
CentOS 7.4	4Vdisk	2	192.168.56.101（cluster） 192.168.57.3（public）	Ceph-1	Ceph 集群节点 1
CentOS 7.4	4Vdisk	2	192.168.56.102（cluster） 192.168.57.4（public）	Ceph-2	Ceph 集群节点 2
CentOS 7.4	4Vdisk	2	192.168.56.103（cluster） 192.168.57.5（public）	Ceph-3	Ceph 集群节点 3
CentOS 7.4	4Vdisk	2	192.168.56.107（cluster） 192.168.57.6（public）	Ceph-4	Ceph 集群节点 4
CentOS 7.4	2Vdisk	1	192.168.57.7（public）	Client	测试客户端

3. 测试内容

完成 Ceph 集群安装和配置，利用 Client 进行测试。

4. 安装准备（以下操作均针对所有节点）

（1）更改主机名。

（2）添加主机 hosts 列表（Private Network）。

（3）关闭防火墙，关闭 SELinux。

（4）各主机之间 SSH 免密码登录（所有节点间的相互免密）。

（5）配置 NTP 时钟源。

5. 安装 Ceph

（1）获得国内 YUM 源（所有节点）。

```
# rpm -Uvh http://mirrors.aliyun.com/ceph/rpm-jewel/el7/noarch/ceph-release-1-1.el7.noarch.rpm
```

（2）安装 Ceph-Deploy 部署工具（Ceph 有两种安装方式，一种是用 Deploy 部署工具进行部署，快速简单；另一种是手动部署，复杂度高，但是能够加强记忆），所有节点执行更新及安装 Ceph-Deploy。

```
# yum -y update
# yum -y install ceph-deploy
```

（3）创建 Ceph 集群。

```
[root@Ceph-1 ceph]# mkdir /etc/ceph ; cd /etc/ceph
```

```
[root@Ceph-1 ceph]# ceph-deploy new ceph-1
[root@Ceph-1 ceph]# ls
 ceph.conf  ceph-deploy-ceph.log  ceph.mon.keyring
```

在当前目录下使用 ls 和 cat 命令检查 Ceph-Deploy 的输出结果，可以看到一个 Ceph 配置文件、一个密钥环，以及为新集群创建的日志文件。

（4）安装所有节点的 Ceph。

```
[root@Ceph-1 ceph]# ceph-deploy install ceph-1 ceph-2 ceph-3
```

如果安装中断，可以使用上述命令再次安装，如果想重新开始安装，则执行以下命令来清空配置。

```
# ceph-deploy purgedata {ceph-node} [{ceph-node}]
# ceph-deploy forgetkeys
```

清空 Ceph 包，需执行以下命令：

```
# ceph-deploy purge {ceph-node} [{ceph-node}]
```

（5）安装完成后在所有节点上查看 Ceph 版本及健康情况。

```
# ceph -v
```

注意输出的内容在所有节点上一定是相同的。

（6）在 ceph-node1 上创建一个 Monitor。

```
[root@Ceph-1 ceph]# ceph-deploy mon create-initial
```

通过 ceph -s 命令可以查看到只有 mon 存在：

```
 [root@Ceph-1 ceph]# ceph -s
 cluster f35c031d-5b4c-4d5a-bbfb-36bf5823e859
 monmap e13: 1 mons at {ceph-1=192.168.57.3:6789/0}
     election epoch 21, quorum 0 ceph-1
```

（7）创建 OSD 盘，先查看磁盘，再创建 OSD 盘。

```
 [root@Ceph-1 ceph]# ceph-deploy disk list ceph-1
 [ceph-1][DEBUG ] /dev/sdb other, unknown
 [ceph-1][DEBUG ] /dev/sdc other, unknown
 [ceph-1][DEBUG ] /dev/sdd other, unknown   //发现有 3 块磁盘没有使用
```

清除空磁盘：

```
[root@Ceph-1 ceph]# ceph-deploy disk zap ceph-1:/dev/sdb ceph-1:/dev/sdc
```

创建 OSD：

```
[root@Ceph-1 ceph]# ceph-deploy osd create ceph-1:/dev/sdb ceph-1:/dev/sdc
```

查看状态：

```
[root@Ceph-1 ceph]# ceph -s
cluster f35c031d-5b4c-4d5a-bbfb-36bf5823e859
osdmap e9: 2 osds: 2 up, 2 in
   flags sortbitwise,require_jewel_osds
```

查看主机磁盘：

```
[root@Ceph-1 ceph]# lsblk
sdb              8:16   0   8G  0 disk
├─sdb1            8:17   0   3G  0 part /var/lib/ceph/osd/ceph-0
└─sdb2            8:18   0   5G  0 part
sdc              8:32   0   8G  0 disk
├─sdc1            8:33   0   3G  0 part /var/lib/ceph/osd/ceph-1
└─sdc2            8:34   0   5G  0 part
sdd              8:48   0   8G  0 disk
```

继续完成所有节点的 OSD 创建操作：

```
[root@Ceph-1 ceph]# ceph-deploy disk zap ceph-2:/dev/sdb ceph-2:/dev/sdc\
                    ceph-3:/dev/sdb ceph-3:/dev/sdc
[root@Ceph-1 ceph]# ceph-deploy osd create ceph-2:/dev/sdb ceph-2:/dev/sdc\
                    ceph-3:/dev/sdb ceph-3:/dev/sdc
```

查看结果：

```
[root@Ceph-1 ceph]# ceph osd tree
 ID WEIGHT  TYPE NAME       UP/DOWN REWEIGHT PRIMARY-AFFINITY
 -1 0.01740 root default
 -2 0.00580     host ceph-1
  0 0.00290         osd.0        up  1.00000          1.00000
  1 0.00290         osd.1        up  1.00000          1.00000
 -3 0.00580     host ceph-2
  2 0.00290         osd.2        up  1.00000          1.00000
  3 0.00290         osd.3        up  1.00000          1.00000
 -4 0.00580     host ceph-3
  4 0.00290         osd.4        up  1.00000          1.00000
  5 0.00290         osd.5        up  1.00000          1.00000
```

（8）扩展集群到 3 个 mon 节点。

```
[root@Ceph-1 ceph]# vim /etc/ceph/ceph.conf
```

添加：

```
public_network = 192.168.57.0/24      //对外提供服务网络
cluster_network = 192.168.56.0/24     //Ceph 内部数据网络
```

同步文件：

```
[root@ceph-1 ceph]# ceph-deploy --overwrite-conf config push \
                ceph-1 ceph-2 ceph-3
```

添加另外 2 个 mon 到集群：

```
[root@Ceph-1 ceph]# ceph-deploy mon create ceph-2 ceph-3
[root@Ceph-1 ceph]# ceph mon stat
e15: 3 mons at {ceph-1=192.168.57.3:6789/0,ceph-2=192.168.57.4:6789/0,
ceph-3=192.168.57.5:6789/0}, election epoch 26, quorum 0,1,2 ceph-1,ceph-2,
ceph-3
```

删除 mon 节点：

```
# ceph-deploy mon destroy ceph-2 ceph-3
```

（9）创建 Pool。

```
[root@ceph-1 ~] # ceph osd pool create testpool 512
pool 'testpool' created
```

查看 testpoo、pg_num 和 pgp_num：

```
[root@ceph-1 ~]# ceph osd lspools
0 rbd,1 testpool,
[root@ceph-1 ~]# ceph osd pool get testpool  pg_num
pg_num: 512
[root@ceph-1 ~]# ceph osd pool get testpool  pgp_num
pgp_num: 512
```

（10）调整 pg_num 的大小和 pgp_num 的大小。

查看 OSD 详细信息：

```
[root@ceph-1 ~]# ceph osd dump |grep size|grep rbd
pool 0 'rbd' replicated size 3 min_size 2 crush_ruleset 0 object_hash rjenkins
pg_num 64 pgp_num 64 last_change 1 flags hashpspool stripe_width 0
[root@ceph-1 ~]# ceph osd dump |grep size|grep testpool
pool 1 'testpool' replicated size 3 min_size 2 crush_ruleset 0 object_hash
rjenkins pg_num 512 pgp_num 512 last_change 46 flags hashpspool stripe_width 0
```

通过命令查看得到 OSD 数量、副本卷数量（默认 3 个副本）、Pool 数量，并计算最新的 PG 数量，相关代码如下：

```
[root@ceph-1 ~]# ceph osd pool set rbd pg_num 256
set pool 0 pg_num to 256
[root@ceph-1 ~]# ceph osd pool set rbd pgp_num 256
set pool 0 pg_num to 256
```

更改副本数量　　　　//建议 3 个副本，并且更改也是只高不低（切记）

```
#ceph osd pool get <poolname> size
#ceph osd pool set <poolname> size 3
```

（11）相关定义。

创建 Pool 之前，需要覆盖默认的 pg_num，官方推荐的定义如表 8-3 所示：

表 8-3

OSD 数量	pg_num
<5	128
5～10	512
10～50	4096
>50	Pgcalc 公式计算
计算 PG 数：PG 总数=（OSD 总数×100）/副本数	

概念（pg_num 和 pgp_num 的概念及关系）：

① pg_num：创建 PG 的数量。

② pgp_num：控制 PG 到 OSD 的映射分布数量。

③ 默认 pg_num 和 pgp_num 是一一对应的关系，也是推荐的关系。

④ pg_num 增大会增加 PG 的数量，数据分步到更多的 PG 中，但是 PG 到 OSD 的映射关系无变化。

⑤ pgp_num 增大会调整新增 PG 到 OSD 的映射，保障数据在 OSD 层面的均匀分布，并引发数据重新分布计算。

⑥ 计算 Pool 的 PG 数量=（（OSD 总数×100）/副本数）/Pool 数量。

6. 创建 CephFS 文件系统

CephFS 结构如图 8-6 所示：

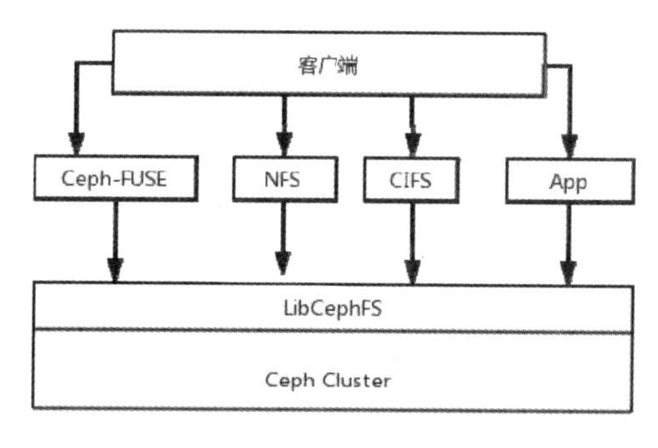

图 8-6

CephFS 提供了一个任意大小且兼容 POSIX 的分布式文件系统，依赖于 MDS 元数据服务。

MDS：ceph-mds 是 Ceph 分布式文件系统的元数据服务器守护进程。一个或多个 ceph-mds 相互协作管理文件系统的命名空间、协调到共享 OSD 集群的访问。

（1）创建 MDS。

```
[root@ceph-1 ceph]# ceph-deploy mds create ceph-1 ceph-2 ceph-3
[root@ceph-1 ceph]# ceph mds stat
e4: 3 up:standby
```

（2）创建新的 Pool 作为 CephFS 输出，可以删除原有的 Pool。

```
[root@ceph-1 ceph]# ceph osd pool delete testpool testpool \
                    --yes-i-really-really-mean-it
[root@ceph-1 ceph]# ceph osd pool delete rbd rbd \
                    --yes-i-really-really-mean-it
```

依据上面计算的结果，PG 总量是 512，每个 Pool 分别取 256。

```
[root@ceph-1 ceph]# ceph osd pool create cephfs_data 256
 pool 'cephfs_data' created        //数据存储
[root@ceph-1 ceph]# ceph osd pool create cephfs_metadata 256
 pool 'cephfs_metadata' created    //日志存储，影响客户端的操作延时
```

此处可调优，将日志区建立在 SSD 磁盘之上，形成 Pool，这样会加快用户访问数据的速度。

（3）创建 CephFS 文件系统。

```
[root@ceph-1 ceph]# ceph fs new testcephfs cephfs_metadata cephfs_data
new fs with metadata pool 4 and data pool 3
```

查看 CephFS 状态：

```
[root@ceph-1 ceph]# ceph fs ls
name: testcephfs, metadata pool: cephfs_metadata, data pools: [cephfs_data ]
[root@ceph-1 ceph]# ceph mds stat
e7: 1/1/1 up {0=ceph-3=up:active}, 2 up:standby // 1 主 2 备
```

（4）挂载使用。

安装 ceph-fuse：

```
    [root@client ~] # rpm -Uvh http://mirrors.aliyun.com/ceph/rpm-jewel/el7/
noarch/ceph-release-1-1.el7.noarch.rpm
    [root@client ~] # yum -y install ceph-fuse    //一定要使用匹配的客户端进行挂载
    [root@client /] # ceph-fuse -m 192.168.57.5:6789  /cephfsmnt/
    //如果客户端落后于当前集群，则试着使用 ceph -v 查看，并升级 ceph-common
```

（5）取消挂载。

```
[root@client ~]# fusermount -u /cephfsmnt/
```

（6）配额。

设置（设置为 0 即为不限制）：

```
# setfattr -n ceph.quota.max_bytes -v 100000000 /some/dir    //100MB
# setfattr -n ceph.quota.max_files -v 10000 /some/dir    //10000 个文件
```

查看 quota 配置：

```
# getfattr -n ceph.quota.max_bytes /some/dir
# getfattr -n ceph.quota.max_files /some/dir
```

（7）OSD 黑名单机制。

```
# ceph osd blacklist add 172.16.79.251:0/3271
```

（8）文件写满处理。

```
[root@client cephfsmnt]# cp 1.img 5.img
cp: 写入"5.img" 出错: 设备上没有空间
cp: 扩展"5.img" 失败: 设备上没有空间
cp: failed to close "5.img": 设备上没有空间    //提示设备已无空间使用
[root@ceph-2 ~]# ceph health detail
 HEALTH_WARN 4 near full osd(s)
 osd.1 is near full at 94%
 osd.2 is near full at 91%
 osd.3 is near full at 90%
 osd.4 is near full at 92%
//报出几个 OSD 已经接近使用上限（默认为 95%，剩余空间无法支撑写入数据）
```

（9）扩容（扩展 OSD 数量）。

① 配置 Ceph-4 主机的 YUM 源，参考上述 Ceph 安装源。

② 执行 Ceph 安装。

```
[root@ceph-1 ceph]# ceph-deploy install ceph-4
```

③ 清空 Ceph-4 的磁盘。

```
[root@ceph-1 ceph]# ceph-deploy disk zap ceph-4:/dev/sdb ceph-4:/dev/sdc
```

④ 创建 OSD。

```
[root@ceph-1 ceph]# ceph-deploy osd create ceph-4:/dev/sdb ceph-4:/dev/sdc
```

⑤ Ceph 会自动均衡数据到新的 OSD，但是在生产环境中如遇到业务高峰，均衡数据会让性能大打折扣，所以一般情况下会先设置不均衡。

```
[root@ceph-1 ceph]# ceph osd set noin
set noin
[root@ceph-1 ceph]# ceph osd set nobackfill
set nobackfill
```

⑥ 非业务高峰期再进行均衡。

```
[root@ceph-1 ceph]# ceph osd unset noin
unset noin
[root@ceph-1 ceph]# ceph osd unset nobackfill
unset nobackfill
```

（10）调整上限比例。

临时扩展上限比例，默认情况下 full 的比例是 95%，而 near full 的比例是 85%，所以需要根据实际情况对该配置进行调整：

```
# vim /etc/ceph/ceph.conf
[global]
mon osd full ratio = .98
mon osd nearfull ratio = .80   //不推荐，因为解决不了最终的问题，治标不治本。另外，
因为没有在大数据量的生产环境中验证过，所以无法估算影响面积
```

如果遇到 OSD down 的状态，则可以尝试使用命令“systemctl start ceph-osd@1.service”来启动，使用命令“ceph osd tree”来确认状态，如果还是 down 的状态，则建议查看/var/log/ceph/ 目录中的 OSD 日志进行分析。

（11）磁盘差异，数据分布不均匀，数据再均衡（权重）。

Ceph 的数据存储结构为“file->object->pg->OSD->physics disk”，所以一旦 PG 设置过小，PG 到 OSD 的映射不均，就会造成 OSD 数据分布不均。这样的问题还请参考前文阐述，调节 pg_num 和 pgp_num。

但是在磁盘存在差异的情况下，会采用权重进行控制数据分布，人为添加的用以表示数据分布权重值的 reweight 值介于 0～1 之间，该值越小表示分布权重越低。

```
# ceph osd tree  //查看
# ceph osd crush reweight <osd> <weight>  //重新设置
```

使用官方提供的自动设置工具：

```
# ceph osd reweight-by-utilization
//自动进行校对，推荐
```

（12）文件系统的灾难恢复（难度较高，尽可能地恢复损坏的文件系统）。

以下这部分内容用于灾难恢复，如果没有足够的信心，建议读者不要去做，因为这有可能会使事情变得更糟糕。

① 导出日志，在执行任何有风险的操作前，都要进行备份。

```
[root@ceph-1 ~]# cephfs-journal-tool journal export backup-20180308.bin
```

② 从日志恢复，此命令会把日志中可恢复的 inode/dentry 写入后端存储。

```
[root@ceph-1 ~]# cephfs-journal-tool event recover_dentries summary
```

③ 日志截取，高风险，有可能留下孤儿对象和破坏权限规则。

```
[root@ceph-1 ~]# cephfs-journal-tool journal reset
```

④ 擦除 MDS 表，重置日志后，可能 MDS 表（InoTable、SessionMap、SnapServer）的内容就不再一致了。

```
[root@ceph-1 ~]# cephfs-table-tool all reset session
//要重置 SessionMap，session 可替换为其他需要重置的表，例如 snap 或 inode
```

⑤ 重置 MDS 图。注意，有可能会丢失数据。

```
[root@ceph-1 ~]# ceph fs reset testcephfs  --yes-i-really-mean-it
Error EINVAL: all MDS daemons must be inactive before resetting filesystem:
set the cluster_down flag and use `ceph mds fail` to make this so
```

如果出现上述错误，则需要在所有节点执行以下命令：

```
# ceph mds cluster_down
```

然后，执行以下命令（3 个 MDS 的节点要全部“fail”掉）：

```
[root@ceph-1 ~]# ceph mds fail ceph-1
[root@ceph-1 ~]# ceph mds fail ceph-2
[root@ceph-1 ~]# ceph mds fail ceph-3
```

⑥ 元数据对象丢失的恢复（取决于丢失或被篡改的是哪种对象）。

```
[root@ceph-1 ~] # cephfs-table-tool 0 reset session //会话表
[root@ceph-1 ~] # cephfs-table-tool 0 reset snap    //SnapServer 快照服务器
[root@ceph-1 ~] # cephfs-table-tool 0 reset inode    //InoTable 索引节点表
[root@ceph-1 ~] # cephfs-journal-tool --rank=0 journal reset//Journal 日志
[root@ceph-1 ~] # cephfs-data-scan init   //根索引节点（/ 和所有 MDS 目录）
```

所有运行 scan_extents 阶段的例程都结束后才能开始进行“scan_inodes”：

```
[root@ceph-1 ~] # cephfs-data-scan scan_extents "cephfs_data"  //时间比较长
[root@ceph-1 ~] # cephfs-data-scan scan_inodes "cephfs_data"
```

⑦ 启动校验。

```
[root@ceph-1 ~]# systemctl start ceph-mds.target  //所有节点均执行
[root@ceph-1 ~]# ceph mds cluster_up  //所有节点均执行
```

启动后挂载并进行数据校验。

（13）删除 CephFS。

```
[root@ceph-1 ~]# systemctl stop ceph-mds@ceph-1.service
[root@ceph-1 ~]# ceph mds fail 0
```

```
[root@ceph-1 ~]# ceph fs rm testcephfs --yes-i-really-mean-it
[root@ceph-1 ~]# ceph osd pool rm metadata \
                 metadata --yes-i-really-really-mean-it
[root@ceph-1 ~]# ceph osd pool rm cephfs_data \
                 cephfs_data --yes-i-really-really-mean-it
```

（14）删除 OSD。

① 剔除 OSD。

```
[root@ceph-1 ~]# ceph osd out osd.6
[root@ceph-1 ~]# ceph osd out osd.7
```

踢出集群后，Ceph 会自动均衡数据，将被剔除的 OSD 数据复制到别的 OSD 上。

② 观察数据迁移。

```
[root@ceph-1 ~]# ceph -w   //直到数据迁移返回到 " active+clean "的状态。
```

③ 停止 OSD 并删除 OSD。

```
[root@ceph-4 ~]# service ceph-osd@6 stop
[root@ceph-4 ~]# service ceph-osd@7 stop  //对应的节点停止
```

④ ceph osd tree 中看到状态为“down”。

```
[root@ceph-1 ~]# ceph osd crush remove osd.6
[root@ceph-1 ~]# ceph osd crush remove osd.7
[root@ceph-1 ~]# ceph osd rm osd.6
[root@ceph-1 ~]# ceph osd rm osd.7
[root@ceph-1 ~]# ceph auth del osd.6
[root@ceph-1 ~]# ceph auth del osd.7
```

（15）删除集群。

① 卸载所有 Ceph 程序：ceph-deploy uninstall [{ceph-node}]。

② 删除 Ceph 相关的安装包：ceph-deploy purge {ceph-node} [{ceph-data}]。

③ 删除 Ceph 相关的配置：ceph-deploy purgedata {ceph-node} [{ceph-data}]。

④ 删除 key：ceph-deploy forgetkeys。

⑤ 卸载 ceph-deploy 管理：yum -y remove ceph-deploy。

8.1.5 查看相关 Map 信息

查看 Ceph Map 指令如表 8-4 所示：

表 8-4

Map 名称	指令
Mon Map	ceph mon dump
OSD Map	ceph osd dump
PG Map	ceph pg dump | more
MDS Map	ceph mds dump
CRUSH Map	ceph osd crush dump

小结

✓ Ceph 安装完成后，构建 CephFS 文件系统对外输出。CephFS 对外输出的效果和 NFS 及 Samba 一样，可以为企业提供集中 NAS 存储，存储非结构化数据和备份数据，以及为前端的业务系统提供 NAS 共享服务、为 Hadoop 提供大空间存储，等等。

8.2 Ceph 2 RBD

8.2.1 RBD 块设备

Ceph 的块设备和 SAN 提供的块设备实际上异曲同工，在生产的众多环境中都可以使用，比如 HA 模式下的 SAN 存储设备，但是目前来看，Ceph 的块设备的主力使用者是“OpenStack”，为 VM 提供块设备。

既然和其他存储一样可以输出块设备，那么 Ceph 的 RBD 也具有其他块设备的一些特性，比如精简配置、快照、复制和写的一致性等。Ceph 块的架构如图 8-7 所示。

8.2.2 创建块设备

（1）清空上次实验用到的 CephFS 文件系统和 Pool。

```
[root@ceph-1 ~]# service ceph-mds@ceph-1 stop //所有 MDS 主机
[root@ceph-1 ~]# ceph mds fail 0
[root@ceph-1 ~]# ceph mds fail 1
[root@ceph-1 ~]# ceph mds fail 2 //实例中是 3 个 MDS
[root@ceph-1  ~]# ceph fs rm testcephfs --yes-i-really-mean-it //删除 CephFS
[root@ceph-1 ~]# ceph osd pool delete cephfs_metadata \
cephfs_metadata --yes-i-really-really-mean-it
[root@ceph-1  ~]# ceph osd pool delete cephfs_data \
```

```
cephfs_data --yes-i-really-really-mean-it //删除 pool
```

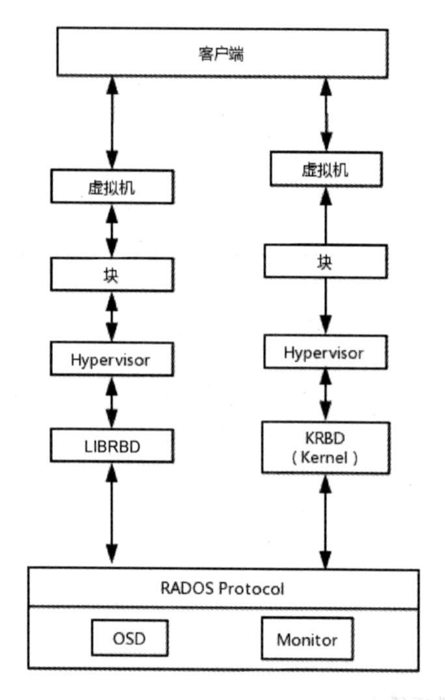

图 8-7

（2）创建块设备（在任意一台 Ceph 节点上创建）。

创建 rbdpool：

```
[root@ceph-1 ~]# ceph osd pool create rbdpool 512 pool 'rbdpool' created
```

创建一个名为 ceph-rbd1、大小为 10GB 的 RBD 设备：

```
[root@ceph-1 ~]# rbd create ceph-rbd1 --size 10240 -p rbdpool
```

注意：默认情况下 RBD 镜像会保存在 Ceph 集群的 RBD 池中，可以使用-p 参数改变池。

列出 rbdpool 内的设备：

```
[root@ceph-1 ~]# rbd ls rbdpool ceph-rbd1
```

列出 RBD 的详细信息：

```
[root@ceph-1 ~]# rbd --image ceph-rbd1 info -p rbdpool
```

（3）调整块设备大小。

块设备都是精简设备，只有实际发生写入数据的时候才会占用物理空间，通过--size 来设置最大的空间上限，而 resize 命令可以调节大小。

```
[root@ceph-1 ~]# rbd resize --size 4096 rbdpool/ceph-rbd1 --allow-shrink
```

```
Resizing image: 100% complete...done.
```

8.2.3 使用块设备

（1）完善 Hosts 文件对应关系表。

（2）利用 Ceph-4 主机模拟客户端。

（3）在 Ceph-4 上安装 Ceph 软件包。

```
[root@ceph-1 ceph]# ceph-deploy install ceph-4
```

（4）管理节点下发管理文件，授权访问集群。

```
[root@ceph-1 ceph]# ceph-deploy admin ceph-4
```

（5）客户端检查是否可以访问集群中的 RBD 设备。

```
[root@ceph-4 ~]# rbd ls -p rbdpool ceph-rbd1
```

（6）映射 RBD 到客户端。

```
[root@ceph-4 ~]# rbd map --image rbdpool/ceph-rbd1
    rbd: sysfs write failed RBD image feature set mismatch. You can disable
features unsupported by the kernel with "rbd feature disable". In some cases useful
info is found in syslog - try "dmesg | tail" or so. rbd: map failed: (6) No such
device or address //出现该错误，一些 RBD 特性在客户端上无法支持
```

（7）出现错误的原因如下。

① 创建 RBD 的时候可以使用 --image-format 指定格式。

② format 1 - 兼容所有版本的 LIBRBD 和内核模块，但不支持较新的功能。

③ format 2 - 3.11 以上版本的内核模块才支持，增加了新功能。

④ 默认使用 format 2，挂载会出错，需要关闭一些特性。

⑤ jewel 版本，默认格式 2 的 RBD 块支持如下特性，默认全部开启。

layering：支持分层；

striping：支持条带化 v2；

fast-diff：快速计算差异（依赖 object-map）；

deep-flatten：支持快照扁平化操作；

journaling：支持记录 I/O 操作（依赖独占锁）；

exclusive-lock：支持独占锁；

object-map：支持对象映射（依赖 exclusive-lock）。

（8）解决方法如下。

重新创建 RBD，支持 layering：

```
[root@ceph-4 ~] # rbd remove rbdpool/ceph-rbd1 //删除 RBD
Removing image: 100% complete...done.
[root@ceph-4 ~] # rbd create rbdpool/ceph-rbd1 --size 10G \
                 --image-format 2 --image-feature layering //新建 RBD
```

查看并关闭其他特性：

```
[root@ceph-4 ~] # rbd info rbdpool/ceph-rbd1
features: layering, exclusive-lock, object-map, fast-diff, deep-flatten
[root@ceph-4 ~] # rbd feature disable rbdpool/ceph-rbd1 \
                 exclusive-lock object-map fast-diff deep-flatten
[root@ceph-4 ~] # rbd info rbdpool/ceph-rbd1
features: layering   //关闭后只有一个特性，也可以编译和安装更高的内核版本来支持新的特性
```

（9）再次映射挂载。

```
[root@ceph-4 ~] # rbd map --image rbdpool/ceph-rbd1 /dev/rbd0
[root@ceph-4 ~] # rbd showmapped id pool image snap device 0 rbdpool\
                 ceph-rbd1 /dev/rbd0
```

（10）格式化挂载使用，步骤为“fdisk→mkfs.xfs→mount”。

（11）确认挂载可以使用如下命令。

```
[root@ceph-4 ~]# df -H
文件系统     容量 已用 可用 已用% 挂载点
/dev/rbd0 11G 35M 11G  1%   /rbdtest
```

（12）取消挂载，取消映射。

```
[root@ceph-4 ~]# umount /dev/rbd0
[root@ceph-4 ~]# rbd unmap /dev/rbd0
[root@ceph-4 ~]# rbd showmapped
```

8.2.4 快照

快照实际就是在某个特定时间点的一份只读副本。

Ceph 现在已经全面支持 OpenStack，所以在快照层面已经支持分层快照，这样为 VM 提供了更好的快照功能，做快照的时候要尽可能停止 I/O 操作！

（1）创建、查看快照。

```
[root@ceph-4 rbdtest]# rbd snap create rbdpool/ceph-rbd1@snap
//@snap 为快照名称，@为分割
```

```
[root@ceph-4 rbdtest]# rbd snap ls rbdpool/ceph-rbd1
SNAPID NAME SIZE
6 snap 10240 MB
```

（2）写入新数据。

```
[root@ceph-4 rbdtest]# cp /etc/hosts ./
[root@ceph-4 rbdtest]# ls hosts messages
```

（3）数据回滚。

```
[root@ceph-4 /]# umount /rbdtest //必须执行umount命令
[root@ceph-4 /]# rbd snap rollback rbdpool/ceph-rbd1@snap
Rolling back to snapshot: 100% complete...done.
[root@ceph-4 /]# mount /dev/rbd0 /rbdtest/
[root@ceph-4 /]# ls /rbdtest/
messages
```

（4）删除快照。

```
[root@ceph-4 /]# rbd snap rm rbdpool/ceph-rbd1@snap
```

8.2.5 克隆

Ceph 支持块设备创建多个 COW 克隆，这样可以更快地创建镜像。例如，使用虚拟机模板创建很多相同的虚拟机，而且还要保护模板不被篡改，仅支持 format 2。

创建过程：创建 Block Device Image→创建快照→保护快照→克隆快照。

（1）创建 format 2 的 RBD 镜像。

```
[root@ceph-4 /]# rbd create rbd2 --size 10240 --image-format 2 -p rbdpool
```

（2）创建 RBD 镜像快照。

```
[root@ceph-4 /]# rbd snap create rbdpool/rbd2@snapshot1
[root@ceph-4 /]# rbd snap ls rbdpool/rbd2
SNAPID NAME SIZE
8 snapshot1 10240 MB
```

（3）创建 COW 镜像前需要先保护这个快照，这是非常重要的一步。

```
[root@ceph-4 /]# rbd snap protect rbdpool/rbd2@snapshot1
```

（4）通过快照创建一个克隆的 RBD 镜像。

```
[root@ceph-4 /]# rbd clone rbdpool/rbd2@snapshot1 rbdpool/clone_rbd2
[root@ceph-4 /]# rbd info --image rbdpool/clone_rbd2
rbd image 'clone_rbd2':
size 10240 MB in 2560 objects
```

```
    order 22 (4096 kB objects)
    block_name_prefix: rbd_data.25ce03d1b58ba
    format: 2
    features: layering, exclusive-lock, object-map, fast-diff, deep-flatten
flags:
    parent: rbdpool/rbd2@snapshot1
    //目前读取的源还是父镜像 overlap: 10240 MB
```

（5）独立克隆镜像、合并。

```
    [root@ceph-4 /]# rbd flatten rbdpool/clone_rbd2
    Image flatten: 100% complete...done.
    //因为摆脱了父镜像，并且要包含父镜像的信息，所以占用空间会比较大
    [root@ceph-4 /]# rbd info --image rbdpool/clone_rbd2
    //再次查看，发现和父镜像没关系了
```

（6）如果不再使用父镜像，则可以先移除它的保护状态，再删除该父镜像。

```
    [root@ceph-4 /]# rbd snap unprotect rbdpool/rbd2@snapshot1
    [root@ceph-4 /]# rbd snap rm rbdpool/rbd2@snapshot1
```

8.2.6 OpenStack 支持

Ceph 块设备最常见的用法是，作为 Openstack 的块设备，利用快照和克隆技术进行快速虚拟机部署，该过程可以理解为 Openstack→libvirt→（configures）→ QEMU→librbd→MON & OSDs。

8.2.7 缓存参数

Ceph 块设备在用户空间实现（即 LIBRBD），所以无法使用 Linux 页缓存，但是 RBD 自己实现了内存缓存，名为“RBD 缓存”。类似磁盘缓存，当系统发送 flush 指令时，脏数据会写入对应的 OSD 中。

在 ceph.conf 配置文件中加入 client 字段，配置如表 8-5 所示的参数。

表 8-5

名　称	描　述	默 认 值	约 束 条 件
rbd cache	是否提供缓存支持	True	无
rbd cache size	缓存大小（字节）	32 MiB	无
rbd cache max dirty	缓存回写（字节）。0 使用透写缓存	24 MiB	必须小于 rbd cache size
rbd cache max dirty age	脏数据在缓存中的暂存时间	1.0	无

8.2.8 预读参数

启用缓存功能才可以使用 RBD 的预读或预取功能，以此优化小块的顺序读。配置参数如表 8-6 所示。

表 8-6

名　称	描　述	默 认 值	约 束 条 件
rbd readahead trigger requests	顺序读请求数量	10	无
rbd readahead max bytes	读请求的大小。0 为禁用	512 KiB	无

小结

✓ 本节主要讲解 RBD 的配置和管理，同时介绍了 RBD 的一些特性，这些都是 Ceph 为 OpenStack 提供块设备服务的基础知识。

8.3 Ceph 对象网关 1

Ceph 的对象网关构建在 LIBRADOS 之上的对象存储接口，支持亚马逊 S3 RESTful 接口和兼容 OpenStack Swift 接口。

8.3.1 Ceph 对象网关实现开源云盘系统（OwnCloud 社区版）

（1）安装对象网关。

从 0.8 版本开始，Ceph 对象网关运行在 Civerweb 上（集成在 Ceph-radosgw 守护进程内），不再是 Apache 和 FastCGI，Civetweb 默认运行在 7480 端口上。

```
[root@ceph-1 ceph]# ceph-deploy rgw create ceph-2  //在 ceph-2 中创建网关，
访问 http://ceph-2:7480，测试网关服务是否正常加载并开启
```

（2）将端口改为 80，使用常规 HTTP 访问逻辑。

默认端口为 7480，可以尝试将端口改为 80：

```
[root@ceph-1 ceph]# vim /etc/ceph/ceph.conf
[client.rgw.ceph-2]
rgw_frontends = "civetweb port=80"

[root@ceph-1 ceph]# ceph-deploy --overwrite-conf config push ceph-1 \
                    ceph-2 ceph-3
```

```
[root@ceph-2 ~]# systemctl restart ceph-radosgw@rgw.ceph-2.service
//重启生效
```

（3）设置分片。

Ceph 对象网关在 index_pool 中存储 bucket 的索引数据，如果不做调整，将导致大量对象存放在一个 buket 中，从而产生索引的性能下降。

rgw_override_bucket_index_max_shards 参数有助于防止大量对象存在时产生的性能瓶颈，默认为 0（关闭状态），非 0 则为开启状态。

在 global 中添加如下内容：

```
[root@ceph-1 ceph]# vim ceph.conf
    rgw_override_bucket_index_max_shards = 1
[root@ceph-1 ceph]# ceph-deploy --overwrite-conf config push \
                    ceph-1 ceph-2 ceph-3
[root@ceph-2 ~]# systemctl restart ceph-radosgw@rgw.ceph-2.service
//注意执行命令的主机
```

（4）测试 S3。

创建 S3 接口账户和 Swift 接口账户，验证能否访问网关：

```
[root@ceph-1 ceph]# radosgw-admin user create --uid="S3user" \
                    --display-name="S3"
    "access_key": "TCRBE7E5LXILLD01FH3O",
    "secret_key": "9TwNNYTS2sux1IOOlmeuCMerptBzdAEEMMTIqV2H"
//在返回数据中，这 2 个 key 是用来在访问时做验证的
```

创建 S3 下的 Swift 子账户：

```
[root@ceph-1 ceph]# radosgw-admin subuser create --uid=S3\
                    --subuser=S3user:swift --access=full
```

生成 Swift 用户 key：

```
[root@ceph-1 ceph]# radosgw-admin key create\
 --subuser=S3user:swift --key-type=swift --gen-secret
```

测试访问：

```
[root@ceph-2 ~]# yum install python-boto
```

创建 Python 脚本：

```
//替换 access 和 secret 的 key，替换 host 和 port


[root@ceph-2 ~]# cat s3test.py
import boto
import boto.s3.connection
```

```
    access_key = 'TCRBE7E5LXILLD01FH3O'
    secret_key = '9TwNNYTS2sux1IOOlmeuCMerptBzdAEEMMTIqV2H'
    conn = boto.connect_s3(
            aws_access_key_id = access_key,
            aws_secret_access_key = secret_key,
            host = 'ceph-2', port = 80,
            is_secure=False, calling_format = boto.s3.connection.OrdinaryCalling
Format(),
            )

    bucket = conn.create_bucket('my-new-bucket')
    for bucket in conn.get_all_buckets():
        print "{name} {created}".format(
            name = bucket.name,
            created = bucket.creation_date,
    )
```

运行测试：

```
[root@ceph-2 ~]# python s3test.py
my-new-bucket 2018-03-14T03:50:08.303Z      //返回正常
```

（5）测试 Swift。

Swift 可以通过命令行来访问。安装相关软件包：

```
[root@ceph-2 ~]# yum install python-setuptools
[root@ceph-2 ~]# easy_install pip
[root@ceph-2 ~]# pip install --upgrade setuptools
[root@ceph-2 ~]# pip install --upgrade python-swiftclient
[root@ceph-2 ~]# swift -A http://172.16.0.138/auth/1.0 -U \
                 S3user:swift  \
                 -K '9hUj6Z3gZGyjj0SGIVn52JswLWdLMlFG91PNnwjI' list
my-new-bucket    //返回结果
```

8.3.2　调试配置，简单使用

Ceph 对象网关是 Ceph 存储集群的一个客户端，作为 Ceph 存储集群的客户端，它需要：

- 为网关实例配置一个名字。
- 存储集群的一个用户名，并且该用户在 keyring 中有合适的权限。

- 在 Ceph 配置文件中有一个实例配置入口。
- 在 Web 服务器有一个配置文件跟 FastCGI 交互。
- 存储数据的资源池。
- 网关实例的一个数据目录。

（1）用户和 key。

每一个实例都要用对应的用户名和 key 与 Ceph 存储集群通信。每个 key 至少要有读权限，如果 key 有写权限，那么 Ceph 对象网关将具备自动新建资源池的能力。

生成对象网关的用户和 key，创建一个名为 gateway 的用户，并将密钥文件存储在/etc/ceph 目录下：

```
[root@ceph-1 ceph]# ceph auth get-or-create client.radosgw.gateway\
                    osd 'allow rwx' mon 'allow rwx'\
                   -o /etc/ceph/ceph.client.radosgw.keyring
//分发到 RGW
[root@ceph-1 ceph]# scp /etc/ceph/ceph.client.radosgw.keyring \
                    ceph-2:/etc/ceph/
```

（2）存储池。

RGW 需要存储池来存储数据，如果授权用户具有相关权限，RGW 将自动创建存储池，如果使用默认的区域（region）和可用区（zone），将包含如下的池（使用 rados lspools 命令进行查看）：

```
.rgw.root
.rgw.control
.rgw.gc
.rgw.buckets
.rgw.buckets.index
.rgw.buckets.extra
.log
.intent-log
.usage
.users
.users.email
.users.swift
.users.uid
```

（3）建议删除默认创建的 Pool。

```
# ceph osd pool delete .rgw.root .rgw.root --yes-i-really-really-mean-it
```

```
//使用上述命令，依次循环删除原有 Pool，重新创建，设置合理的 PG 和 PGP
```

（4）也可以手动创建各个存储池。

```
#ceph osd pool create {poolname} {pg-num} {pgp-num} {replicated | erasure}
[{erasure-code-profile}]  {ruleset-name} {ruleset-number}
```

范例如下（还请根据实际情况调整 PG 和 PGP 设置）：

```
ceph osd pool create .rgw 128 128
ceph osd pool create .rgw.root 128 128   //bucket 元数据信息
ceph osd pool create .rgw.control 128 128 //创建若干普通对象用于 watch-notify
ceph osd pool create .rgw.gc 128 128 //记录那些待删除的文件对象
ceph osd pool create .rgw.buckets 128 128 //存放数据
ceph osd pool create .rgw.buckets.index 128 128 //存储文件索引对象
ceph osd pool create .log 128 128 //用于存储 oplog、meta_log、data_log
ceph osd pool create .intent-log 128 128 //未使用
ceph osd pool create .usage 128 128 //计量数据统计
ceph osd pool create .users 128 128 //用户 AK 和 UID 的对应关系
ceph osd pool create .users.email 128 128 //用户 E-mail 和 UID 的对应关系
ceph osd pool create .users.swift 128 128 //swift key 和 UID 的对应关系
ceph osd pool create .users.uid 128 128  //用户信息，每个用户都有一个唯一的
UID 作为对象名
```

实验的时候选择默认的创建方式，生产环境中要提前进行规划，一定要计算好 PG 的值。

（5）添加 RGW 配置。

```
[root@ceph-1 ceph]# vim /etc/ceph/ceph.conf
 [client.radosgw.gateway]    //和 keyring 内的名称要一致
 host = {hostname}
 keyring = /etc/ceph/ceph.client.radosgw.keyring
 log file = /var/log/radosgw/client.radosgw.gateway-node1.log
 rgw_frontends = civetweb port=80    //默认端口是 7480，已经更改为 80 端口了
```

实例 1 中 Nginx 的配置方式参考下列：

```
[root@ceph-1 ceph]# vim /etc/ceph/ceph.conf
[client.radosgw.gateway]
rgw_frontends = fastcgi
host = {hostname}
keyring = /etc/ceph/ceph.client.radosgw.keyring
rgw_socket_path = /var/run/ceph/ceph.radosgw.gateway.sock
log_file = /var/log/ceph/radosgw.log
rgw_print_continue = false
rgw_content_length_compat = true
```

配置 Nginx 服务，在/etc/nginx/nginx.conf 文件的 http 段中添加如下内容：

```
http {
server {
      listen   80 default;
      server_name {hostname};
   location / {
         fastcgi_pass_header Authorization;
         fastcgi_pass_request_headers on;
         fastcgi_param QUERY_STRING  $query_string;
         fastcgi_param REQUEST_METHOD $request_method;
         fastcgi_param CONTENT_LENGTH $content_length;
         fastcgi_param CONTENT_LENGTH $content_length;

         if ($request_method = PUT) {
               rewrite ^ /PUT$request_uri;
         }

         include fastcgi_params;
         fastcgi_pass unix:/var/run/ceph/ceph.radosgw.gateway.sock;
      }

      location /PUT/ {
         internal;
         fastcgi_pass_header Authorization;
         fastcgi_pass_request_headers on;

         include fastcgi_params;
         fastcgi_param QUERY_STRING  $query_string;
         fastcgi_param REQUEST_METHOD $request_method;
         fastcgi_param CONTENT_LENGTH $content_length;
         fastcgi_param  CONTENT_TYPE $content_type;
         fastcgi_pass unix:/var/run/ceph/ceph.radosgw.gateway.sock;
      }
}
//fastcgi_pass 指向的路径需要与 ceph.conf 中配置的路径一致
```

（6）同步配置文件。

```
[root@ceph-1 ceph]# ceph-deploy --overwrite-conf config push ceph-1 ceph-2
ceph-3
```

（7）启动 RGW 实例。

```
[root@ceph-2 ~]# radosgw -c /etc/ceph/ceph.conf -n client.radosgw.gateway
```

（8）高并发处理。

有时为了提高 RGW 的并发能力，需要部署多个 RGW 实例。其实也很简单，在多个节点上部署多个 RGW 实例，只需要安装 RGW 包，并将 ceph.conf 文件、密钥文件、前端配置文件复制到相应的节点，然后启动实例就可以了。

复制 key：

```
[root@ceph-1 ~]# scp /etc/ceph/ceph.client.radosgw.keyring ceph-3:/etc/
ceph/
```

同步配置文件：

```
[root@ceph-1 ceph]# ceph-deploy --overwrite-conf config push ceph-1 ceph-2
ceph-3
```

启动：

```
[root@ceph-1 ~]# radosgw -c  /etc/ceph/ceph.conf -n client.radosgw.gateway
```

上述 3 步，即可将 Ceph 对象网关运行起来。

8.3.3　Ceph 对象存储结合 OwnCloud

OwnCloud 是 KDE 社区开发的免费软件，提供私人的 Web 服务。当前主要功能包括文件管理、文件分享、音乐、日历、联系人等，可在 PC 和服务器上运行，是一款基于 PHP 的网盘。

1. 部署 LAMP 环境

```
# yum -y install mariadb-server mariadb   //安装 MySQL
# systemctl start mariadb.service    //启动 MySQL
# systemctl enable mariadb.service    //随机启动 MySQL
# mysql_secure_installation    //设置 MySQL 密码
# yum -y install httpd    //安装 Apache
# systemctl start httpd.service    //启动 Apache
# systemctl enable httpd.service    //随机启动 Apache
# rpm -Uvh http://rpms.remirepo.net/enterprise/remi-release-7.rpm  //添加
repo 库
# yum -y install yum-utils    //安装 yum-utils
# yum-config-manager --enable remi-php71     //安装 PHP7.1
# yum -y install php php-opcache    //安装 PHP7.1
# yum -y install php-mysql    //安装 PHP-MySQL 模块
# yum -y install php-gd php-ldap php-odbc php-pear php-xml php-xmlrpc
```

```
php-mbstring php-soap curl curl-devel  php-zip php-intl   //安装 PHP 其他模块
    # systemctl restart httpd.service    //重新启动 Apache
    //以上部分将 LAMP 部署在 ceph-1 的主机上了，ceph-2 作为对象存储接入
```

2. 部署 OwnCloud

（1）下载并部署 OwnCloud。

```
    [root@ceph-1 ~] # wget https://download.owncloud.org/community/
owncloud-10.0.7.tar.bz2
    [root@ceph-1 ~]    # tar xvf owncloud-10.0.7.tar.bz2   -C /var/www/
    [root@ceph-1 ~]    # cd /var/www/owncloud/
    [root@ceph-1 owncloud]# mkdir data
    [root@ceph-1 owncloud]# chown apache:apache config
    [root@ceph-1 owncloud]# chown apache:apache data
    [root@ceph-1 owncloud]# chown apache:apache apps
    [root@ceph-1 owncloud]# cd /var/www/html
    [root@ceph-1 html]# ln -s ../owncloud/core
    [root@ceph-1 html]# vim /etc/httpd/conf.d/owncloud.conf
    <Directory /var/www/owncloud>
       AllowOverride All
    </Directory>
    Alias /owncloud /var/www/owncloud
```

（2）访问测试地址 http://ip/owncloud/，并进行设置，如图 8-8 所示。

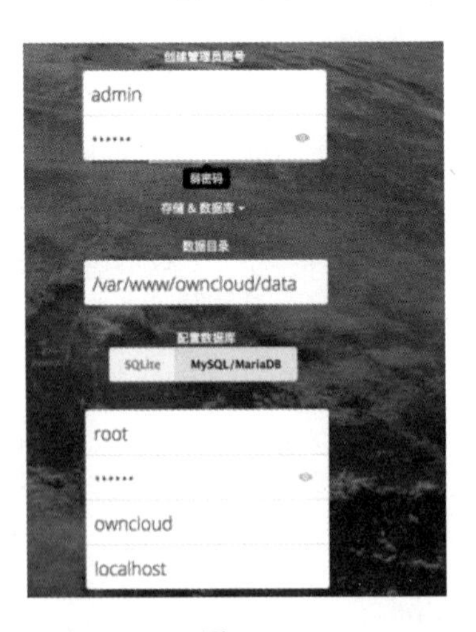

图 8-8

使用 MariaDB，并输入数据库密码。本例未考虑安全性，所以使用 root 账户，实际环境中

应该规划数据库结构。

（3）对接 S3 接口。

- 输入账户名称和密码登录，右上角显示账户名称、下拉选项和选择设置。
- 在左侧选项卡中选择对象存储，并开启外部存储。

具体设置内容如图 8-9 所示。

图 8-9

如果这时忘了连接 Ceph 的 S3 的账户和密钥 key，可以使用如下指令查询：

```
[root@ceph-1 ceph]# radosgw-admin metadata list user
[
"S3user"
]
[root@ceph-1 ceph]# radosgw-admin user info --uid=S3user
```

（4）测试。

通过页面选择添加外部存储所设置的目录，进行上传测试。

小结

✓ 以上内容为 Ceph 的对象存储搭建和使用方法，其实对象存储有很多内容，在后续章节中，也会继续讲这部分内容，包括针对 Ceph 的对象管理。

8.4　Ceph 对象网关 2

前面所讲的实例都是在未考虑用户数量和数据量的情况下构建的，可是当面临众多的用户和大数据量的时候，Ceph 的对象存储的压力还是非常大的，所以要做好提前规划。

规划中的几个要素如下：

（1）尽量使用大内存，否则 LevelDB 和 OSD 会因为数据量的压力而产生问题。

（2）配置 SSD 磁盘来做元数据的 Pool（.rgw.buckets.index），合适的 SATA 盘组成数据资源池（.rgw.buckets 的 pool）。

（3）设置“rgw_override_bucket_index_max_shards”分片，否则单 bucket 数据多了，一定会让你非常头疼（绝对是一个“灾难”）。

（4）网络必须是万兆量级的，并且要区分 public 和 cluster（越高越好）。

（5）规划好 PG 和 PGP。

（6）做好 bucket 的数量规划，例如一个部门使用一个 bucket，还是一个公司共用一个 bucket，要好好划分，计算好使用量。

8.4.1 创建 bucket

（1）调试对象存储的工具--s3cmd。

```
[root@ceph-1 ceph]# yum install s3cmd -y
```

（2）配置 s3cmd 进行 S3 接口测试。

```
[root@ceph-1 ceph]# s3cmd -configure
 Access Key: TCRBE7E5LXILLD01FH3O          //输入 access key
 Secret Key: 9TwNNYTS2sux1IO0lmeuCMerptBzdAEEMMTIqV2H    //输入 Secret key
 Default Region [US]:           //地区默认，可以不更改
 S3 Endpoint [s3.amazonaws.com]: 192.168.56.130     //输入 IP 地址
 DNS-style bucket+hostname:port template for accessing a bucket [%(bucket)s.
s3.amazonaws.com]: 192.168.56.130:80/my-new-bucket    //输入 IP 地址和 bucket
 Encryption password:         //默认
 Path to GPG program [/usr/bin/gpg]:     //默认
 Use HTTPS protocol [Yes]: no      //输入 no，不使用 https
 HTTP Proxy server name:    //默认
 Test access with supplied credentials? [Y/n] y  //输入 Y
 Save settings? [y/N] y    //输入 Y
 Configuration saved to '/root/.s3cfg'
```

（3）帮助命令：s3cmd –help。

（4）创建 bucket。

```
[root@ceph-1 ceph]# s3cmd mb s3://my-test-bucket
 Bucket 's3://my-test-bucket/' created

[root@ceph-1 ceph]# radosgw-admin buckets list
 [
     "my-test-bucket",
     "my-new-bucket"
 ]
```

（5）同样可以将该 bucket 对接到 OwnCloud 上，并且为单独的用户服务。在前端的注册部分，如果用户注册合法通过，那么将调用 API 创建一个 bucket。

8.4.2　Zone 同步介绍（多活机制）

RGW 很容易就解决了网盘问题，但是读者有没有想过，类似网盘这类服务是不是该考虑高可靠和高可用呢？如果读取和写入都集中在中心服务器，则带宽和数据压力可能会非常大。

还好 RGW 提供了很多解决方案，不仅可以容灾，还可以借助 DNS、负载均衡和 CDN 等技术提供就近访问的功能，分散流量并且实现客户的高速访问。

术语：

- Region：可以理解为地区标识，如果是多 Region 的集群，则必须有一个主 Region（比如：中国，CN；北京，BJ）。
- Zone：可以理解为域、集群的逻辑分组。在每个 Region 下，需要有一个主域处理客户端请求。
- realm：可以理解为全局唯一的命名空间。

Zone 结构如图 8-10 所示。

从数据的访问和 bucket 的创建的角度来说：

（1）所有 bucket 的创建都需要在 Master Zone 上进行，即使 Ceph Cluster B 收到指令，也要转发给 Master Zone 进行创建，Ceph Cluster B 再同步。

（2）所有数据请求、创建对象、上传对象等都只处理各自的部分。

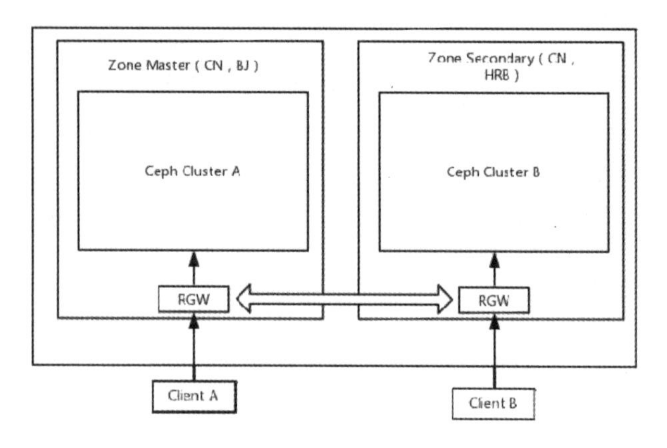

图 8-10

从数据同步的角度来说：

（1）Mater Zone：掌握元数据变化通知的权利（元数据变化通知线程），如果元数据变化，则通知其他 Zone 进行同步。

（2）其他 Zone：被动接受同步（元数据变化接收线程），收到元数据变化，将与 Master Zone 同步。

（3）数据同步是相等的，都拥有数据变化通知线程，如果发生数据变化，那么将及时通知其他 Zone 进行数据同步。

使用 Ceph-2 模拟 Master Zone、Ceph-4 模拟 Slave Zone 来实现同步，在实际生产环境实现时还需要考虑主备切换、网络、用户群体等因素。

8.4.3 实施

Ceph RGW 需要使用多个 Pool 来存储相关的配置及用户数据。删除默认创建的 RGW，自行创建，利用命名格式管理和区分不同的 Zone，本例以 Master 和 Secondary 来做前缀。

（1）删除原有 RGW Pool，参考上一章内容。

（2）在 Ceph-4 主机上创建单节点 Ceph 集群。

① 安装 ceph-deploy 部署工具。

② 安装 Ceph 软件。

③ 修改/etc/ceph/ceph.conf 文件，global 区域添加如下内容。

```
osd_crush_chooseleaf_type = 0   //表示故障域为 OSD，默认为 host
```

因为是单节点，所以要设置故障域为 OSD 才能使得 PG 达到 active+clean 状态：

```
osd_pool_default_size = 3   //表示副本数为 3
public_network = 网络地址  //添加网络
```

④ 创建 Mon。

```
# ceph-deploy mon create-initial
```

⑤ 初始化 OSD。

```
# ceph-deploy disk zap ceph-4:sd{b,c,d}
```

⑥ 创建 OSD。

```
# ceph-deploy osd create ceph-4:sd{b,c,d}
```

⑦ 安装对象网关。

```
# ceph-deploy rgw create ceph-4
```

（3）删除原有 Pool，创建自定义的 Pool。

在 Ceph-2 主机执行如下代码：

```
# for i in `ceph osd pool ls | grep .`; do ceph osd pool delete $i $i
--yes-i-really-really-mean-it;done
# ceph osd pool create .rgw.root 16 16
# ceph osd pool create zone_master_xcl.rgw.control 16 16
# ceph osd pool create zone_master_xcl.rgw.data.root 16 16
# ceph osd pool create zone_master_xcl.rgw.gc 16 16
# ceph osd pool create zone_master_xcl.rgw.log 16 16
# ceph osd pool create zone_master_xcl.rgw.intent-log 16 16
# ceph osd pool create zone_master_xcl.rgw.usage 16 16
# ceph osd pool create zone_master_xcl.rgw.users.keys 16 16
# ceph osd pool create zone_master_xcl.rgw.users.email 16 16
# ceph osd pool create zone_master_xcl.rgw.users.swift 16 16
# ceph osd pool create zone_master_xcl.rgw.users.uid 16 16
# ceph osd pool create zone_master_xcl.rgw.buckets.index 32 32
# ceph osd pool create zone_master_xcl.rgw.buckets.data 32 32
# ceph osd pool create zone_master_xcl.rgw.meta 16 16
```

在 Ceph-4 主机执行如下代码：

```
# for i in `ceph osd pool ls | grep .`; do ceph osd pool delete $i $i
--yes-i-really-really-mean-it;done

# ceph osd pool create .rgw.root 16 16
# ceph osd pool create zone_secondary_xcl.rgw.meta 16 16
# ceph osd pool create zone_secondary_xcl.rgw.control 16 16
# ceph osd pool create zone_secondary_xcl.rgw.data.root 16 16
# ceph osd pool create zone_secondary_xcl.rgw.gc 16 16
```

```
# ceph osd pool create zone_secondary_xcl.rgw.log 16 16
# ceph osd pool create zone_secondary_xcl.rgw.intent-log 16 16
# ceph osd pool create zone_secondary_xcl.rgw.usage 16 16
# ceph osd pool create zone_secondary_xcl.rgw.users.keys 16 16
# ceph osd pool create zone_secondary_xcl.rgw.users.email 16 16
# ceph osd pool create zone_secondary_xcl.rgw.users.swift 16 16
# ceph osd pool create zone_secondary_xcl.rgw.users.uid 16 16
# ceph osd pool create zone_secondary_xcl.rgw.buckets.index 32 32
# ceph osd pool create zone_secondary_xcl.rgw.buckets.data 32 32
```

（4）创建 realm、synchronization-user（同步用户）、zonegroup、zone。

在 Ceph-2 主机执行如下代码（Ceph-2 主机做了一些修改，将对外服务的端口调整到 88，同步用的端口调整到 80，当然也可以利用原有的 80 端口，这里多加了一个实例而已）：

```
# radosgw-admin realm create --rgw-realm=realm_xcl -default
# radosgw-admin zonegroup create --rgw-zonegroup=xcl \
-endpoints=http://ceph-2:80 --rgw-realm=realm_xcl \
--master -default
# radosgw-admin zone create --rgw-zonegroup=xcl \
--rgw-zone=zone_master_xcl --master    \
        --default --endpoints=http://ceph-2:80
# radosgw-admin user create --uid="synchronization-user" \
        --display-name="Synchronization User" --system      //记录下 key
```

清除原有默认配置：

```
# radosgw-admin zonegroup remove --rgw-zonegroup=default \
         --rgw-zone=default
# radosgw-admin period update -commit
# radosgw-admin zone delete --rgw-zone=default
# radosgw-admin period update -commit
# radosgw-admin zonegroup delete --rgw-zonegroup=default
# radosgw-admin period update -commit
```

清除原有多余的 Pool：

```
# rados rmpool default.rgw.control default.rgw.control \
        --yes-i-really-really-mean-it
#rados rmpool default.rgw.data.root default.rgw.data.root \
        --yes-i-really-really-mean-it
#rados rmpool default.rgw.gc default.rgw.gc \
        --yes-i-really-really-mean-it
 #rados rmpool default.rgw.log default.rgw.log \
       --yes-i-really-really-mean-it
```

```
#rados rmpool default.rgw.users.uid default.rgw.users.uid \
      --yes-i-really-really-mean-it
```

增加同步用户：

```
# radosgw-admin zone modify --rgw-zone=zone_master_xcl \
       --access-key=U3PM234OAS5TZOD4IGWO \
       --secret=V5exIikkI9BI2aqNePFaRZLt2h6u904xblbD6GEf
```

更新数据：

```
# radosgw-admin period update -commit
```

调整对应的实例 ceph.conf：

```
      [client.rgw.ceph-2]
      host = ceph-2
      rgw_zone=zone_master_xcl     //注意，一定是这么写
      rgw_frontends = civetweb port=80

      [client.radosgw.gateway.ceph-2]
      host = ceph-2
      keyring = /etc/ceph/ceph.client.radosgw.keyring
      #log file = /var/log/radosgw/client.radosgw.gateway-1.log
      rgw_frontends = civetweb port=88    //88 端口对网盘提供服务
```

启动实例。88 端口启动命令如下：

```
# radosgw -c /etc/ceph/ceph.conf -n client.radosgw.gateway.ceph-2
```

Ceph-2 实例：

```
# systemctl start ceph-radosgw@rgw.ceph-2.service
```

（5）在 Ceph-4 主机执行如下操作。

从 Master Zone 拉取 realm 到 Ceph-2，并设置对应的 access 和 secret 密钥：

```
# radosgw-admin realm pull --url=http://ceph-2:80 \
       --access-key=U3PM234OAS5TZOD4IGWO  \
       --secret=V5exIikkI9BI2aqNePFaRZLt2h6u904xblbD6GEf
```

设置 realm_xcl 为 default：

```
# radosgw-admin realm default --rgw-realm=realm_xcl
```

设置同步账户：

```
# radosgw-admin zone create --rgw-zonegroup=xcl \
        --rgw-zone=zone_secondary_xcl \
        --access-key=U3PM234OAS5TZOD4IGWO \
        --secret=V5exIikkI9BI2aqNePFaRZLt2h6u904xblbD6GEf \
```

```
        --endpoints=http://ceph-4:80
```

删除默认的 Zone：

```
# radosgw-admin zone delete --rgw-zone=default
```

删除多余的 Pool：

```
# rados rmpool default.rgw.control default.rgw.control \
        --yes-i-really-really-mean-it
# rados rmpool default.rgw.data.root default.rgw.data.root \
        --yes-i-really-really-mean-it
# rados rmpool default.rgw.gc default.rgw.gc \
        --yes-i-really-really-mean-it
# rados rmpool default.rgw.log default.rgw.log \
        --yes-i-really-really-mean-it
# rados rmpool default.rgw.users.uid default.rgw.users.uid \
        --yes-i-really-really-mean-it
```

更新：

```
# radosgw-admin period update -commit
```

配置修改：

```
        [client.rgw.ceph-4]
        host = ceph-4
        rgw_zone=zone_secondary_xcl     //注意，一定要这么写
        rgw_frontends = civetweb port=80
```

启动：

```
# systemctl restart ceph-radosgw@rgw.ceph-4.service
```

所有的操作都处理完了，可以利用 OwnCloud 将 2 个存储都挂载上，这时如果一侧上传数据，另外一侧就会看到。当然，这需要一个同步的时间。

（6）上述实例中的配置较为复杂，如果配置错了怎么处理？

上述关键点在于 realm、zonegroup、zone 的配置。

查看配置可以使用：

```
radosgw-admin realm|zonegroup|zone list --rgw=realm|zonegroup|zone  (name)
```

配置错误可以使用 modify 修改，或者干脆直接删除 delete。

查看详细信息可以使用：

```
radosgw-admin realm|zonegroup|zone get --rgw=realm|zonegroup|zone  (name)
```

别忘记更新：

```
period update --commit
```

（7）切换。

如果 Master Zone 失效了，则切换到 Secondary Zone，因为 Master 失效以后将无法新增 bucket，但是原有 bucket 的数据上传和下载都没有问题。

测试步骤如下：

① 关闭 Ceph-2 主机上的同步实例。

② 利用 s3cmd 指令连接 Ceph-4 并创建 bucket。

③ 结果为失败。

```
[root@ceph-1 ~]# s3cmd mb s3://my-test-ceph4-bucket
ERROR: S3 error: 400 (InvalidArgument)
```

④ 开启 Ceph-2 主机上的同步实例，再次使用 s3cmd 进行创建即可成功。

但是这样会出现一个问题：如果 Master 长时间没有响应，或者需要很长时间修复，这个时间段要如何新增 bucket？是不是该进行 Master 和 Secondary 的角色转换了？

切换角色：

```
[root@ceph-4 ~]# radosgw-admin zone modify \
                --rgw-zone=zone_secondary_xcl  --master -default
[root@ceph-4 ~]# radosgw-admin period update -commit
[root@ceph-4 ~]# systemctl restart ceph-radosgw@rgw.ceph-4.service
```

再次创建：

```
[root@ceph-1 ~]# s3cmd mb s3://my-test-ceph4-bucket1
   Bucket 's3://my-test-ceph4-bucket1/' created
```

原来的 Master 恢复以后，将自动成为 Secondary，如果需要调整，则可以使用上述命令更改回去：

```
[root@ceph-4 ~]# radosgw-admin sync status
   ......
   metadata sync no sync (zone is master)  //注意这里谁是 Master
   ......
   //另外一侧为 metadata sync syncing
```

（8）注意事项。

当更改的区域是元数据 Master 时必须小心。示例如下：

- 如果该区域没有从目前的 Master 域完成同步元数据，则无法提供未同步的剩余条目，如果被晋升为 Master，那么这些条目将会丢失。一定要等待 RADOSGW 同步元数据完成。

- 如果当前 Mater Zone 正在处理元数据的更改操作，而另一个区域正在被提升为 Master，那么这些条目将会丢失。所以建议读者关闭 RADOSGW 实例，一切稳妥之后，再重新启动。

小结

✓ 至此，RGW 勉强可以支撑运行，但还是有很多细节无法一一展现，在上线使用之前一定要多测试，而且是高强度的破坏性测试。

8.5 Ceph+SSD

凭借SSD的速度优势来加速分布式存储已经成为现阶段的主流技术手段，在Ceph中将SSD进行融合，提供更快、更优秀的分布式存储性能。

如果生产环境中大规模使用 Ceph，那么调优是必不可少的环节。下面介绍 SSD 与 Ceph 融合的技巧和方式，更多的细节还需要在场景中进行测试，逐步设置。

1. OSD 的 Journal 盘（最经典的使用方式）

OSD 的 Journal 盘如图 8-11 所示。

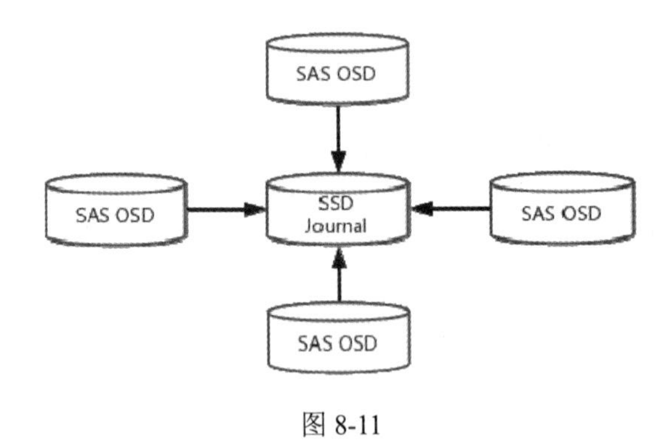

图 8-11

Ceph 使用 SSD 作为日志盘提高访问性能，加速客户端读写操作；Journal 的特点是数据量小，而且 Journal 的写操作都是顺序写的。

创建步骤如下：

```
# ceph-deploy disk zap ceph-4:sdd:/dev/sdb
# ceph-deploy disk zap ceph-4:sdc:/dev/sdb    //这里假设 sdb 是 SSD
# ceph-deploy osd prepare ceph-4:sdd:/dev/sdb
# ceph-deploy osd prepare ceph-4:sdc:/dev/sdb   //每个数据盘有单独的 SSD 分区
```

2. SSD Pool 和 SAS & SATA Pool 混用

按数据读写频率和访问延时要求建立不同的存储池，例如读写高频率的数据放在 SSD 池中，低频率的数据放在 SATA 中，这并不是根据冷热程度自动调节的，是需要读者自行规划的。

如果是副本卷用了这个规划，那么所有频率高的数据存储在 SSD 池中，一定要注意风险，因为 SSD 的寿命要短于机械磁盘（并不推荐）。

SSD Pool 和 SAS & SATA Pool 混用如图 8-12 所示：

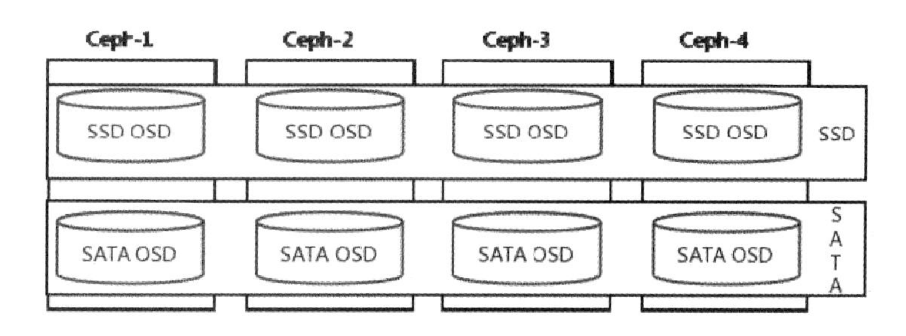

图 8-12

步骤如下（Ceph-4 模拟 Ceph 集群，osd.0 和 osd.1 为 SSD 磁盘，osd.2 为 SATA 盘）：

（1）在 Ceph 集群中，添加 ceph-4-ssd 和 ceph-4-sata 的 Host。

```
[root@ceph-4 ~]   # ceph osd crush add-bucket ceph-4-ssd host
[root@ceph-4 ~]   # ceph osd crush add-bucket ceph-4-sata host
```

（2）创建 ssd root 和 sata root。

```
[root@ceph-4 ~]   # ceph osd crush add-bucket ssd root
[root@ceph-4 ~]   # ceph osd crush add-bucket sata root
```

（3）移动 Host 到对应的 SSD 和 SATA 中（上述创建的 SSD 和 SATA）。

```
[root@ceph-4 ceph]# ceph osd crush move ceph-4-ssd  root=ssd
[root@ceph-4 ceph]# ceph osd crush move ceph-4-sata  root=sata
```

（4）移动 OSD 到对应的 Hosts 中（osd.0 和 osd.1 属于 SSD，osd.2 属于 SATA）。

```
[root@ceph-4 ceph]# ceph osd crush set osd.0 1.0 host=ceph-4-ssd
[root@ceph-4 ceph]# ceph osd crush set osd.1 1.0 host=ceph-4-ssd
[root@ceph-4 ceph]# ceph osd crush set osd.2 1.0 host=ceph-4-sata
```

（5）导出 Crushmap 进行编辑，添加规则。

```
[root@ceph-4 ceph]# ceph osd getcrushmap -o 1.txt  //导出
```

```
[root@ceph-4 ceph]# crushtool -d 1.txt -o 2.txt //转为可读
[root@ceph-4 ceph]# vim 2.txt   //编辑
```

（6）添加规则。

```
rule ssd {
        ruleset 1
        type replicated
        min_size 1
        max_size 10
        step take ssd
        step chooseleaf firstn 0 type host
        step emit
}
rule sata {
        ruleset 2
        type replicated
        min_size 1
        max_size 10
        step take sata
        step chooseleaf firstn 0 type host
        step emit
}
```

（7）生成新的 Map，导入集群。

```
[root@ceph-4 ceph]# crushtool -c 2.txt -o ssd_map
[root@ceph-4 ceph]# ceph osd setcrushmap -i ssd_map
```

（8）创建 Pool，关联到不同规则中。

```
[root@ceph-4 ceph]# ceph osd pool create ssd 512 512
[root@ceph-4 ceph]# ceph osd pool create sata  512 512
[root@ceph-4 ceph]# ceph osd pool set ssd crush_ruleset 1
[root@ceph-4 ceph]# ceph osd pool set ssd crush_ruleset 2
```

（9）查看 Pool 的详细信息。

```
[root@ceph-4 ceph]# ceph osd pool ls detail
```

3. SSD 存储主数据，SATA & SAS 存储副本数据（推荐）

将主数据放在 SSD 上，其他副本放在 SATA 磁盘上，因为 Ceph 主要用于读写主副本。

SSD 存储主数据，SATA & SAS 存储副本数据，如图 8-13 所示。

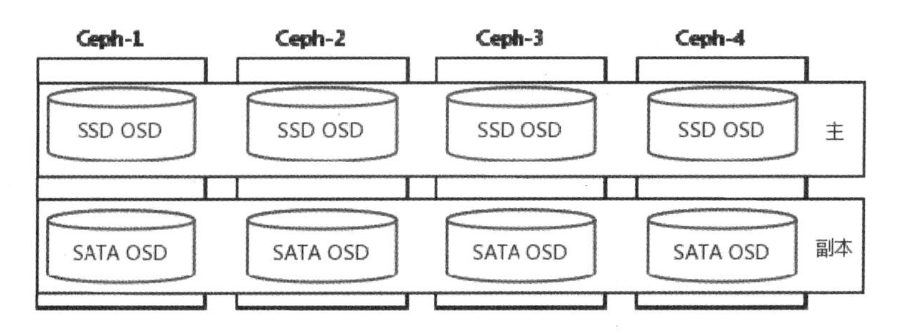

图 8-13

步骤如下（利用上次实验环境，添加新的规则即可，将新的规则应用到新创建的 Pool 中）：

步骤一：导出并添加新的规则到 CRUSH Map 中。

```
rule ssd-sata {
        ruleset 3
        type replicated
        min_size 1
        max_size 10
        step take ssd
        step chooseleaf firstn 1 type host
        step emit
        step take sata
        step chooseleaf firstn -1 type host
        step emit
}
```

步骤二：将新 Map 导入集群后，创建 Pool，应用规则（参考步骤一）。

```
[root@ceph-4 ceph]# ceph osd pool create ssd-sata 512 512
[root@ceph-4 ceph]# ceph osd pool set ssd-sata crush_ruleset 3
```

小结

- ✓ 善于利用 SSD 将会大幅度提升 Ceph 集群的性能，现阶段的所有生产环境中，大部分是 3 副本+SSD 的配置模式。
- ✓ 生产中推荐用 SSD 作为 Ceph 的日志模式，多用主副本 SSD 模式，少用 SSD Pool 与 SATA Pool 的混用模式。

8.6　Ceph-6 Luminous 版本

Ceph 的最新版本是 Luminous（12.x.x），该版本是稳定版本。

该版本增加了内置 dashboard 等功能，具体不一一说明了，有兴趣的读者可以参考 Ceph 官方社区。

本章重点是如何将 Ceph 从 J 版本升级到 L 版本，以及部署 L 版本到新环境，如果现阶段在生产环境中使用，建议直接使用 L 版本。

8.6.1 升级和重新部署

如果要做 Ceph 升级，无论何种操作，数据一定是最重要的，所以要在完成备份和妥善处理数据之后再进行升级，下面从两个方面进行讲解：

（1）J 版本升级到 L 版本。

（2）部署 L 版本。

1. J 版本升级到 L 版本

当前 Ceph 集群运行的是 Jewel（10.2.z）版本，并且是实验环境，所以不存在数据问题，如果有数据，一定要提前妥善处理。通过 J 版本实验环境模拟升级，整个升级过程确保使用正常运行。

升级的时候，当前的集群一定是健康的状态，否则没有任何意义，只会越来越糟。

（1）确认开启 sortbitwise 底层排序功能，该标志表明 hobject_t 将以 bitwise fashion 方式排序，对象将在 OSD 中以位方式排序，并且此标志默认在 Infernalis 和 Jewel 发布版本中启用。

```
[root@ceph-1 ceph]# ceph -s
          flags sortbitwise,require_jewel_osds
```

如果未开启，则使用如下指令开启：

```
[root@ceph-1 ceph]# ceph osd set sortbitwise
```

停止集群负载，设置 noout 标志，防止升级过程中由于节点的启停导致数据负载进行重新分配：

```
[root@ceph-1 ceph]# ceph osd set noout
```

替换升级 YUM 源（所有节点）：

```
# sed -i 's/jewel/luminous/' /etc/yum.repos.d/ceph.repo   //此处可以自行替换成国内的 163 或阿里的源
```

使用 Ceph-deploy 实现自动升级（所有节点）：

```
# yum install ceph-deploy
```

首先升级管理节点（First），然后升级监控系统（Mon 节点），最后升级 OSD 节点（一定要按照顺序）：

```
# ceph-deploy install --release luminous ceph-1   //对所有节点进行升级
```

重新启动 mon 监控：

```
[root@ceph-1 ceph]# systemctl restart ceph-mon.target
```

（2）创建 Luminous 版本的管理区。

Ceph MGR 负责跟踪运行指标和 Ceph 集群的当前状态，包括存储的利用率、目前的性能指标，以及系统的负载。Ceph MGR 守护进程也是基于主机的 Python 插件，包括一个基于 Web 的仪表板和其他 API。通常至少有两个 MGR 构建高可用性。

```
[root@ceph-1 ceph]# ceph-deploy mgr create ceph-1 ceph-2 ceph-3
```

//实例是 3 节点 mon

重启 OSD 节点（所有节点）：

```
# systemctl restart ceph-osd.target
```

提升到 luminous，J 版本将不能加入集群：

```
[root@ceph-1 ceph]# ceph osd require-osd-release luminous
```

取消 noout，允许数据负载：

```
[root@ceph-1 ceph]# ceph osd unset noout
```

（3）XFS 转换为 bluestore（新特性之一），fileStore 转换为 bluestore。

其实这是一个复杂的过程，可以选择最安全的方式，即将原有 OSD 一个一个“踢出”，然后重新以 bluestore 的格式加进来，也可以使用转换的方式，但转换也要一个一个来，因为确实存在风险。

这里采用的是一个一个剔除，然后重新加入，同步完成之后再进行下一个 OSD 的步骤，尽可能地减少操作风险，也可以继续使用原有的格式，不升级到 bluestore。

2. 部署 L 版本

（1）重新部署 L 版本可以参考 8.1 节部署 J 版本的部分，但是要替换 YUM 源到 Luminous，可以使用阿里的源，也可以使用 Ceph 官方的源。

```
[root@ceph-1 ceph]# cat /etc/yum.repos.d/ceph.repo
[Ceph]
name=Ceph packages for $basearch
baseurl=http://download.ceph.com/rpm-luminous/el7/$basearch
enabled=1
gpgcheck=1
type=rpm-md
gpgkey=https://download.ceph.com/keys/release.asc
```

```
priority=1

[Ceph-noarch]
name=Ceph noarch packages
baseurl=http://download.ceph.com/rpm-luminous/el7/noarch
enabled=1
gpgcheck=1
type=rpm-md
gpgkey=https://download.ceph.com/keys/release.asc
priority=1

[ceph-source]
name=Ceph source packages
baseurl=http://download.ceph.com/rpm-luminous/el7/SRPMS
enabled=1
gpgcheck=1
type=rpm-md
gpgkey=https://download.ceph.com/keys/release.asc
priority=1
```

（2）安装 Ceph-Deploy 2.0 版本。

（3）参考第 1 章 J 版本创建 mon 部分，创建 mon 并加入集群。

（4）启动 MGR。

```
# ceph-deploy mgr create ceph-1 ceph-2 ceph-3 //实例是 3 节点 mon
```

（5）创建 OSD。

L 版本已经支持创建 OSD 为 BlueStore 模式，所以直接创建为 BlueStore，当然也可以使用 FileStore，同时 Ceph 官方已经不推荐使用 Ceph-Disk 这个指令了。全新的工具是 Ceph-Volume，这个工具可以更好地支持 BlueStore，在创建 Ceph 的 BlueStore 的时候，可以支持“整块磁盘”“逻辑卷”“磁盘分区”几种格式，但是整块磁盘会自动创建 LV。

创建的方式可以是整个 BlueStore 在一块磁盘或 LV 上，也可以将 block.wal 和 block.db 拆分，放到高速的 SSD 上以加快响应速度。

（6）清空磁盘。

```
# ceph-deploy disk zap ceph-1 /dev/sdb
[root@ceph-1 ceph]# ceph-deploy disk zap ceph-1 /dev/sdb
[ceph_deploy][ERROR ] Traceback (most recent call last):
[ceph_deploy][ERROR ]   File "/usr/lib/python2.7/site-packages/ceph_deploy/
util/decorators.py", line 69, in newfunc
```

```
    [ceph_deploy][ERROR ]     return f(*a, **kw)
    [ceph_deploy][ERROR ]   File "/usr/lib/python2.7/site-packages/ceph_deploy/
cli.py", line 128, in _main
    [ceph_deploy][ERROR ]     parser = get_parser()
    [ceph_deploy][ERROR ]   File "/usr/lib/python2.7/site-packages/ceph_deploy/
cli.py", line 84, in get_parser
    [ceph_deploy][ERROR ]     for ep in pkg_resources.iter_entry_points('ceph_
deploy.cli')
    [ceph_deploy][ERROR ]   File "/usr/lib/python2.7/site-packages/pkg_resources.
py", line 2260, in load
    [ceph_deploy][ERROR ]     entry = __import__(self.module_name, globals(),
globals(), ['__name__'])
    [ceph_deploy][ERROR ]   File "/usr/lib/python2.7/site-packages/ceph_deploy/
osd.py", line 337
    [ceph_deploy][ERROR ]     if False:
    [ceph_deploy][ERROR ]     ^
    [ceph_deploy][ERROR ] IndentationError: unexpected indent
    [ceph_deploy][ERROR ]
```

出现错误信息，是 deploy 的一个小 bug。

（7）修复 bug。

```
    [root@ceph-1 ceph]# vim /usr/lib/python2.7/site-\
                        packages/ceph_deploy/osd.py
    336        if args.debug:    //336 行将“if args.debug:”修改为“if False:”
```

接下来，执行如下命令即可：

```
    # ceph-deploy disk zap ceph-1 /dev/sdb
```

（8）创建 OSD。

```
    [root@ceph-1 ceph]# ceph-deploy osd create ceph-1\
                        --data /dev/sdb    //整盘创建
```

（9）查看信息。

```
    [root@ceph-1 ceph]# ll /var/lib/ceph/osd/ceph-0/
```

总用量为 48：

```
    -rw-r--r-- 1 ceph ceph 186 4月  24 16:39 activate.monmap
    lrwxrwxrwx 1 ceph ceph  93 4月  24 16:39 block -> /dev/ceph-271ca8a5-10c8-
4a08-851a-03274f2ba8f1/osd-block-9fff0b56-b5df-46f2-b51d-552aaf825dda
-rw-r--r-- 1 ceph ceph   2 4月  24 16:39 bluefs

    [root@ceph-1 ceph]# pvs /dev/sdb
      PV        VG                                          Fmt  Attr PSize   Pfree
```

```
/dev/sdb   ceph-271ca8a5-10c8-4a08-851a-03274f2ba8f1 lvm2 a--  <20.00g    0

[root@ceph-1 ceph]# lvs ceph-271ca8a5-10c8-4a08-851a-03274f2ba8f1
```

如果是磁盘分区，那么步骤同上，但要提前做好分区。

如果是拆分创建，将 DB 和 WAL 拆分到 SSD 磁盘上，则需要提前规划和设计 SSD 磁盘（每个分区 10GB 空间的标准量，以 GPT 的格式分区），创建命令为：

```
[root@ceph-1 ceph]# ceph-deploy osd create ceph-1 \
                    --data /dev/sdd --block-db \
                    /dev/sdc1 --block-wal /dev/sdc2
```

如果是 VG/LV 格式，则需要提前创建和规划 VG/LV，然后将设备（/dev/sdd）部分替换为 VG/LV 的格式即可。

（10）添加 OSD 之后，即可按照先前 J 版本的方法来创建 CephFS、RBD 和 RGW 了。

8.6.2 Dashboard

当前的功能主要集中在对 Ceph 集群的监控上，由于是原生自带的，所以还是建议使用，但是目前功能比较单一。

查看 Ceph 的 mgr module 哪些是开启的，哪些是关闭的。

```
[root@ceph-1 ceph]# ceph mgr module ls
{
    "enabled_modules": [
        "balancer",
        "restful",
        "status"
    ],
    "disabled_modules": [
        "dashboard",     //dashboard 处于关闭状态
        "influx",
        "localpool",
        "prometheus",
        "selftest",
        "zabbix"
    ]
}
```

开启 Dashboard 模式。

```
[root@ceph-1 ceph]#  ceph mgr module enable dashboard
```

处于开启状态的 Dashboard。

```
[root@ceph-1 ceph]# ceph mgr module ls
{
    "enabled_modules": [
        "balancer",
        "dashboard",
        "restful",
        "status"
    ],
    "disabled_modules": [
        "influx",
        "localpool",
        "prometheus",
        "selftest",
        "zabbix"    //支持 Zabbix
    ]
}
```

查看开启接口。

```
[root@ceph-1 ceph]# ceph mgr services
{
    "dashboard": "http://192.168.57.148:8888/"    //8888 自定义的端口
}
```

自定义端口指令。

```
ceph config-key put mgr/dashboard/server_port 8888
```

Dashboard 的界面如图 8-14 所示。

图 8-14

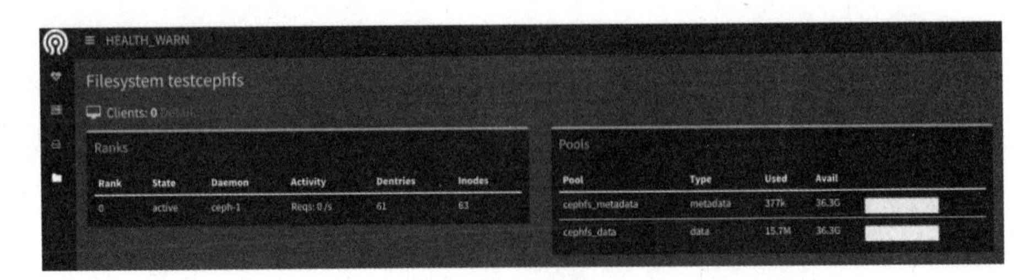

图 8-14（续）

小结

✓ 本节主要讲述 J 版本到 L 版本的升级，以及重新部署 L 版本的全新 Ceph，至于后续的操作和 J 版本几乎没有太多出入，例如 CephFS、RBD、RGW 都可以按照前面章节的实例进行操作。